高职高专立体化教材 计算机系列

SQL Server 2012 实用教程

李 岩 杨 立 主 编

张玉芬 于洪鹏 副主编

清华大学出版社
北 京

内 容 简 介

本书以大型数据库管理系统 SQL Server 2012 为平台,通过一个贯穿全书的实例详细讲解了 SQL Server 2012 的安装和配置,数据库的创建与管理,表、视图、索引、T-SQL 语言、存储过程和触发器,数据库的备份恢复与导入导出,SQL Server 的安全管理等内容。除最后一章外,每章后均配有实训内容,可以强化学生的实践能力。最后一章介绍 SQL Server 项目开发,将全书所学内容与.NET 编程语言相结合,进行了系统化、整体化的提升,并利用 Visual C#语言开发设计了学生选课系统,供学生学习和参考。

本书具有由浅入深、理论联系实际的特点,在保证教材系统性和科学性的同时,注重实践性和操作性。

本书既可以作为高职高专院校计算机及相关专业的教材和参考书,也可以作为数据库应用系统开发人员的参考书。

图书在版编目(CIP)数据

SQL Server 2012 实用教程/李岩,杨立主编. —北京:清华大学出版社,2015(2021.1重印)
(高职高专立体化教材 计算机系列)
ISBN 978-7-302-39797-7

Ⅰ. ①S… Ⅱ. ①李… ②杨… Ⅲ. ①关系数据库系统—高等职业教育—教材 Ⅳ. ①TP311.138

中国版本图书馆 CIP 数据核字(2015)第 080944 号

责任编辑:桑任松
封面设计:刘孝琼
版式设计:杨玉兰
责任校对:周剑云
责任印制:吴佳雯
出版发行:清华大学出版社
            网   址:http://www.tup.com.cn, http://www.wqbook.com
            地   址:北京清华大学学研大厦 A 座   邮   编:100084
            社 总 机:010-62770175   邮   购:010-62786544
            投稿与读者服务:010-62776969, c-service@tup.tsinghua.edu.cn
            质量反馈:010-62772015, zhiliang@tup.tsinghua.edu.cn
            课件下载:http://www.tup.com.cn, 010-62791865
印 装 者:北京鑫海金澳胶印有限公司
经   销:全国新华书店
开   本:185mm×260mm   印   张:21.75   字   数:524 千字
版   次:2015 年 7 月第 1 版   印   次:2021 年 1 月第 5 次印刷
定   价:59.00 元

产品编号:052936-02

《高职高专立体化教材　计算机系列》

丛　书　序

一、编写目的

关于立体化教材，国内外有多种说法，有的叫"立体化教材"，有的叫"一体化教材"，有的叫"多元化教材"，其目的是一样的，就是要为学校提供一种教学资源的整体解决方案，最大限度地满足教学需要，满足教育市场需求，促进教学改革。我们这里所讲的立体化教材，其内容、形式、服务都是建立在当前技术水平和条件基础上的。

立体化教材是"一揽子"式的(包括主教材、教师参考书、学习指导书、试题库)完整体系。主教材讲究的是"精品"意识，既要具备指导性和示范性，也要具有一定的适用性，喜新不厌旧。那种内容越编越多，本子越编越厚的低水平重复建设在"立体化"的世界中将被扫地出门。与以往不同，"立体化教材"中的教师参考书可不是千人一面的，教师参考书不只是提供答案和注释，而是含有与主教材配套的大量参考资料，使得老师在教学中能做到"个性化教学"。学习指导书更像一本明晰的地图册，难点、重点、学习方法一目了然。试题库或习题集则要完成对教学效果进行测试与评价的任务。这些组成部分采用不同的编写方式，把教材的精华从各个角度呈现给师生，既有重复、强调，又有交叉和补充，相互配合，形成一个教学资源有机的整体。

除了内容上的扩充外，立体化教材的最大突破还在于在表现形式上走出了"书本"这一平面媒介的局限，如果说音像制品让平面书本实现了第一次"突围"，那么电子和网络技术的大量运用，就让躺在书桌上的教材真正"活"了起来。用 PowerPoint 开发的电子教案不仅大大减少了教师案头备课的时间，而且也让学生的课后复习更加有的放矢。电子图书通过数字化使得教材的内容得以无限扩张，使平面教材更能发挥其提纲挈领的作用。

CAI(计算机辅助教学)课件把动画、仿真等技术引入了课堂，让课程的难点和重点一目了然，通过生动的表达方式达到深入浅出的目的。在科学指标体系控制之下的试题库，既可以轻而易举地制作标准化试卷，也能让学生进行模拟实践的在线测试，提高了教学质量评价的客观性和及时性。网络课程更厉害，它使教学突破了空间和时间的限制，彻底发挥了立体化教材本身的潜力，轻轻敲击几下键盘，你就能在任何时候得到有关课程的全部信息。

最后还有资料库，它把教学资料以知识点为单位，通过文字、图形、图像、音频、视频、动画等各种形式，按科学的存储策略组织起来，大大方便了教师在备课、开发电子教案和网络课程时的教学工作。如此一来，教材就"活"了。学生和书本之间的关系，不再像领导与被领导那样呆板，而是真正有了互动。教材不再只为老师们规定，什么重要什么不重要，而是成为教师实现其教学理念的最佳拍档。在建设观念上，从提供和出版单一纸质教材转向提供和出版较完整的教学解决方案；在建设目标上，以最大限度满足教学要求为根本出发点；在建设方式上，不单纯以现有教材为核心，简单地配套电子音像出版物，而是以课程为核心，整合已有资源并聚拢新资源。

网络化、立体化教材的出版是我社下一阶段教材建设的重中之重，以计算机教材出版为龙头的清华大学出版社确立了"改变思想观念，调整工作模式，构建立体化教材体系，大幅度提高教材服务"的发展目标，并提出了首先以建设"高职高专计算机立体化教材"为重点的教材出版规划，希望通过邀请全国范围内的高职高专院校的优秀教师，共同策划、编写这一套高职高专立体化教材，利用网络等现代技术手段，实现课程立体化教材的资源共享，解决国内教材建设工作中存在的教材内容更新滞后于学科发展的状况。把各种相互作用、相互联系的媒体和资源有机地整合起来，形成立体化教材，把教学资料以知识点为单位，通过文字、图形、图像、音频、视频、动画等各种形式，按科学的存储策略组织起来，为高职高专教学提供一整套解决方案。

二、教材特点

在编写思想上，以适应高职高专教学改革的需要为目标，以企业需求为导向，充分吸收国外经典教材及国内优秀教材的优点，结合中国高校计算机教育的教学现状，打造立体化精品教材。

在内容安排上，充分体现了先进性、科学性和实用性，尽可能选取最新、最实用的技术，并依照学生接受知识的一般规律，通过设计详细的可实施的项目化案例(而不仅仅是功能性的小例子)，帮助学生掌握要求的知识点。

在教材形式上，利用网络等现代技术手段实现立体化的资源共享，为教材创建专门的网站，并提供题库、素材、录像、CAI 课件、案例分析，实现教师和学生在更大范围内的教与学互动，及时解决教学过程中遇到的问题。

本系列教材采用案例式的教学方法，以实际应用为主，理论够用为度。教程中每一个知识点的结构模式为"案例(任务)提出→案例关键点分析→具体操作步骤→相关知识(技术)介绍(理论总结、功能介绍、方法和技巧等)"。

该系列教材将提供全方位、立体化的服务。网上提供电子教案、文字或图片素材、源代码、在线题库、模拟试卷、习题答案、案例动画演示、专题拓展、教学指导方案等。

在为教学服务方面，主要是通过教学服务专用网站在网络上为教师和学生提供交流的场所，每个学科、每门课程，甚至每本教材都建立网络上的交流环境。可以为广大教师信息交流、学术讨论、专家咨询提供服务，也可以让教师发表对教材建设的意见，甚至通过网络授课。对学生来说，则可以在教学支撑平台所提供的自主学习空间中进行学习、答疑、操作、讨论和测试，当然也可以对教材建设提出意见。这样，在编辑、作者、专家、教师、学生之间建立起一个以课本为依据、以网络为纽带、以数据库为基础、以网站为门户的立体化教材建设与实践的体系，用快捷的信息反馈机制和优质的教学服务促进教学改革。

前　言

数据库技术是计算机技术领域中发展最快的技术之一，也是应用最为广泛的技术之一，它已经成为计算机信息系统的核心技术和重要基础。

微软公司在 Windows 系列平台上开发的 SQL Server 是一个功能完备的数据库管理系统，一经推出就以其易用性得到了很多用户的青睐，它使用 Transact-SQL 语言在客户机与服务器之间发送请求。SQL Server 2012 是微软公司于 2011 年继 SQL Server 2008 之后发布的版本。从 SQL Server 2008 到 SQL Server 2012，不仅仅是数据库系统具有更高的性能、更强的处理能力，新版本的系统还带来了许多新的、在旧版本中从未出现过的特性。SQL Server 2012 作为已经为云技术做好准备的信息平台，能够快速构建相应的快速解决方案来实现本地和公有云之间的数据扩展。

目前我国技能型人才短缺，技能型人才的培养核心是实践能力，学生应该在学校就开始接受实践能力的培养，以便在毕业后能快速适应社会的需求。为了满足当前高职高专院校人才培养的要求和当今社会对人才需求的要求，很多学校的相关专业均开设了有关数据库技术的课程，而在众多的数据库系统中，SQL Server 以其兼具对大型数据库技术的要求和易于实现等特点，被许多院校列为必修课程。本书正是结合这一实际需要以及最新的数据库技术知识而编写的。

本书于 2008 年 9 月由清华大学出版社首次出版发行后，受到广大读者的欢迎，并于 2011 年 3 月改版升级。在几年的使用过程中，许多专家和师生给予了大力支持并提出了一些很好的意见和建议，同时，SQL Server 数据库版本也在升级。因此，我们在《SQL Server 2005 实用教程》第一版、第二版的基础上进行了改版升级，调整了部分内容，同时重新编写了最后一章的开发设计内容，以求能更好地突出实用性的特色。

本书由浅入深地介绍了 SQL Server 2012 的基本管理与操作方法。全书共分为 13 章，第 1 章主要介绍数据库相关知识；第 2 章介绍 SQL Server 2012 的安装和配置；第 3、4 章介绍 SQL Server 数据库和表；第 5 章介绍数据完整性；第 6、7 章介绍数据查询和视图的使用；第 8 章介绍索引及其应用；第 9 章介绍 T-SQL 编程基础；第 10 章介绍存储过程和触发器；第 11 章介绍备份恢复与导入/导出；第 12 章介绍 SQL Server 的安全管理；第 13 章介绍 SQL Server 项目开发。除最后一章外，每一章后都配有实训内容，所有实训内容均围绕一个大的实例来完成，具有系统性和整体性，在项目开发中采用了先进的基于.NET 的技术，有助于学生对新知识、新技术的了解和学习。

为了方便读者自学，作者尽可能详细地讲解了 SQL Server 2012 各方面的内容，并附有大量的屏幕图，使读者有身临其境的感觉。本书概念清晰、叙述准确、重点突出，理论与实践紧密结合，注重操作技能的培养，有助于读者对所学内容的掌握。

本书由李岩、杨立任主编，张玉芬、于洪鹏任副主编。第 1、2、3 章由杨立编写；第

4、5、6、7 章由李岩编写；第 8、9、11 章由于洪鹏编写；第 10、12、13 章由张玉芬编写，参加编写工作的还有徐宏伟、王旭、李康乐等，全书由李岩统稿。

本书既可以作为高职高专院校计算机相关专业的教材和参考书，也可以供从事应用开发工作的人员学习参考。

由于编者水平有限，加之时间仓促，书中疏漏与错误之处在所难免，恳切希望广大读者多提宝贵意见。

编　者

目　　录

第 1 章　数据库概述

随着科学技术和社会经济的飞速发展，人们掌握的信息量急剧增加，要充分地开发和利用这些信息资源，就必须有一种新技术能对大量的信息进行识别、存储、处理与传播。随着计算机软硬件技术的发展，20 世纪 60 年代末，数据库技术应运而生，并从 70 年代起得到了迅速的发展和广泛的应用。数据库技术主要研究如何科学地组织和存储数据，如何高效地获取和处理数据。数据库技术作为数据管理的最新技术，目前已广泛应用于各个领域。数据库的建设规模、数据库信息量的大小和使用频度已经成为衡量一个国家信息化程度的重要标志。

通过学习本章，读者应掌握以下内容：

- 数据库的基本概念及数据库系统；
- 数据模型；
- 关系数据库的基本原理及关系运算。

1.1　数据库的基本概念及数据库系统

数据、数据库、数据库管理系统和数据库系统是 4 个密切相关的基本概念。

1.1.1　数据库的基本概念

下面我们简单地介绍一下数据库的几个基本概念。

1. 数据

数据(Data)是描述客观事物的符号记录，可以是数字、文字、图形、图像、声音、语言等，经过数字化后存入计算机。事物可以是可触及的对象(一个人、一棵树、一个零件等)，可以是抽象事件(一次球赛、一次演出等)，也可以是事物之间的联系(一张借书卡、一张订货单等)。

数据和关于数据的解释是不可分的。数据的形式本身并不能完全表达其内容，了解的人会知道一组数据的具体含义，但是，不知道的人无法理解。因此，数据应该由数据值及其含义两部分组成，也就是需要经过语义解释。数据与其语义是密不可分的。

2. 数据库

数据库(Database，DB)是存放数据的仓库，是长期存储在计算机内的、有组织的、可共享的数据集合。在数据库中集中存放了一个有组织的、完整的、有价值的数据资源，如学生管理、人事管理、图书管理等。它可以供各种用户共享，有最小冗余度、较高的数据独立性和易扩展性。

3．数据库管理系统

数据库管理系统(Database Management System，DBMS)是指位于用户与操作系统之间的一层数据管理系统软件。数据库在建立、运行和维护时由数据库管理系统统一管理、统一控制。数据库管理系统是一组计算机程序，使用户能方便地定义数据和操纵数据，并能够保证数据的安全性和完整性、多用户对数据的并发使用及发生故障后的系统恢复。用户使用数据库是有目的的，数据库管理系统是帮助用户达到这一目的的工具和手段。

4．数据库系统

数据库系统(Database System，DBS)是指在计算机系统中引入数据库后的系统构成，一般由数据、数据库管理系统(及其开发工具)、应用系统、数据库管理员和用户构成。

5．数据库系统管理员

数据库系统管理员(Database Administrator，DBA)是负责数据库的建立、使用和维护的专门人员。

1.1.2 数据库系统的组成

数据库系统包括数据、硬件、软件和用户四部分。

(1) 数据是构成数据库的主体，是数据库系统的管理对象。

(2) 硬件是数据库系统的物理支撑，包括 CPU、内存、外存及 I/O 设备等。

(3) 软件包括系统软件和应用软件。系统软件包括操作系统和数据库管理系统。数据库管理系统是数据库系统中最重要的核心软件。应用软件是在数据库管理系统的支持下由用户根据实际需求开发的应用程序。

(4) 用户包括专业用户、非专业用户和数据库管理员。

专业用户是指应用程序员，负责设计和编制应用程序，通过应用程序存取和维护数据库，为最终用户准备应用程序。

非专业用户，即最终用户，一般是指非计算机专业人员。他们通过应用系统提供的用户接口界面以交互式操作使用数据库。交互式操作通常为菜单驱动、图形显示、表格操作等。

数据库管理员，全面负责数据库系统的管理、维护和正常使用，保持数据库始终处于最佳工作状态。对于大型数据库系统，要求配置专门的 DBA，主要职责如下。

- 参与数据库设计的全过程。
- 定义数据库的安全性和完整性约束条件。
- 决定数据库的存储和读取策略。
- 监督控制数据库的使用和运行并及时处理运行程序中出现的问题。
- 改进数据库系统和重组数据库。

1.1.3 数据库系统的特点

1．数据结构化

描述数据时不仅要描述数据本身，还要描述数据之间的联系。整个数据库按一定的结构形式构成，数据在记录内部和记录类型之间相互关联，用户可以通过不同的路径存取数据。数据库系统主要实现整体数据的结构化。

2．数据的共享性高，冗余度低，易扩充

数据库系统的数据面向整个系统，所以可以为多用户、多应用共享。每个用户只与库中的一部分数据发生联系；用户数据可以重叠，多个用户可以同时存取数据而互不影响，因此大大提高了数据库的使用效率。数据共享可以大大减少冗余度、节约存储空间；数据共享还能避免数据之间的不一致性，这种数据的不一致性是指同一数据在每次复制时的值不一样；数据共享还能使数据库系统具有弹性大、易扩充的特点。

3．数据独立性高

数据独立性主要从物理独立性和逻辑独立性两个方面体现。从物理独立性角度来讲，用户的应用程序与存储在磁盘上的数据库是相互独立的。当数据的存储结构(或物理结构)改变时，通过对映像的相应改变可以保持数据的逻辑结构不变，从而应用程序也不必改变。从逻辑独立性角度来讲，用户的应用程序与数据库的逻辑结构是相互独立的，应用程序是依据数据的局部逻辑结构编写的，即使数据的逻辑结构改变了，应用程序也不必修改。

4．数据由数据库管理系统统一管理和控制

数据库管理系统提供以下几个方面的数据控制功能。

(1) 数据库的安全性(Security)保护。保护数据以防止不合法的使用造成的数据泄密和破坏。

(2) 数据的完整性(Integrity)检查。数据的完整性是指数据的正确性和一致性。完整性检查是指将数据控制在有效的范围内，或保证数据之间满足一定的关系。

(3) 并发(Concurrency)控制。当多个用户的并发进程同时存取、修改数据库时，可能会发生相互干扰而得到错误的结果或使数据库的完整性和一致性遭到破坏，因此必须对多用户的并发操作加以控制和协调。

(4) 数据库恢复(Recovery)。当计算机系统遭遇硬件故障、软件故障、操作员误操作或恶意破坏时，可能会导致数据错误或数据全部、部分丢失，此时要求数据库具有恢复功能。所谓的数据库恢复是指数据库管理系统将数据库从错误状态恢复到某一已知的正确状态，即完整性状态。

1.2　数据模型概述

现实世界中的数据要进入数据库中，需要经过人们的认识、理解、整理、规范和加工。可以把这一过程划分成三个主要阶段，即现实世界阶段、信息世界阶段和机器世界阶段。

现实世界中的数据经过人们的认识和抽象，形成信息世界。在信息世界中用概念模型来描述数据及其联系，概念模型按用户的观点对数据和信息进行建模，独立于具体的机器和数据库管理系统(DBMS)。根据所使用的具体机器和 DBMS，需要对概念模型做进一步转换，形成在具体机器环境下可以实现的数据模型。

数据库是按照一定的数据模型组织存储在一起的数据集合。数据模型是对现实世界的

SQL Server 2012 实用教程

模拟，它反映了现实世界中的客观事物以及这些客观事物之间的联系。

1.2.1　概念模型

信息世界是现实世界在人们头脑中的反映。人们对现实世界的客观事物及其联系进行充分的认识、理解和分析，将其抽象为某种信息结构，就得到了关于现实世界的概念级的模型，即概念模型。这样就将现实世界抽象为信息世界。在信息世界，用概念模型反映客观事物及事物间的联系。

1. 概念模型的名词术语

(1) 实体(Entity)：客观存在并可相互区别的事物称为实体。实体既可以是实际的事物，也可以是抽象的概念或联系。例如学生、课程等就是实体。

(2) 属性(Attribute)：属性就是实体所具有的特性，一个实体可以用若干个属性描述。例如，用学号、姓名、性别、出生时间等来描述学生实体，它们就是学生的属性；而课程的属性可以包括课程号、课程名、学分等。

(3) 域(Domain)：属性的取值范围称为该属性的域。例如学生的性别只能取"男"或"女"。

(4) 实体型(Entity Type)：用实体名及其属性名集合来抽象的刻画同类实体即为实体型，如学生(学号，姓名，性别，出生时间，专业)。

(5) 实体集(Entity Set)：具有相同属性的实体的集合称为实体集，例如全体学生。

(6) 键(Key)：键能够唯一地标识一个实体集中每一个实体的属性或属性组合，也被称为关键字或码。例如学生的学号，每一个学号都唯一地对应一个学生，没有两个学号相同的学生，也不会有在籍学生没有学号的情况。

(7) 联系(Relationship)：联系有两种，一种是实体内部各属性之间的联系，另一种是实体之间的联系。

2. 实体之间的联系

(1) 一对一联系：如果对于实体集 A 中的每个实体，实体集 B 中有且仅有一个(可以没有)实体与之相对应；相反的，对于实体集 B 中的一个实体，实体集 A 中同样有且仅有一个实体与之对应，则称实体集 A 与实体集 B 具有一对一联系，记作：$1:1$，如图 1.1(a)所示。例如飞机票和乘客的关系。

(2) 一对多联系：如果对于实体集 A 中的每个实体，实体集 B 中有多个实体($n \geq 0$)与之相对应；反过来，对于实体集 B 中的每个实体，实体集 A 中至多只有一个实体与之对应，则称实体集 A 与实体集 B 具有一对多联系，记作：$1:n$，如图 1.1(b)所示。例如辅导员和班级的关系。

(3) 多对多联系：如果对于实体集 A 中的每个实体，实体集 B 中有多个实体($n \geq 0$)与之相对应；反过来，实体集 B 中的每个实体，实体集 A 中也有多个实体($m \geq 0$)与之对应，则称实体集 A 与实体集 B 具有多对多联系，记作：$m:n$，如图 1.1(c)所示。例如老师和学生的关系。

高职高专立体化教材　计算机系列

4

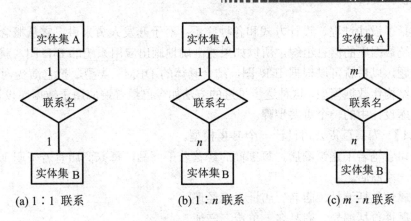

图 1.1　实体之间的三种联系

3. E-R 模型

E-R 模型(Entity-Relationship)即实体-联系模型，是 1976 年由 P.P.S.Chen 提出的。这种模型用 E-R 图来表示实体及其联系，广泛用于数据库设计中。

E-R 图由实体、属性和联系三个基本要素组成。

(1) 实体：即现实世界存在的、可以相互区别的人或事物。一个实体集合对应于数据库中的一个表，一个实体对应于表中的一行。实体用矩形表示，矩形内标注实体名称。

(2) 属性：表示实体或联系的某种特征。一个属性对应于数据库表中的一列，也称为一个字段。用椭圆表示属性，椭圆内标注属性名称，并用连线与实体连接起来。

(3) 联系：即实体之间的联系，在 E-R 图中用菱形表示，菱形内注明联系名称，并用连线分别将菱形框与相关实体相连，且在连线上注明联系类型，类型包括 $1:1$、$1:n$ 和 $m:n$ 三种。

图 1.2 是用 E-R 图来表示的学校教师授课情况的概念模型。

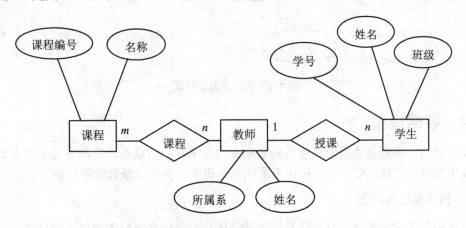

图 1.2　教师授课情况 E-R 图

① 教师的属性有所属系、姓名等。

② 课程的属性有课程编号、名称等。

③ 学生的属性有学号、姓名、班级等。

E-R 图直观易懂，是系统开发人员和客户之间很好的沟通媒介。对于客户(系统应用方)

来讲，它概括了设计过程、设计方式和各种联系；对于开发人员来讲，它从概念上描述了一个应用系统数据库的信息组织。所以如果能准确地画出应用系统的 E-R 图，就意味着彻底搞清了问题，以后就可以根据 E-R 图，结合具体的 DBMS 类型，把它演变为该 DBMS 所能支持的结构化数据模型。这种逐步推进的方法如今已经普遍应用于数据库设计中，E-R 图成为数据库设计中的一个重要步骤。

【例 1.1】 为某百货公司设计一个 E-R 模型。

百货公司管辖若干连锁商店，每家商店经营若干商品，每家商店有若干职工，但每个职工服务于一家商店。

商店的属性包括编号、店名、店址、店经理。

商品的属性包括编号、商品名、单价、产地。

职工的属性包括职工编号、职工姓名、性别、工资。

在联系中应反映出职工参加工作的时间，商店销售商品的月销售量等。百货公司的商店、商品及职工构成的 E-R 图如图 1.3 所示。

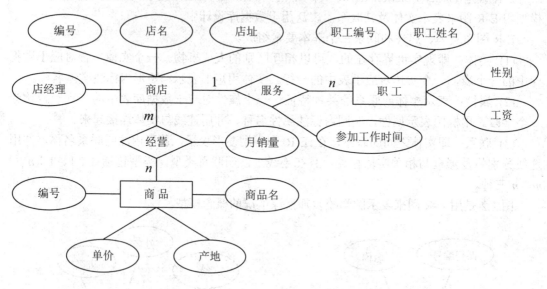

图 1.3 百货公司 E-R 图

1.2.2 数据模型

概念模型，只是从本质上直接反映客观事物及事物间的联系，并没有考虑在计算机上数据库中的具体实现，要将这种描述表示在计算机中，需要将概念模型转换为数据模型。

1. 数据模型的概念

数据模型是对客观事物及其联系的数据描述，即使概念模型数据化。它描述数据以及数据间的联系，是现实世界的第二级抽象。数据模型不仅反映客观事物及事物间的联系，同时也考虑了在计算机上数据库中的具体实现，是在数据库中真正实现的模型。

数据模型通常由数据结构、数据操作和数据的约束条件三部分组成。

1) 数据结构

数据结构是所研究的对象类型的集合，这些对象组成了数据库，它们包括两类：一类是与数据类型、内容、性质有关的对象；另一类是与数据之间的联系有关的对象。按照数据结构类型的不同，又可以将数据模型划分为层次模型、网状模型和关系模型。

2) 数据操作

数据操作是指对数据库中各种对象实例的操作。

3) 数据的约束条件

数据的约束条件是指完整性规则的集合。数据模型应反映和规定其必须遵守的、基本的、通用的完整性约束条件。数据的完整性约束是指在给定的数据模型中，数据及其数据关联所遵守的一组规则，用以保证数据库中数据的正确性和一致性。

2．几种主要的数据模型

目前，应用于数据库技术中的数据模型有层次模型、网状模型、关系模型和面向对象数据模型。相对于不同的数据模型，数据库分为不同的类型。与层次模型相对应的数据库称为层次数据库；与网状模型相对应的数据库称为网状数据库；与关系模型相对应的数据库称为关系数据库；与面向对象数据模型相对应的数据库称为面向对象数据库。目前，市场上广为流行的是关系数据库，以及以面向对象数据模型为基础的面向对象数据库。

1) 层次模型

在层次模型中，每个节点表示一个记录类型，记录类型之间的联系用节点之间的连线(有向边)表示，这种联系是父子之间的一对多的联系。层次数据库系统只能处理一对多的实体联系。

层次模型的一个基本特点是，任何一个给定的记录值只有按其路径查看时，才能显示出它的全部意义，没有一个子女记录值，能够脱离双亲记录值而独立存在。如图 1.4 所示为层次模型示例。

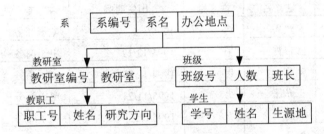

图 1.4　层次模型示例

层次模型反映实体间的一对多的联系。层次模型的优点是层次分明、结构清晰，适于描述客观事物中有主目、细目之分的结构关系；缺点是不能直接反映事物间多对多的联系，查询效率低。

2) 网状模型

现实世界中事物之间的联系更多的是非层次关系的，用层次模型表示这种关系很不直观，网状模型克服了这一弊病，可以清晰地表示这种非层次关系。

网状模型消除了层次模型的两个限制，两个或两个以上的节点可以有多个父节点，此时有向树变成了有向图，该有向图描述了网状模型。

例如：学生、课程、教室和教师间的关系。一个学生可以选修多门课程，一门课程可以由多个学生选修。如图 1.5 所示为网状模型示例。

网状模型的优点是表达能力强，能更为直接地反映现实世界事物间多对多的联系；缺点是在概念上、结构上和使用上都比较复杂，数据独立性较差。

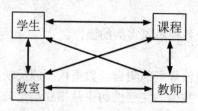

图 1.5 网状模型示例

3) 关系模型

关系数据模型是由 IBM 公司的 E.F.Codd 于 1970 年首次提出的，以关系数据模型为基础的数据库管理系统，称为关系数据库管理系统(RDBMS)，目前被广泛使用。

关系模型是建立在数学概念上的，与层次模型、网状模型相比，关系模型是一种最重要的数据模型。它主要由关系数据结构、关系操作集合、关系完整性约束三部分组成。实际上，关系模型可以理解为用二维表格结构来表示实体及实体之间联系的模型，表格的列表示关系的属性，表格的行表示关系中的元组。

在日常生活中，我们经常会碰到像花名册、工资单和成绩单等这样的二维表格，这些二维表的共同特点是由许多行和列组成，列有列名，行有行号。

关系中的每一行称为一个元组。例如，表 1.1 中，"2013010101，秦建兴，男，1995/5/5，…"是一个元组。

表 1.1 学生情况表

学　号	姓　名	性　别	出生时间	专　业	总 学 分
2013010101	秦建兴	男	1995/5/5	电子商务	20
2013010102	张吉哲	男	1995/12/12	电子商务	20
2013010103	刘鑫	男	1994/12/27	电子商务	20
2013010104	王光伟	男	1995/11/21	电子商务	20
2013010105	耿娇	女	1995/6/13	电子商务	18
2013010106	朱凡	女	1995/7/1	电子商务	20
2013010107	尹相桔	女	1994/9/21	电子商务	20
2013010108	王东东	男	1995/1/12	电子商务	16
2013010109	李楠楠	女	1995/1/12	电子商务	16
2013010110	刘小丽	女	1996/2/23	电子商务	20
2013030101	牛学文	男	1994/12/14	网络工程	19
2013030102	张小明	男	1995/9/23	网络工程	19
2013030103	王小男	男	1995/9/23	网络工程	12
2013030104	沈柯辛	女	1995/2/1	网络工程	17
2013030105	贾志强	男	1994/10/22	网络工程	19
2013030106	徐小红	女	1994/11/11	网络工程	19

高职高专立体化教材　计算机系列

续表

学　号	姓　名	性　别	出生时间	专　业	总学分
2013030107	耿明	男	1994/9/9	网络工程	19
2013030108	郭波	男	1994/12/23	网络工程	15
2013030109	李小龙	男	1995/12/1	网络工程	19
2013030110	刘德华	男	1992/12/31	网络工程	19

关系中的每一列称为一个属性。例如，表 1.1 中，"学号"列是一个属性，"姓名"列也是一个属性。

关系中能够唯一确定一个元组的属性或属性组合称为关键字。例如，表 1.1 中每个学生的学号各不相同，学号可以唯一确定一个元组，因此，学号就是该关系的关键字，也就是主键。

对关系的描述一般为：关系名(属性 1，属性 2，……，属性 n)，称为关系模式。例如学生(学号，姓名，性别，出生时间，专业)。

关系模型的数据结构简单、概念清楚，符合人们的思维习惯，表达能力强，能直接反映实体间的三种联系，并且建立在严格的数学理论基础上。因此，关系模型是目前使用最为广泛的一种数据模型，以关系模型为基础建立的关系数据库是当前市场上最为流行的数据库。

4) 面向对象模型

面向对象数据模型是基于面向对象程序设计中所支持的对象语义定义的逻辑数据模型，它是持久的和共享的对象集合，具有模拟整个解决方案的能力。面向对象数据模型把实体表示为类，一个类描述了对象属性和实体行为。例如，CUSTOMER 类，它不仅含有客户的属性(比如客户编号、客户姓名和客户地址等)，还包含模仿客户行为(如修改订单)的过程。类对象的实例对应于客户个体。在对象内部，类的属性用特殊值来区分每个客户(对象)，但所有对象都属于类，共享类的行为模式。面向对象数据库通过逻辑包含(Logical Containment)来维护联系。

面向对象数据库把数据和与对象相关的代码封装成单一组件，外面不能看到里面的内容。因此，面向对象数据模型强调对象(由数据和代码组成)而不是单独的数据。这主要是从面向对象程序设计语言继承而来的。在面向对象程序设计语言里，程序员可以定义包含其自身的内部结构、特征和行为的新类型或对象类。

1.3　关系数据库的基本原理

关系数据库是以关系模型为数据模型的数据库。关系模型建立在严格的数学理论基础之上，它将用户数据的逻辑结构归纳为满足一定条件的二维表的形式。关系数据库的建立，关键在于构造设计合适的关系模型。

1.3.1　关系模型

前面对关系模型做了直观的描述，关系模型是建立在数学概念上的，与层次模型、网状模型相比，关系模型是一种最重要的数据模型。它主要由关系数据结构、关系操作集合和关系完整性约束三部分组成。

1. 关系模型的基本概念

一个关系对应于一张二维表。这个二维表是指包含有限个不重复行的二维表。在对 E-R 模型的抽象上，每个实体集和实体间的联系在这里都转化为关系或称二维表，而 E-R 模型中的属性在这里转化为二维表的列，也可称为属性，每个属性的名称，称为属性名，也可以称为列名。每个属性的取值范围称为该属性的域。对二维表中每个属性取值后形成的一行数据称为该二维表的一个元组(行)。实际上，关系模型可以理解为用二维表格结构来表示实体及实体之间联系的模型，表格的列表示关系的属性，表格的行表示关系中的元组。

关系模型允许定义四类完整性约束：实体完整性、域完整性、参照完整性和用户定义的完整性。实体完整性和参照完整性是关系模型必须满足的完整性约束条件，域完整性是关系中的列必须满足的某种特定的数据类型或约束，用户定义的完整性是应用领域需要遵循的约束条件。

2. 关系的性质

关系是一种规范化了的二维表中行的集合。为了使相应的数据操作简化，在关系模型中对关系进行了限制，因此关系具有以下六条性质。

(1) 列是同质的，即每一列中的分量都是同一类型的数据，来自同一个域。

(2) 关系中的任意两个元组不能相同。

(3) 关系中不同的列，应该来自不同的域，每一列有不同的属性名。

(4) 关系中各列的顺序可以任意互换，不会改变关系的意义。

(5) 关系中各行的次序和列的次序一样，也可以任意交换。

(6) 关系中每一个分量都必须是不可分的数据项，属性和元组分量具有原子性。

3. 关系的完整性

在阐述关系的完整性之前，首先介绍几个术语。

(1) 候选键(Candidate Key)：如果关系中的某一属性或属性组的值能唯一地标识一个元组，则称该属性或属性组为候选键。

(2) 主键(Primary Key)：若一个关系中有多个候选键，则选定一个为主键。主键也称主码。

(3) 主属性(Primary Attribute)：主键的属性称为主属性。

(4) 外键(Foreign Key)：设 F 是基本关系 R 的一个属性或属性组合，但不是 R 的键(主键或候选键)，如果 F 与基本关系 S 的主键 K 相对应，则称 F 是 R 的外键，并称 R 为参照关系，S 为被参照关系。外键也称外码。

关系的完整性有四类：实体完整性、参照完整性、域完整性和用户定义的完整性。下面分别介绍。

1) 实体完整性

实体完整性规则是指若属性 A 是基本关系 R 的主属性，则属性 A 不能取空值，并且是唯一的。实体完整性规则规定基本关系的所有主属性项都不能取空值(NULL)，而不仅是主属性整体不能取空值，并且具有唯一性。空值就是"不知道"或"无意义"。

【例 1.2】　有如下关系模式：

(1) 学生(学号，姓名，性别，出生时间，专业，总学分，照片，备注)，其中，学号属性为主码，不能取空值，并且所有学生的学号值必须各不相同。

(2) 成绩(学号，课程号，成绩)，其中学号、课程号属性组合为主码，两者都不能取空值。

2) 参照完整性

现实世界中的实体之间往往存在某种联系，在关系模型中，实体及实体间的联系都是用关系来描述的。这样就自然存在着关系与关系间的引用。先来看下面的例子。

【例 1.3】　在学生管理关系数据库中，包括学生关系 xs、课程关系 kc 和成绩关系 cj，这三个关系分别为：

xs(学号，姓名，性别，出生日期，专业，总学分，照片，备注)

kc(课程号，课程名，学分，学时数)

cj(学号，课程号，成绩)

这三个关系之间也存在着属性的引用，即成绩关系引用了学生关系的主码"学号"和课程关系的主码"课程号"。显然，成绩关系中的学号值必须是确实存在的学生的学号，即学生关系中有该学生的记录；成绩关系中的课程号值，也必须是确实存在的课程的课程号，即课程关系中有该课程的记录。换句话说，成绩关系中学号和课程号属性的取值，必须参照其他两个关系的相应属性的取值。

参照完整性规则定义了一个关系数据库中不同表中列之间的关系，即外码与主码之间的引用规则。要求外键属性值只能取主表中的主键属性值或空值，不能引用主键表中不存在的属性值，同时，如果一个主码值发生更改，则整个数据库中，对该值的所有引用要统一进行更改。

3) 域完整性

域完整性是指关系中的列，必须满足某种特定的数据类型或约束。可以使用域完整性强制实现域完整性限制类型、限制格式或限制值的范围等。例如限定性别列，只能取值"男"或"女"。

4) 用户定义完整性

用户定义的完整性，就是用户按照实际的数据库应用系统运行环境的要求，针对某一具体关系数据库定义的约束条件。例如，属性"成绩"的取值范围必须在 0~100 之间。用户定义完整性可以反映某一具体应用所涉及的数据必须满足的语义要求，保证数据库中的数据取值的合理性。

1.3.2　关系运算

1. 传统的集合运算

传统的集合运算，包括并、交、差、广义笛卡儿积四种运算。设关系 R 和关系 S 具有相同的目 n(即两个关系都具有 n 个属性)，且相应的属性取自同一个域，如图 1.6 所示，则四种运算定义如下。

1) 并

关系 R 与关系 S 的并由属于 R 或属于 S 的元组组成，其结果关系仍为 n 目关系。记作 $R \cup S$。

A	B	C
a1	b1	c1
a1	b2	c2
a2	b2	c1

关系 R

A	B	C
a1	b2	c2
a1	b3	c2
a2	b2	c1

关系 S

图 1.6 关系 R 和关系 S

2) 交

关系 R 与关系 S 的交由既属于 R 又属于 S 的元组组成，其结果关系仍为 n 目关系。记作 R∩S。

3) 差

关系 R 与关系 S 的差由属于 R 而不属于 S 的所有元组组成。其结果关系仍为 n 目关系。记作 R−S。

4) 广义笛卡儿积

两个分别为 n 目和 m 目的关系 R 和 S 的广义笛卡儿积是一个 $(n+m)$ 列的元组的集合。元组的前 n 列是关系 R 的一个元组，后 m 列是关系 S 的一个元组。若 R 有 A1 个元组，S 有 A2 个元组，则关系 R 和关系 S 的广义笛卡儿积有 A1×A2 个元组。记作 R×S。

【例 1.4】 已知关系 R 和关系 S，如图 1.6 所示，求 R∪S，R∩S，R−S，R×S，结果如图 1.7 和图 1.8 所示。

A	B	C
a1	b1	c1
a1	b2	c2
a2	b2	c1
a1	b3	c2

R∪S

A	B	C
a1	b2	c2
a2	b2	c1

R∩S

A	B	C
a1	b1	c1

R−S

图 1.7 关系的并、交、差运算

RA	RB	RC	SA	SB	SC
a1	b1	c1	a1	b2	c2
a1	b1	c1	a1	b3	c2
a1	b1	c1	a2	b2	c1
a1	b2	c2	a1	b2	c2
a1	b2	c2	a1	b3	c2
a1	b2	c2	a2	b2	c1
a2	b2	c1	a1	b2	c2
a2	b2	c1	a1	b3	c2
a2	b2	c1	a2	b2	c1

图 1.8 关系的积 R×S

2．专门的关系运算

专门的关系运算包括选择、投影、连接、除等。

1）选择运算

选择运算是指在关系 R 中选择满足给定条件的诸元组，这是从行的角度进行的运算。

如图 1.9 所示为由关系 R 中选出所有性别为男的同学。

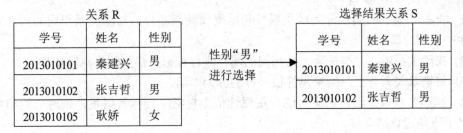

图 1.9　选择运算

2）投影运算

关系 R 上的投影是指从 R 中选出若干属性列组成新的关系。投影操作是从列的角度进行的运算。

如图 1.10 所示，由关系 R 中选出所有学生的"姓名"和"性别"列。

关系 R

学号	姓名	性别	出生时间
2013010101	秦建兴	男	1995-5-5
2013010102	张吉哲	男	1995-12-12
2013010105	耿娇	女	1995-6-13

姓名，性别
进行投影 →

投影后的关系 S

姓名	性别
秦建兴	男
张吉哲	男
耿娇	女

图 1.10　投影运算

因为投影运算的属性表不一定包含主键，因此经投影后，结果关系中很可能出现重复元组，消除重复元组后所得关系的元组数将小于原关系的元组数。如果属性表中包含主键，就不会出现重复元组，投影后所得关系的元组数与原关系的一样。

3）连接运算

连接运算是二元关系运算，是指从两个关系元组的所有组合中选取满足一定条件的元组，由这些元组形成连接运算的结果关系。其中条件表达式涉及两个关系中属性的比较，该表达式的取值为逻辑的真或假。连接运算中最为常用的是等值连接和自然连接。等值连接是指对关系 R 和 S 中按相同属性的取值相等进行的连接运算，而自然连接是在等值连接中去掉重复列的连接运算。

4）除运算

给定关系 R(X,Y) 和 S(Y,Z)，其中 X,Y,Z 为属性组。R 中的 Y 和 S 中的 Y 可以有不同的属性名，但必须出自相同的域集。R 与 S 的除运算得到一个新的关系 P(X)，P 是 R 中满足下列条件的元组在 X 属性列上的投影：元组在 X 上的分量值 x 的像集 Y_x 包含 S 在 Y 上投影的集合，即元组在 X 上的分量值所对应的 Y 值应包含关系 S 在 Y 上的值。

除运算是二元操作，并且关系 R 和 S 的除运算必须满足以下两个条件。

● 关系 R 中的属性包含关系 S 中的所有属性。

● 关系 R 中有一些属性不出现在关系 S 中。

除运算的运算步骤如下。

(1) 将被除关系的属性分为像集属性和结果属性两部分：与除关系相同的属性属于像集属性；不同的属于结果属性。

(2) 在除关系中，对与被除关系相同的属性进行投影，得到除目标数据集。

(3) 将被除关系分组，结果属性值一样的分为一组。

(4) 逐一考察每个组，如果它的像集属性值中包括除目标数据集，则对应的结果属性值应属于该除运算结果集。

【例 1.5】 设有关系 R 和 S，如图 1.11 所示，求 R÷S 的值。

关系 R

A	B	C	D
a	b	c	d
a	b	e	f
a	b	h	k
b	d	e	f
b	d	d	l
c	k	c	d
c	k	e	f

关系 S

C	D
c	d
e	f

图 1.11　R 和 S 除运算

第一步，确定结果属性：A，B

第二步，确定目标数据集：{(c,d) (e,f)}

第三步，确定结果属性像集：

(a,b):{(c,d) (e,f) (h,k)}

(b,d):{ (e,f) (d,l)}

(c,k):{(c,d) (e,f) }

第四步，确定结果：(a,b) (c,k)，如图 1.12 所示。

A	B
a	b
c	k

图 1.12　R 和 S 除运算结果

1.3.3　关系数据库的标准语言

要使用数据库就要对数据库进行各种各样的操作，因此，DBMS 必须为用户提供相应的命令和语言。关系数据库都配有说明性的关系数据库语言，即用户只需说明需要什么数据，而不必表示如何获得这些数据，系统就会自动完成操作。目前，最成功、应用最广的首推结构化查询语言，它已成为关系数据库语言的国际标准。

结构化查询语言(Structured Query Language，SQL)是于 1974 年由 IBM 公司的 San Jose 实验室推出的，1987 年，国际标准化组织(ISO)将其批准为国际标准。经过增补和修订，ISO 先后推出了 SQL89 和 SQL92(即 SQL2)标准，增加了面向对象功能的 SQL3(即 SQL99)标准也已发布，SQL4 标准目前正在研发。

由于 SQL 语言具有功能丰富、简洁易学、使用方式灵活等突出的优点，因而备受计算机工业界和计算机用户的欢迎。但是，不同的数据库管理系统厂商开发的 SQL 并不完全相同。这些不同类型的 SQL 一方面遵循了标准 SQL 语言规定的基本操作，另一方面又在标准 SQL 语言的基础上进行了扩展，增强了功能。不同厂商的 SQL 有不同的名称，例如 Oracle 产品中的 SQL 称为 PL/SQL，Microsoft SQL Server 产品中的 SQL 称为 Transact-SQL(可简写为 T-SQL)。

按照功能，SQL 语言可分为以下四大部分。

(1) 数据定义语言(Data Definition Language，DDL)。用于定义、删除和修改数据模式，如定义基本表、视图、索引等操作。

(2) 查询语言(Query Language，QL)。用于查询数据。

(3) 数据操纵语言(Data Manipulation Language，DML)。用于增加、删除、修改数据。

(4) 数据控制语言(Data Control Language，DCL)。用于数据访问权限的控制。

SQL 是非过程化的关系数据库的通用语言，它可用于所有用户的数据库活动类型，包括系统管理员、数据库管理员、应用程序员、决策支持系统人员和其他类型的终端用户。用 SQL 编写的程序可以很方便地进行移植。

SQL 语言是本书的重点内容之一，在以后的章节中将以 SQL Server 中的实际应用为背景，进行详细讨论。

1.3.4 关系模型的规范化

关系模型规范化的目的是为了消除存储异常，减少数据冗余，保证数据的完整性和存储效率。

1. 相关概念

(1) 函数依赖：设 R(U)是一个关系模式，U 是 R 的属性集合，X 和 Y 是 U 的子集。对于 R(U)的任意一个可能的关系 r，如果 r 中不存在两个元组，它们在 X 上的属性值相同，而在 Y 上的属性值不同，则称"X 函数确定 Y"或"Y 函数依赖于 X"，记作 X→Y。

(2) 完全函数依赖：在关系模式 R(U)中，如果 X→Y，并且对于 X 的任何一个真子集 X′，都有 $X' \nrightarrow Y$，则称 Y 完全函数依赖于 X，记作 $X \xrightarrow{f} Y$。例如：关系 cj(学号，课程号，成绩)中，(学号，课程号)→成绩，且学号 $\nrightarrow$ 成绩，课程号 $\nrightarrow$ 成绩。因此，(学号，课程号) $\xrightarrow{f}$ 成绩。

(3) 部分函数依赖：在关系模式 R(U)中，若 X→Y，但 Y 不完全函数依赖于 X，则称 Y 部分函数依赖于 X，记作 $X \xrightarrow{p} Y$。例如：关系 xs(学号，课程号，成绩，专业，专业代码)中，(学号，课程号)是关键字，(学号，课程号)→专业，且学号→专业，因此(学号，课程号) $\xrightarrow{p}$ 专业。

(4) 传递函数依赖：在关系模式 R(U)中，如果 X→Y，Y→Z，则称 Z 传递函数依赖于 X。例如：关系 xs(学号，课程号，成绩，专业，专业代码)中，学号→专业，专业 ↛ 学号，专业→专业代码，因此学号 $\xrightarrow{p}$ 专业代码。

2. 规范化

根据一个关系满足数据依赖的程度不同，可规范化为第一范式(1NF)、第二范式(2NF)、第三范式(3NF)和 BC 范式(BCNF)。在理论研究上还有其他范式，但实际意义不大，在此不做讨论。

1) 第一范式(1NF)

如果关系 R 的所有属性均为简单属性，即每个属性都是不可再分的，则称 R 满足第一范式。

第一范式是对关系模式的一个最低的要求。不满足第一范式的数据库模式不能称为关系数据库。不满足第一范式的关系称为非规范关系，如表 1.2 所示。

表 1.2 非规范关系

课　　程	学　　时	
	理论时数	实践时数
计算机基础	32	32
C 语言	40	32
数据结构	40	32

满足 1NF 的关系，其非主属性函数依赖于关键字。但满足 1NF 的关系并不一定是一个好的关系。例如，有关系 R(学号，姓名，性别，出生时间，专业，专业代码，课程号，课程名，学分，课时，成绩)，其中每个属性都不可再分，满足 1NF。R 的关键字为(学号，课程号)，其他属性函数都依赖于(学号，课程号)。但我们可以发现，关系 R 中存在数据冗余、修改异常、插入异常和删除异常等问题，R 不是一个好的关系。这是因为在 R 中存在部分函数依赖和传递函数依赖，如图 1.13 所示。

为了解决上述问题，获得好的关系，需对关系 R 进行规范化，消除其中的部分函数依赖和传递函数依赖，将其分解为几个满足更高级别范式的关系。

2) 第二范式(2NF)

如果关系 R 满足第一范式，且每一个非主属性完全函数依赖于主键，则称 R 满足第二范式。

第二范式消除了非主属性对关键字的部分依赖。例如对关系 R(学号，姓名，性别，出生日期，专业，专业代码，课程号，课程名，学分，课时，成绩)进行投影，将其分解为多个关系模式：

R1(学号，姓名，性别，出生时间，专业，专业代码)

R2(学号，课程号，成绩)

R3(课程号，课程名，学分，课时)

R1 的关键字为(学号)，R2 的关键字为(学号，课程号)，R3 的关键字为(课程号)。这三个关系的函数依赖如图 1.14 所示。

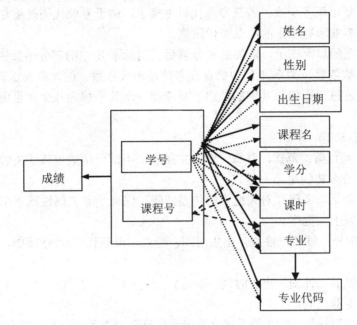

图 1.13　关系 R 的函数依赖

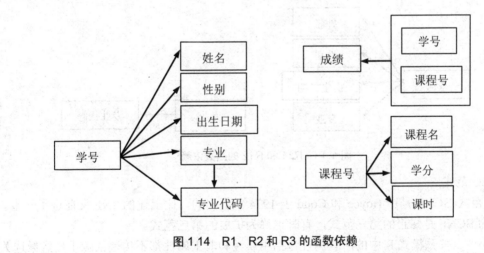

图 1.14　R1、R2 和 R3 的函数依赖

　　将关系 R 分解为三个关系后，数据冗余和各种异常情况都得到了改善。每个学生的信息只存储一次，这大大降低了数据冗余；数据冗余的降低自然会导致修改复杂程度的降低。例如某个学生更改了姓名，由于学生信息只存储一次，因此只需在一处修改该学生的姓名；即使有学生未选任何一门课程，该学生的信息也可以插入关系 R1 中；即使在 R2 中删除了某个学生的所有选课记录，有关该学生的信息也仍存在于 R1 中，因此该学生的信息不会丢失。

　　将一个 1NF 关系分解为几个 2NF 关系，可以改善数据冗余和各种异常情况，但并不一定能够完全消除这些问题，即属于 2NF 的关系也并不一定是一个好的关系。例如，进一步分析关系 R1，其中仍存在数据冗余，R1 仍不是一个好关系。

关系 R1 中专业和专业代码的信息重复出现，一个学校该专业有多少学生，该专业的名称和代码就重复出现多少次；若某专业代码更换了，由于专业代码是重复存放的，因此必须同时修改该专业所有学生的此专业代码值。

存在这些问题的原因在于，将关系 R 分解后只消除了 R 中的部分函数依赖，而没有消除其中的传递函数依赖，关系 R1 中仍存在着传递函数依赖。因此需要进一步对关系 R1 进行规范化，即通过投影消除其中的传递函数依赖，将其分解为几个满足更高级别范式的关系。

3) 第三范式(3NF)

如果关系 R 满足第二范式，且每一个非主属性既不部分函数依赖于主键，也不传递函数依赖于主键，则称 R 满足第三范式。

第三范式消除了非主属性对关键字的传递依赖，保证了非主属性既不部分依赖于关键字，也不传递依赖于关键字。

对关系 R1(学号，姓名，性别，出生时间，专业，专业代码)进行投影，将其分解为两个关系模式：

R11(学号，姓名，性别，出生时间，专业)

R12(专业，专业代码)

R11 的关键字为学号，R12 的关键字为专业。这两个关系的函数依赖如图 1.15 所示。

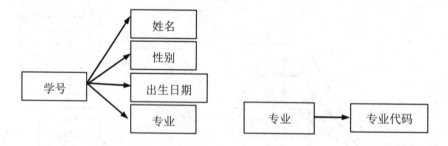

图 1.15　R11 和 R12 的函数依赖

4) BC 范式

BC 范式(BCNF)是由 Boyce 和 Codd 于 1974 年提出的，比上述的 3NF 又前进了一步。通常认为 BCNF 是修正的第三范式，有时也称为扩展的第三范式。

如果一个关系模式 R 中的所有属性包括主属性和非主属性都不传递依赖于任意候选关键字，则称 R 满足 BC 范式，记作 R∈BCNF。

本章实训　数据库基础

1. 实训目的

(1) 掌握数据模型的概念。

(2) 掌握 E-R 图的画法。

(3) 掌握各种关系模式之间的联系。

2．实训内容

绘制学生实体和课程实体之间的 E-R 图。

3．实训过程

图 1.16 表示了学生实体和课程实体之间的联系"选修"，每个学生选修某一门课程会产生一个成绩，因此，"选修"联系有一个属性"成绩"，学生和课程实体之间是多对多的联系。

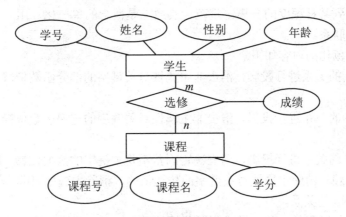

图 1.16 学生实体和课程实体之间的 E-R 图

4．实训总结

通过本次实训内容主要掌握各个实体之间的关系和 E-R 图的绘制方法，加深对数据库的了解。

本 章 小 结

通过本章的学习，读者应该理解数据库的基本概念、数据库的三级模式结构和二级映像功能；知道数据模型的三要素。

关系数据库是支持关系模型的数据库。在关系模型中，用关系表示实体以及实体间的联系。关系有严格的数学定义，它是域的笛卡儿积中有意义的子集。关系也可以表示为一个二维表。其中每一行为一个元组，每一列为一个属性。二维表的框架即关系模式。一组关系模式的集合构成关系数据库模式。关系数据库模式是关系数据库的型。关系数据库的内容是关系数据库的值。关系数据库模式(型)与关系数据库内容(值)组成关系数据库。

关系的完整性是对关系的某种约束条件。实体完整性保证关系中的每一个元组都是可识别的；域完整性是指关系中的列，必须满足某种特定的数据类型或约束。参照完整性保证参照关系与被参照关系间数据的一致性或完整性；用户定义完整性保证某一具体应用所要求的数据完整性。

关系数据操作可以直接用关系代数运算来表达，包括传统的集合运算(并、交、差、笛卡儿积运算)和专门的关系运算(选择、投影、连接、除运算)。

SQL 是集数据定义语言、数据操纵语言和数据控制语言于一体的关系数据语言。它支持关系代数中的各种基本运算，具有完备的表达能力。SQL 具有一体化、高度非过程化、功能强大、简洁易用等特点，充分体现了关系数据语言的特征，现在已经成为关系数据库的标准语言。

关系规范化是关系数据库逻辑设计的理论基础和方法工具。

对关系的最基本要求是满足 1NF。仅满足 1NF 的关系存在多种弊病，需对其进行规范化。规范化就是将一个低一级范式的关系模式通过投影运算转化为若干个高一级范式的关系模式的集合，从而消除原来关系模式中存在的不合适的数据依赖，使得数据库模式中的各个关系模式达到某种程度的分离。规范化实质上是概念的单一化，用一个关系表示一个实体或实体间的联系。

关系模式规范化的内容如下。

对满足 1NF 的关系进行投影，消去非主属性对关键字的部分函数依赖，产生一组满足 2NF 的关系。

对满足 2NF 的关系进行投影，消去非主属性对关键字的传递函数依赖，产生一组满足 3NF 的关系。

对满足 3NF 的关系进行投影，消去决定因素不是关键字的函数依赖，即消除主属性对关键字的部分依赖、消除主属性对关键字的传递依赖、消除主属性对非主属性的依赖，产生一组满足 BCNF 的关系。

关系规范化的过程是对关系模式不断分解的过程。对关系模式进行分解应遵守分解具有无损连接性和分解保持函数依赖的基本原则。

习　　题

1. 数据库系统由哪几部分组成？
2. DBMS 的功能是什么？
3. 什么是主键？什么是外键？它们之间有什么关系？
4. 关系模型有哪些特点？
5. 什么是完全函数依赖？什么是部分函数依赖？
6. 什么是范式？范式有哪几种？关系如何进行规范？

第 2 章　SQL Server 2012 数据库系统

从 SQL Server 2000 到 SQL Server 2012，不仅仅是数据库系统具有更高的性能、处理能力，新版本的系统还出现了许多新的、在旧版本中从未出现的特性。而这些新特性也都是和现代数据库的发展方向相一致的。例如，对 XML 的支持，在 SQL 语言中嵌入高级语言的支持；在企业环境中，更注重安全性、高可用性、集成的管理工具等。

通过学习本章，读者应掌握以下内容：

- SQL Server 2012 的新特性；
- SQL Server 2012 的安装及配置方法；
- SQL Server 2012 提供的服务及其作用；
- 服务器选项的类型和配置方法。

2.1　SQL Server 2012 简介

SQL Server 最初是由 Microsoft、Sybase 和 Ashton-Tate 三家公司共同开发的，并于 1988 年推出了第一个 OS/2 版本。1992 年，Microsoft 公司开发了 SQL Server 的 Windows NT 版本；1993 年，Microsoft 公司发布了运行在 Windows NT 3.1 上的 SQL Server 4.2；1995 年，Microsoft 公司公布了 SQL Server 6.0，该版本提供了集中的管理方式，并内嵌了复制的功能；1996 年，Microsoft 推出了 SQL Server 6.5 版本；1997 年推出了 SQL Server 6.5 企业版，该版本包含了 4GB 的 RAM 支持，8 位处理器以及对群集计算机的支持。

SQL Server 2012 是 Microsoft 公司继 SQL Server 2008 发布后，于 2011 年推出的版本，是目前的最新版本。

2.1.1　SQL Server 2012 的发展及特点

SQL Server 2012 作为已经为云技术做好准备的信息平台，能够快速构建相应的快速解决方案来实现本地和公有云之间的数据扩展。

SQL Server 2012 可以进一步帮助企业保护其基础架构——专门针对关键任务的工作负载，以合适的价格实现最高级别的可用性及性能。微软不仅能为用户提供一个值得信赖的信息平台，它还是可靠的业务合作伙伴，企业可以通过它获得大批有经验的供应商的技术支持。SQL Server 2012 的特性包括以下几个方面。

1. 安全性和高可用性

全新的 SQL Server AlwaysOn 将灾难恢复解决方案和高可用性结合起来，可以在数据中心内部、也可以跨数据中心提供冗余，从而有助于在计划性停机及非计划性停机的情况下快速地完成应用程序的故障转移。AlwaysOn 提供了如下一系列新功能。

- AlwaysOn Availability Groups 是一个全新的功能，可以大幅度提高数据库镜像的性能并帮助确保应用程序数据库的高可用性。

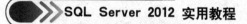

- AlwaysOn Failover Cluster Instances 不仅可以增强 SQL Server Failover Clustering 的性能，并且由于支持跨子网的多站点群集，它还能够帮助实现 SQL Server 实例跨数据中心的故障转移。
- AlwaysOn Active Secondries 使备节点实例能够在运行报表查询及执行备份操作时得到充分利用，这有助于消除硬件闲置并提高资源利用率。
- 对于运行在可读备节点实例上的查询，SQL Server AlwaysOn AutoStat 会自动创建并更新其所需的临时统计数据。

2. 超快的性能

1) 内存中的列存储

通过在数据库引擎中引入列存储技术，SQL Server 成为第一个能够真正实现列存储的万能主流数据库系统。列存储索引可以将在 SQL Server 分析服务(SSAS，PowerPivot 的重要基础)中开发的 VertiPaq 技术和一种称作批处理的新型查询执行范例结合起来，为常见的数据仓库查询提速，效果十分惊人。在测试场景下，星型连接查询及类似查询使客户体验到了近 100 倍的性能提升。

2) 全面改进全文搜索功能

SQL Server 2012 中的全文搜索功能(FTS)拥有性能显著提高的查询执行机制及并发索引更新机制，从而使 SQL Server 的可伸缩性得到极大增强。全文搜索功能现在可以实现基于属性的搜索，而不需要开发者在数据库中分别对文件的各种属性(如作者姓名、标题等)进行维护，经过改进的 NEAR 运算符还允许开发者对两个属性之间的距离及单词顺序作相应的规定。除了这些奇妙的变化之外，全文搜索功能还重新修订了所有语言中存在的断字，在最新的 Microsoft 版本中进行了相应的更新，并新增了对捷克语和希腊语的支持。

3) 表格分区可多达 15 000 个

目前表格分区可扩展至 15 000 个，从而能够支持规模不断扩大的数据仓库。这种新的扩展支持有助于实现大型滑动窗口应用场景，这对于需要根据数据仓库的需求来实现数据切换的大文件组而言，能够使其中针对大量数据进行的维护工作得到一定程度的优化。

4) 扩展事件增强

扩展事件功能中新的探查信息和用户界面使其在功能及性能方面的故障排除更加合理化。其中的事件选择、日志、过滤等功能得到增强，从而使其灵活性也得到相应提升。

5) Distributed Replay 6

全新的 Distributed Replay 功能可以简化应用程序的测试工作，并使应用程序变更、配置变更以及升级过程中可能出现的错误最小化。这个多线程的重放工具还能够模拟生产环境在升级或配置更改过程中的工作负载，从而可以确保变更过程中的性能不会受到负面影响。

3. 企业安全性及合规管理

(1) 审核增强。SQL Server 在审核功能方面的改进使其灵活性和可用性也得到一定程度的增强，这能够帮助企业更加自如地应对合规管理所带来的问题。

(2) 针对 Windows 组提供默认架构。数据库架构现在可以和 Windows 组而非独立用户相关联，从而能够提高数据库的合规性。

(3) 用户定义的服务器角色。用户定义的服务器角色使 SQL Server 的灵活性、可管理性得到增强，同时也有助于使职责划分更加规范化。

(4) 包含数据库身份验证。使用户无须使用用户名就可以直接通过用户数据库的身份验证，从而使合规性得到增强。

4．具有突破性的业务洞察力

(1) 快速的数据发现。报表服务项目 PowerView 向各级用户提供基于网络的高交互式数据探索、数据可视化及数据显示体验，这使得自助式报表服务成为现实。

(2) PowerPivot 增强。微软能够帮助企业释放突破性的业务洞察力。

(3) 全文统计语义搜索。对于存储在 SQL Server 数据库中的非结构化的数据文件，全文统计语义搜索功能可以将从前无法发现的文件之间的关系挖掘出来，从而能够使 T-SQL 开发者为企业带来深刻的业务洞察力。

5．可扩展的托管式自助商业智能服务

SQL Server Denali 在分析服务中引入了商业智能语义模型。

6．可靠、一致的数据

主数据服务(MDS)可以进一步简化用于数据集成操作的主数据结构(对象映射、参考数据、维度、层次结构)的管理，而且提供了故障转移集群和数据库镜像技术，使可用性更高。对于不同规模的企业，SQL Server 集成服务(SSIS)均可以通过所提供的各种功能来提高它们在信息管理方面的工作效率。

7．制定个性化云

SQL Server 2012 能够解决从服务器到私有云或从服务器到通过常用工具链接在一起的公有云的各种难题，并为新的商业机会创造条件。

SQL Server 2012 是 SQL Server 系列中一个重要的产品版本，可以进一步帮助用户构建关键任务环境，并从一开始就提供了相应的强大而且高效的支持。其中，新增加的功能以及对原有功能的增强能够帮助各种级别的企业释放突破性的洞察力；云就绪技术能够跨服务器、私有云和公有云实现应用程序均衡，从而帮助客户在未来的使用过程中保持自身的敏捷性。

2.1.2　SQL Server 2012 的版本

SQL Server 2012 提供了 6 个版本，服务组件主要有 SQL Server 数据库引擎、Analysis Services、Reporting Services、Notification Services、Integration Services 等。

SQL Server 2012 的大部分版本都提供了服务器端和工作站的安装，同时包括客户端组件、工具和文档。在保证标准版的价格竞争力的同时，微软将大部分新的高可用性引入企业版。此外，微软还设计了低端的工作组版本数据库，并将该版本升级到工作版、标准版，并最终可以升级至企业版。下面对 SQL Server 2012 数据库各版本的情况进行说明。

1. SQL Server 2012 的主要版本

SQL Server 2012 的主要版本介绍如表 2.1 所示。

表 2.1 SQL Server 2012 的主要版本

SQL Server 版本	说　明
Enterprise(64 位和 32 位)	作为高级版本，SQL Server 2012 Enterprise(企业版)提供了全面的高端数据中心功能，性能极为快捷、虚拟化不受限制，还具有端到端的商业智能，可为关键任务工作负荷提供较高服务级别，支持最终用户访问深层数据
Business Intelligence(64 位和 32 位)	SQL Server 2012 Business Intelligence(商业智能版)提供了综合性平台，可支持组织构建和部署安全、可扩展且易于管理的 BI 解决方案；提供了基于浏览器的数据浏览与可见性等卓越功能、功能强大的数据集成功能以及增强的集成管理
Standard(64 位和 32 位)	SQL Server 2012 Standard(标准版)提供了基本数据管理和商业智能数据库，使部门和小型组织能够顺利运行其应用程序并支持将常用开发工具用于内部部署和云部署，有助于以最少的 IT 资源获得高效的数据库管理

2. SQL Server 2012 的专业版本

专业化版本的 SQL Server 可以面向不同的业务工作负荷。SQL Server 的专业化版本介绍如表 2.2 所示。

表 2.2 SQL Server 2012 的专业版本

SQL Server 版本	说　明
Web(64 位和 32 位)	对于为从小规模至大规模的 Web 资源提供可伸缩性、经济性和可管理性功能的 Web 宿主和 Web 特许经销商来说，SQL Server 2012 Web 版本是一项总拥有成本较低的选择

3. SQL Server 2012 的延伸版本

SQL Server 延伸版是针对特定的用户应用而设计的，可免费获取或只需支付极少的费用。SQL Server 2012 的延伸版本介绍如表 2.3 所示。

表 2.3 SQL Server 2012 的延伸版本

SQL Server 版本	说　明
Developer(64 位和 32 位)	SQL Server 2012 Developer(开发者)版支持开发人员基于 SQL Server 构建任意类型的应用程序。它包括 Enterprise 版的所有功能，但有许可限制，只能用作开发和测试系统，而不能用作生产服务器。SQL Server Developer 是构建和测试应用程序的人员的理想之选
Express 版(64 位和 32 位)	SQL Server 2012 Express(速成)版是入门级的免费数据库，是学习和构建桌面及小型服务器数据驱动应用程序的理想选择。它是独立软件供应商、开发人员和热衷于构建客户端应用程序的人员的最佳选择。如果需要使用更高级的数据库功能，则可以将 SQL Server Express 无缝升级到其他更高端的 SQL Server 版本。SQL Server 2012 中新增了 SQL Server Express LocalDB，这是 Express 的一种轻型版本，该版本具备所有可编程性功能，但在用户模式下运行，并且具有快速的零配置安装和必备组件要求较少的特点

2.1.3 SQL Server 2012 的体系结构

SQL Server 的体系结构是指对 SQL Server 的组成部分和这些组成部分之间关系的描述。下面分别介绍主要的组件。

1．核心组件

SQL Server 2012 系统由 4 个核心部分组成，每个部分对应一个服务，分别是数据库引擎、分析服务、集成服务和报表服务，如图 2.1 所示。

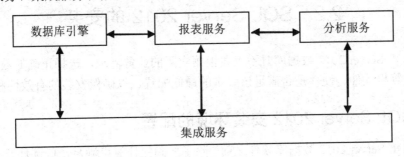

图 2.1　SQL Server 的体系结构

(1) 数据库引擎(Data Engine)：数据库引擎是用于存储、处理和保护数据的核心服务。利用数据库引擎，可以控制访问权限并快速处理事务，满足企业中最需要占用数据的应用程序的要求。数据库引擎还为维护高可用性提供了大量的支持。

(2) 分析服务(Analysis Services)：分析服务为商业智能应用程序提供了联机分析处理(OLAP)和数据挖掘功能，允许用户设计、创建以及管理。分析服务包含从其他数据源聚合而来的数据的多维结构，从而提供 OLAP 支持。分析服务允许使用多种行业标准的数据挖掘方法来设计、创建和可视化从其他数据源构造的数据挖掘模型。

(3) 集成服务(Integration Services)：集成服务是一种企业数据转换、数据集成解决方案，用户可以使用它从不同的数据源提取、转换以及合并数据，并将其移至单个或多个目标。

(4) 报表服务(Reporting Services)：报表服务是一种基于服务器的新型报表平台，可用于创建和管理包含来自关系数据源和多维数据源的数据的表报表、矩阵报表、图形报表和自由格式报表。可以通过基于 Web 的连接来查看和管理用户创建的报表。

2．其他组件

(1) 复制(Replication)：复制是在数据库之间，对数据和数据库对象进行复制、分发和同步以保持一致性的一组技术。使用复制可以将数据通过局域网、广域网、无线连接等分发到不同位置，以及分发给远程用户或移动用户。

(2) 通知服务(Notification Services)：通知服务用于开发和部署，可生成并发送通知的应用程序。通知服务可以生成并向大量订阅方发送个性化的消息，还可以向各种各样的设备传递消息。

(3) 服务代理(Service Broker)：Service Broker 是一种用于生成可靠、可伸缩且安全的数据库应用程序的技术。Service Broker 是数据库引擎中的一种技术，它对队列提供了本机支持。Service Broker 还提供了一个基于消息的通信平台，可用于将不同的应用程序组件连接成一个操作整体；提供了许多生成分布式应用程序所必需的基础结构，可显著减少应用程序的开发时间。Service Broker 还可以帮助用户轻松自如地缩放应用程序，以适应应用程序所要处理的流量。

(4) 全文搜索(Full Text Search)：SQL Server 包含对 SQL Server 表中基于纯字符的数据进行全文查询所需的功能。全文查询可以包括单词和短语、一个单词或者短语等多种形式。

2.2　SQL Server 2012 的安装

安装 SQL Server 2012 数据库时不仅要根据实际的业务需求，选择正确的数据库版本；还要检测计算机软件、硬件是否满足该版本的最低配置，以确保安装的有效性和可用性。

2.2.1　SQL Server 2012 安装环境的配置

安装 SQL Server 2012 数据库软件之前，除了要确保计算机满足最低硬件要求外，还要适当地考虑数据库未来发展的需要。SQL Server 2012 数据库的安装程序，在不满足安装所要求的最低硬件配置时，将会给出提示。

1. 硬件和软件需求

对于 SQL Server 2012 的 32 位和 64 位版本，应注意以下事项：

(1) 建议在使用 NTFS 文件格式的计算机上运行 SQL Server 2012。支持但建议不要在具有 FAT32 文件系统的计算机上安装 SQL Server 2012，因为它没有 NTFS 文件系统安全。

(2) SQL Server 安装程序将阻止在只读驱动器、映射的驱动器或压缩驱动器上进行安装。

(3) 为了确保 Visual Studio 组件可以正确安装，SQL Server 要求安装更新。SQL Server 安装程序会检查此更新是否存在，然后要求先下载并安装此更新，接下来才能继续 SQL Server 安装。若要避免在 SQL Server 安装期间中断，可在运行 SQL Server 安装程序之前先按下面所述下载并安装此更新(或安装 Windows Update 上提供的 .NET 3.5 SP1 的所有更新)：

- 如果在使用 Windows Vista SP2 或 Windows Server 2008 SP2 操作系统的计算机上安装 SQL Server 2012，则可以从此处获得所需更新。
- 如果在使用 Windows 7 SP1、Windows Server 2008 R2 SP1、Windows Server 2012 或 Windows 8 操作系统的计算机上安装 SQL Server 2012，则已包含此更新。

SQL Server 2012 的组件要求如表 2.4 所示，这些要求适用于 SQL Server 2012 所有版本的安装。

2. 处理器、内存和操作系统的要求

表 2.5 所列出的内存和处理器要求适用于 SQL Server 2012 的所有版本。

表 2.4 SQL Server 2012 的组件

组 件	要 求
.NET Framework	在选择数据库引擎、Reporting Services、Master Data Services、Data Quality Services、SQL Server Management Studio 时，.NET 3.5 SP1 是 SQL Server 2012 所必需的，但不再由 SQL Server 安装程序安装。 .NET 4.0 是 SQL Server 2012 所必需的。SQL Server 在功能安装步骤中安装 .NET 4.0
Windows PowerShell	SQL Server 2012 不安装或启用 Windows PowerShell 2.0；但对于数据库引擎组件和 SQL Server Management Studio 而言，Windows PowerShell 2.0 是一个安装必备组件。如果安装程序报告缺少 Windows PowerShell 2.0，则必须安装或启用它
网络软件	SQL Server 2012 支持的操作系统具有内置网络软件。独立安装的命名实例和默认实例支持的网络协议有：共享内存、命名管道、TCP/IP 和 VIA
Internet 软件	Microsoft 管理控制台 (MMC)、SQL Server Data Tools (SSDT)、Reporting Services 的报表设计器组件和 HTML 帮助都需要 Internet Explorer 7 或更高版本
硬盘	SQL Server 2012 要求最少 6GB 的可用硬盘空间。 磁盘空间的要求将随所安装的 SQL Server 2012 组件的不同而发生变化
驱动器	从磁盘进行安装时需要相应的 DVD 驱动器
显示器	SQL Server 2012 要求有 Super-VGA (800×600)或更高分辨率的显示器
Internet	使用 Internet 功能需要连接

表 2.5 SQL Server 2012 对内存和处理器的要求

组 件	要 求
内存	最小值： Express 版本为 512MB； 所有其他版本为 1GB。 建议： Express 版本为 1GB； 所有其他版本至少为 4GB 并且应该随着数据库大小的增加而增加，以便确保最佳的性能
处理器速度	最小值： x86 处理器为 1.0GHz； x64 处理器为 1.4GHz。 建议：2.0GHz 或更快
处理器类型	x64 处理器：AMD Opteron、AMD Athlon 64、支持 Intel EM64T 的 Intel Xeon、支持 EM64T 的 Intel Pentium Ⅳ； x86 处理器：Pentium Ⅲ 兼容处理器或更快

安装 SQL Server 2012 数据库之前，要求对操作系统进行检测，只有在满足其最低的版本要求后才能进行安装。否则，可能会造成组件安装不全或者系统安装失败。表 2.6 列出

了针对 SQL Server 2012 的主要版本的操作系统要求。

表 2.6　SQL Server 2012 的主要版本的操作系统要求

SQL Server 版本	32 位	64 位
SQL Server Enterprise	Windows Server 2008 SP2 Datacenter (数据中心版) Windows Server 2008 SP2 Enterprise(企业版) Windows Server 2008 SP2 Standard(标准版) Windows Server 2008 SP2 Web(网页版)	Windows Server 2012 R2 Windows Server 2008 R2 SP1
SQL Server Business Intelligence	Windows Server 2008 SP2 Datacenter Windows Server 2008 SP2 Enterprise Windows Server 2008 SP2 Standard Windows Server 2008 SP2 Web	Windows Server 2012 R2 Windows Server 2008 R2 SP1
SQL Server Standard	Windows 8.1 Windows 8.1 Professional Windows 8.1 Enterprise Windows 8 Windows 8 Professional Windows 8 Enterprise Windows 7 SP1 Enterprise Windows 7 SP1 Professional Windows Server 2008 SP2 Enterprise Windows Server 2008 SP2 Standard Windows Vista SP2 Enterprise Windows Vista SP2 Business	Windows Server 2012 R2 Windows Server 2008 R2 SP1 Windows 8.1 Windows 8 Windows 7 SP1 Professional Windows Server 2008 SP2 Windows Vista SP2 Enterprise Windows Vista SP2 Business

2.2.2　SQL Server 2012 的安装过程

微软公司提供了使用安装向导和命令提示符安装 SQL Server 2012 数据库的两种方式。安装向导提供图形用户界面，引导用户对每个安装选项做相应的决定。安装向导提供初次安装 SQL Server 2012 指南，包括功能选择、实例命名规则、服务账户配置、强密码指南以及设置排序规则的方案。

命令提示符安装适用于高级方案；用户可以从命令提示符直接运行，也可以引用安装文件，指定安装选项，按命令提示符语法运行安装。

这里我们讲解使用安装向导安装 SQL Server 2012 数据库，参考步骤如下。

1．安装预备软件

将安装光盘放入光盘驱动器，如果操作系统启用了自动运行功能，安装程序将自动运行。

启动后会出现如图 2.2 所示的提示界面，进入 SQL Server 2012 安装中心。

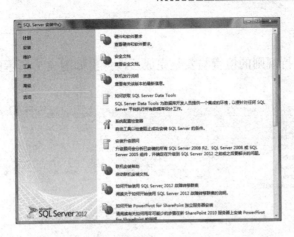

图 2.2　安装中心启动界面

2. 选择"全新 SQL Server 独立安装或向现有安装添加功能"

在安装中心启动界面上,单击左侧"安装"选项,打开如图 2.3 所示的界面,选择"全新 SQL Server 独立安装或向现有安装添加功能"选项。系统将首先进行安装程序支持规则的检查与安装,如图 2.4 所示。

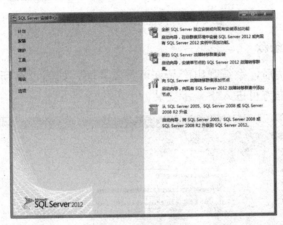

图 2.3　安装界面

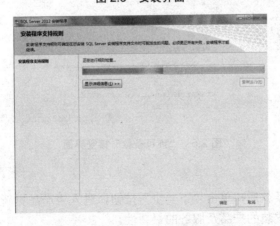

图 2.4　"安装程序支持规则"界面

3. 输入产品密钥

完成安装程序支持规则的检查与安装完成后，弹出如图 2.5 所示的界面，用户需输入产品密钥。

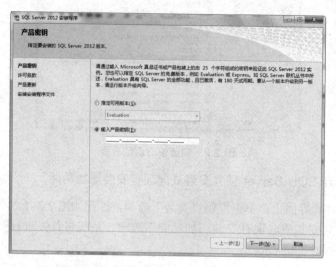

图 2.5 "产品密钥"输入界面

4. 接受产品许可条款

正确输入产品密钥后，系统弹出产品许可条款界面，如图 2.6 所示。用户需选中"我接受许可条款"复选框方可进入下一步安装。

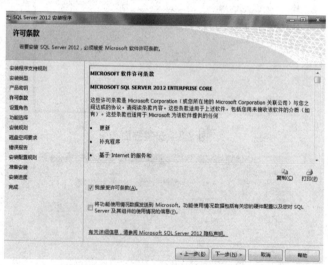

图 2.6 "许可条款"接受界面

5. 进行产品更新

在接受产品许可条款后，单击"下一步"按钮，进入"产品更新"界面，如图 2.7 所示，这是为了保证所安装的产品及服务的最新性。

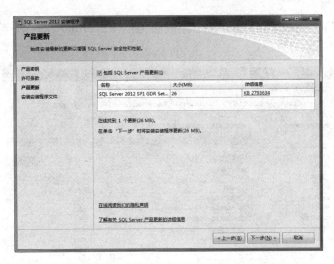

图2.7 "产品更新"界面

6. 安装安装程序文件

完成产品更新之后,单击"下一步"按钮,弹出"安装安装程序文件"界面如图 2.8 所示。此时系统将对所需要的组件等进行安装,以保证安装的顺利完成。

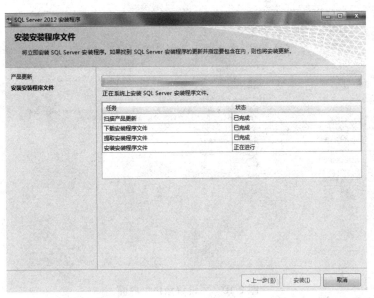

图2.8 "安装安装程序文件"界面

7. 安装程序支持规则

安装程序安装完成后,单击"下一步"按钮,弹出如图 2.9 所示的"安装程序支持规则"界面,对安装所需的操作系统及相关规则进行安装检查。

8. 设置角色

完成安装程序支持规则的安装检查之后,单击"下一步"按钮,弹出如图 2.10 所示的"设置角色"界面。在这里选择 SQL Server 功能安装,其中包括数据库引擎、Analysis

Services(分析服务)、Integration Services(集成服务)、Reporting Services(报表服务)和其他功能。

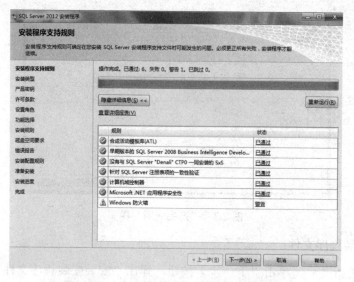

图 2.9 "安装程序支持规则"界面

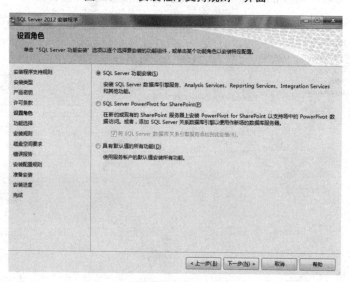

图 2.10 "设置角色"界面

9. 功能选择

完成角色设置后，单击"下一步"按钮，进入"功能选择"界面，如图 2.11 所示。单击"全选"按钮，选择 SQL Server 的全部功能，同时还要设置一个共享目录的路径。

10. 实例配置

完成功能选择后，单击"下一步"按钮，进入"实例配置"界面，如图 2.12 所示。在这里可以选择默认实例，也可以创建一个命名实例，并且要设置一个例根目录(在这里例根目录用的是 C:\Program Files\Microsoft SQL Server\)。

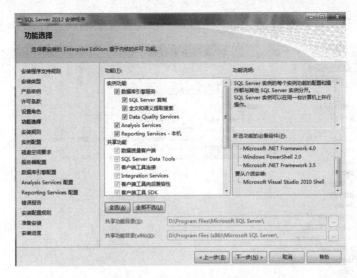

图 2.11　"功能选择"界面

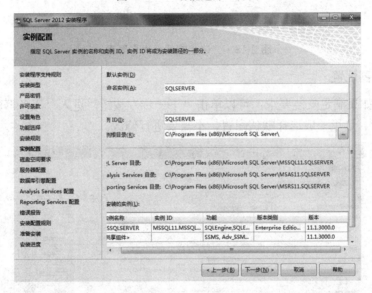

图 2.12　"实例配置"界面

说明：在 SQL Server 中，经常遇到三个名词，计算机名、服务器名和实例名，这三个名词之间既有区别，又有联系。

(1) 计算机名：是指计算机的 NETBIOS 名称，它是操作系统中设置的，一台计算机只能有一个名称且唯一。

(2) 服务器名：是指作为 SQL Server 服务器的计算机名称。

(3) 实例名：是指在安装 SQL Server 过程中给服务器取的名称，默认实例与服务器名称相同，命名实例的形式为"服务器名\实例名"。在 SQL Server 中，一般只能有一个默认实例，但可以有多个命名实例。SQL Server 服务的默认实例名称是 MSSQLSERVER。

11．检查磁盘空间要求

完成实例配置之后，单击"下一步"按钮，进入"磁盘空间要求"界面，如图 2.13 所示。系统将对安装所需要的磁盘空间进行检查，以确保安装顺利进行。

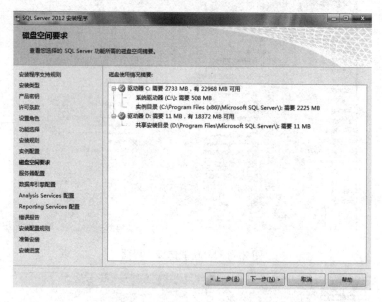

图 2.13 "磁盘空间要求"界面

12. 服务器配置

磁盘空间如果满足安装要求，可以单击"下一步"按钮，进入"服务器配置"界面，如图 2.14 所示。这里一般选择默认配置，不需要进行修改。

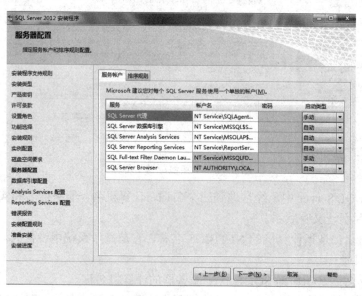

图 2.14 "服务器配置"界面

13. 数据库引擎配置

单击"下一步"按钮，弹出"数据库引擎配置"界面，如图 2.15 所示。在"数据库引擎配置"界面中，设置身份验证模式为混合模式，输入数据库管理员的密码，即 sa 用户的密码，并添加当前用户，单击"下一步"按钮继续安装。

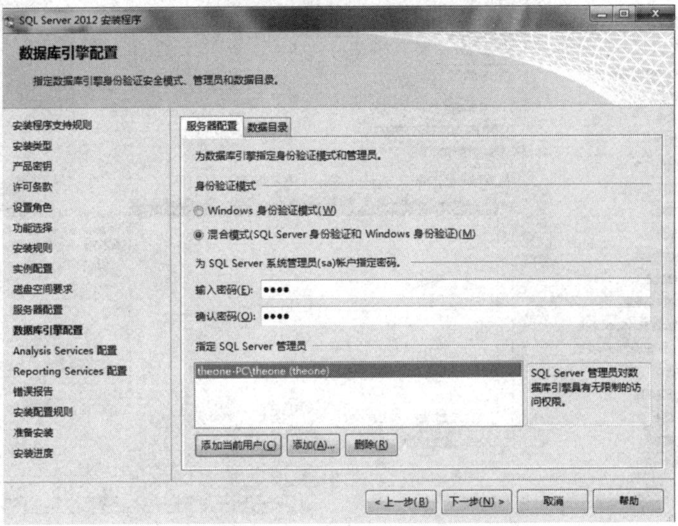

图 2.15 "数据库引擎配置"界面

说明：

(1) Windows 身份验证模式。Windows 验证模式有两个主要的优点。首先，数据库管理员的主要工作是管理数据库，而不是管理用户账户。使用 Windows 验证模式，对用户账户的管理可以交给 Windows 处理。其次，Windows 有更强的工具用来管理用户账户，如账户锁定、口令期限、最小口令长度等。如果不通过定制来扩展 SQL Server，SQL Server 是没有这些功能的。

(2) 混合模式。混合模式(Mixed Mode)允许以 SQL Server 验证方式或 Windows 验证方式来进行连接，使用哪个方式取决于在最初的通信时，使用的是哪个网络库。例如，若用户使用 TCP/IP Sockets 进行登录验证，则他将使用 SQL Server 验证模式。但是，如果使用命名管道，登录验证将使用 Windows 验证模式，这种模式可以更好地适应用户的各种环境。

在 SQL Server 验证模式下，SQL Server 在系统视图 sys.syslogins 中检测输入的登录名和验证输入的密码。如果在系统视图 sys.syslogins 中存在该登录名，并且密码也是匹配的，那么该登录名可以登录到 SQL Server。否则，登录失败。在这种方式下，用户必须提供登录名和密码，让 SQL Server 验证。如果指定为混合安全模式，必须输入并确认用于 sa 登录的强密码。

14．Analysis Services 配置

单击"下一步"按钮后，弹出"Analysis Services 配置"界面，如图 2.16 所示。添加当前用户，单击"下一步"按钮，继续安装。

15．Reporting Services 配置

单击"下一步"按钮后，弹出"Reporting Services 配置"界面，如图 2.17 所示。另外还有几个服务功能，包括分布式重播控制器、分布式重播客户端等的配置，这里不再赘述。

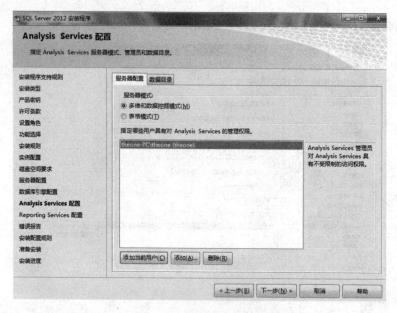

图 2.16　"Analysis Services 配置"界面

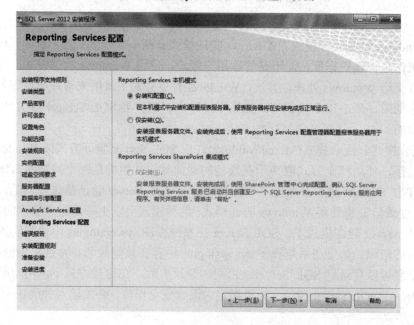

图 2.17　"Reporting Services 配置"界面

16. 错误报告

单击"下一步"按钮，弹出错误报告界面，如图 2.18 所示。这个模块的目的是为了帮助微软改进 SQL Server 的功能和服务。这里也可以清除复选框以禁用错误报告。

17. 安装配置规则

单击"下一步"按钮，弹出"安装配置规则"界面，如图 2.19 所示，进行安装配置规则的安装与检查。

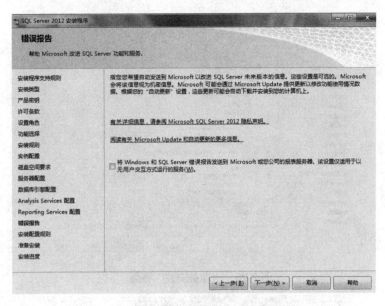

图 2.18　"错误报告"界面

18. 进行安装

所有各项均正常通过后，单击"下一步"按钮，进入准备安装界面，如图 2.20 所示，开始进行安装，如图 2.21 所示。

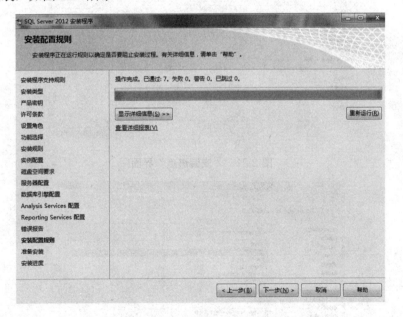

图 2.19　"安装配置规则"界面

19. 完成安装

开始安装后，需要一段时间的耐心等待，才能最后完成安装，如图 2.22 所示。如果得到重新启动计算机的指示，请立即进行重启操作。安装完成后，阅读来自安装程序的消息是很重要的。如果未能重新启动计算机，可能会导致以后运行安装程序失败。

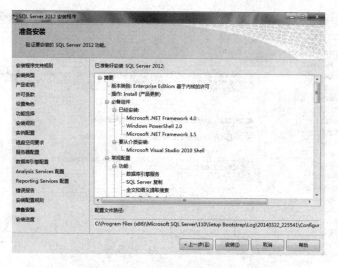

图 2.20 "准备安装"界面

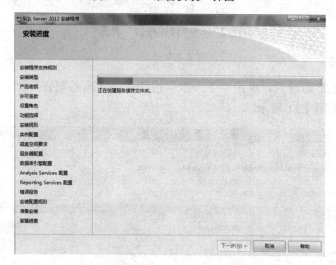

图 2.21 "安装进度"界面

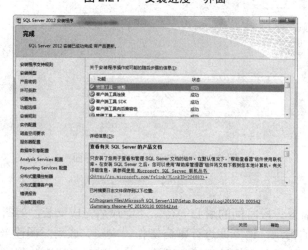

图 2.22 "完成"界面

2.3 SQL Server 2012 的常用工具

2.3.1 SQL Server 2012 配置工具

在访问数据库之前，必须先启动数据库服务器，只有合法用户才可以启动数据库服务器。启动方法如下。

(1) 选择"开始"→"所有程序"→Microsoft SQL Server 2012→"配置工具"→"SQL Server 配置管理器"命令，如图 2.23 所示。

(2) 启动服务器管理器(SQL Server Configuration Manager)后的窗口如图 2.24 所示。右击其中任意一个服务名称，均可以查看该服务的属性，并且可以启动、停止、暂停和重新启动相应的服务。

图 2.23　启动配置工具

图 2.24　服务器状态

2.3.2 SQL Server 2012 管理平台

SQL Server 管理平台(SQL Server Management Studio，SSMS)是 Microsoft 为用户提供的可以直接访问和管理 SQL Server 数据库和相关服务的一个集成环境。它可以将图形化工具和多功能脚本编辑器组合在一起，完成对 SQL Server 的访问、配置、控制、管理和开发等工作。此外，SQL Server 还提供了一种环境，用于管理 Analysis Services(分析服务)、Integration Services(集成服务)、Reporting Services(报表服务)等，大大方便了技术人员和数据库管理员对 SQL Server 系统的各种访问。

1. 启动 SQL Server 管理平台

选择"开始"→"所有程序"→Microsoft SQL Server 2012→SQL Server Management Studio 命令，启动连接服务器，界面如图 2.25 所示。

选择登录账号，单击"连接"按钮，便可以进入 SQL Server Management Studio 窗口，如图 2.26 所示。

2. SQL Server 管理平台窗口部件

在默认情况下，SQL Server Management Studio 中将显示"已注册的服务器"窗格和"对象资源管理器"窗格，如果需要显示其他窗格，可以在"视图"菜单中进行选择。

图 2.25 "连接到服务器"对话框

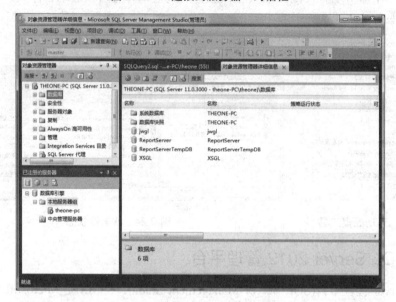

图 2.26 SQL Server Management Studio 窗口

3．SQL Server 管理平台窗口部件

对象资源管理器是服务器中所有数据库对象的树视图。此树视图可以包括 SQL Server Database Engine、Analysis Services、Reporting Services、Integration Services 和 SQL Server Mobile 的数据库。

4．关闭、打开 SQL Server Management Studio 组件

1) 关闭及重新打开"已注册的服务器"组件窗格

(1) 单击已注册的服务器右上角的✕按钮，已注册的服务器随即关闭。

(2) 在"视图"菜单上，选择"已注册的服务器"命令，可以对其进行还原。

2) 关闭及重新打开"对象资源管理器"组件窗格

(1) 单击对象资源管理器右上角的✕按钮，资源管理器随即关闭。

(2) 在"窗口"菜单上，选择"重置窗口布局"命令，可以对其进行还原。

5. 查询编辑器的使用

SQL Server Management Studio 是一个集成开发环境，可用于编写 T-SQL、MDX、XMLA、XML、SQL Server 2012 Mobile Edition 查询和 SQLCMD 命令。用于编写 T-SQL 的查询编辑器组件与以前版本的 SQL Server 查询分析器类似，但它新增了一些功能，下面予以介绍。

1) 最大化查询编辑器窗口

(1) 单击"查询编辑器"窗口中的任意位置。

(2) 按 Shift+Alt+Enter 组合键，可以在全屏显示模式和常规显示模式之间进行切换。

2) 自动隐藏所有工具窗口

(1) 单击"查询编辑器"窗口中的任意位置。

(2) 在"窗口"菜单中选择"自动全部隐藏"命令。

(3) 若要还原工具窗口，可以打开某个工具，然后再次单击窗口上的"自动隐藏"按钮。

3) 注释部分脚本

(1) 使用鼠标选择要注释的文本。

(2) 在"编辑"菜单中选择"高级"→"注释选定内容"命令，所选文本将带有"--"，表示已完成注释。

2.3.3 启动、停止、暂停和重新启动 SQL Server 服务

1. 使用 SQL Server 配置管理器

利用 SQL Server 配置管理器，可以启动、停止、暂停和重新启动 SQL Server 服务，其步骤如下。

(1) 选择"开始"菜单→"所有程序"→Microsoft SQL Server 2012→"配置工具"→"SQL Server 配置管理器"命令，打开 SQL Server 配置管理器。

(2) 图 2.27 是 SQL Server 配置管理器的界面，单击"SQL Server 服务"选项，在右边的窗格中可以看到本地所有的 SQL Server 服务，包括不同实例的服务。

图 2.27 SQL Server 配置管理器

(3) 如果要启动、停止、暂停或重新启动 SQL Server 服务器，可以右击服务器名称，在弹出的快捷菜单中选择"启动"、"停止"、"暂停"或"重新启动"命令。

2. 使用 SQL Server Management Studio 配置服务器

在 SQL Server Management Studio 中同样可以完成配置服务器的操作，具体步骤如下。

(1) 启动 SQL Server Management Studio，连接到 SQL Server 服务器。

(2) 如图 2.28 所示，右击服务器名，在弹出的快捷菜单中选择"启动"、"停止"、"暂停"或"重新启动"命令。

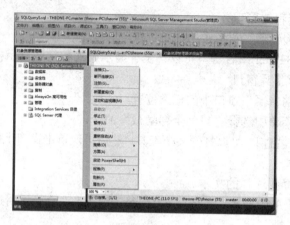

图 2.28　SQL Server Management Studio 配置服务器

2.3.4　注册服务器

安装 SQL Server Management Studio 之后首次启动它时，将自动注册 SQL Server 的本地实例，也可以使用 SQL Server Management Studio 注册服务器。

在 SQL Server Management Studio 的工具栏中单击"已注册的服务器"按钮，在窗体左侧出现"已注册的服务器"窗格，右击"数据库引擎"，在弹出的快捷菜单中选择"新建"→"服务器注册"命令，如图 2.29 所示，打开如图 2.30 所示的对话框。

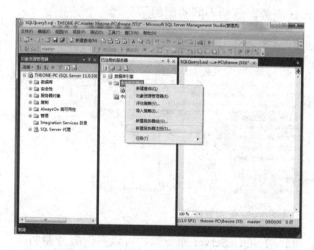

图 2.29　选择"新建服务器注册"命令

图 2.30　"新建服务器注册"对话框

在注册服务器时必须指定下列项。

(1) 服务器的类型。在 Microsoft SQL Server 2012 中，可以注册的服务器类型有：数据库引擎、Analysis Services、Reporting Services、Integration Services 和 SQL Server Mobile。要注册相应类型的服务器，可以在"已注册的服务器"窗格中，选择指定的类型并右击，在弹出的快捷菜单中选择"新建"命令。

(2) 在"服务器名称"下拉列表框中，输入新建的服务器名称。

(3) 登录服务器时应尽可能使用 Windows 身份验证；如果选择 SQL Server 身份验证，为了在使用时获得最高的安全性，应该尽可能选择提示输入登录名和密码。

(4) 指定用户名和密码(如果需要)。当使用 SQL Server 验证机制时，SQL Server 系统管理员必须定义 SQL Server 登录账户和密码，当用户要连接到 SQL Server 实例时，必须提供 SQL Server 登录账户和密码。

(5) 已注册的服务器名称。计算机主机名称就是默认值时的服务器名称，但可以在"已注册的服务器名称"文本框中用其他的名称替换。

(6) 已注册的服务器的描述信息。在"已注册的服务器说明"文本框中，输入服务器组的描述信息(可选)。

还可以为正在注册的服务器选择连接属性。如图 2.31 所示在"连接属性"选项卡中，可以指定下列连接选项。

(1) 服务器默认情况下连接到的数据库。

(2) 连接到服务器时所使用的网络协议。

(3) 要使用的默认网络数据包大小。

(4) 连接超时设置。

(5) 执行超时设置。

(6) 加密连接信息。

在 SQL Server Management Studio 中注册服务器之后，还可以取消该服务器的注册。方法为在 SQL Server Management Studio 中右击某个服务器名，在弹出的快捷菜单中选择"删除"命令。

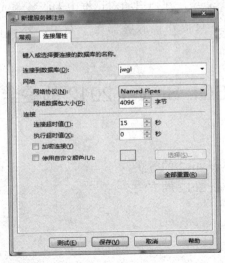

图 2.31　"新建服务器注册"对话框的"连接属性"选项卡

2.3.5 创建服务器组

服务器组是用于把相似的 SQL Server 服务器组织在一起的一种方式，可以方便对不同类型和用途的 SQL Server 服务器进行管理。

在 SQL Server Management Studio 中创建服务器组的步骤如下。

(1) 在"已注册的服务器"窗格中，选择指定的服务器类型并右击，在弹出的快捷菜单中选择"新建"→"新建服务器组"命令，出现如图 2.32 所示的"新建服务器组属性"对话框。

图 2.32　"新建服务器组属性"对话框

(2) 在"组名"文本框中输入新建的服务器组的名称。

(3) 在"组说明"列表框中输入服务器组的描述信息。

(4) 选择新建服务器组的位置，可以是顶级服务器组，或者是某一个服务器组的子服务器组(选择某一个服务器组)。

(5) 单击"保存"按钮完成对应的服务器组的创建。

要改变一个服务器或服务器组所属的组，可以在服务器或服务器组上右击，在弹出的快捷菜单中选择"移动到"命令，在弹出的对话框中为服务器或服务器组指定新的位置。

要删除一个服务器组，只需在该服务器组上右击，然后在弹出的快捷菜单中选择"删除"命令即可。

本章实训　SQL Server 2012 的安装及基本操作

1. 实训目的

(1) 掌握安装 SQL Server 2012 的方法。

(2) 掌握配置 SQL Server 2012 的方法。

2. 实训内容

配置 SQL Server 2012。

3. 实训过程

1) 连接到服务器

通过客户端管理工具 SQL Server Management Studio 可以连接到服务器。

2) 注册服务器

把常用的服务器进行注册可以方便以后的管理和使用。在 SQL Server Management Studio 的"已注册的服务器"窗格里列出的是常用的服务器与实例名。但这里保存的只是服务器的连接信息,并不是真正连接到服务器上,在连接时还要指定服务器的类型、名称、身份验证信息。

3) 停止或暂停服务

选择"开始"→"所有程序"→Microsoft SQL Server 2012→"配置工具"→SQL Server Configuration Manager 命令,在弹出的对话框中单击"停止"按钮。

4) 配置服务启动模式

在 SQL Server 2012 的服务中,有些服务是默认自动启动的,如 SQL Server 服务。

5) 配置服务器

在 SQL Server Management Studio 中的"对象资源管理器"窗格里,右击要配置的服务器,在弹出的快捷菜单中选择"属性"命令。

4. 实训总结

通过本章实训内容了解 SQL Server 2012 中各个工具的使用方法,重点掌握 SQL Server 2012 的配置过程。

本 章 小 结

SQL Server 是美国微软公司推出的关系数据库管理系统,可以更加方便快捷地管理数据库、设计开发应用程序。它有两种工作模式:一种是 C/S(客户机/服务器)工作模式,它使用 T-SQL 语言在服务器与客户机之间传送请求和答复。另一种是 B/S(浏览器/服务器)工作模式,在 SQL Server 2012 与 XML 结合下支持实现。SQL Server 2012 共有 6 个版本,分别是 Enterprise、Bussiness、Standard、Web、Development 和 Express。SQL Server 2012 的不同版本用于满足企业和个人的不同需求。

SQL Server 2012 提供了大量的图形工具和命令行工具,能够完成对 SQL Server 的管理和开发任务。主要包括以下工具。

(1) SQL Server Management Studio

(2) Business Intelligence Development Studio

(3) SQL Server Profiler

(4) SQL Server Configuration Manager

(5) Database Engine Tuning Advisor

(6) 命令行工具

习　题

1. SQL Server 2012 提供了哪些安装版本?
2. SQL Server 2012 中的默认实例和命名实例有何区别?
3. SQL Server 2012 支持哪两种登录验证模式?
4. 如何启动和停止 SQL Server 服务?
5. 如何使用 SQL Server Management Studio 注册服务器?

第 3 章　SQL Server 数据库

SQL Server 2012 数据库是指所涉及的对象以及数据的集合。它不仅反映了数据本身的内容，而且反映了对象以及数据之间的联系。对数据库的操作是开发人员的一项重要工作。

本章主要介绍 SQL Server 2012 数据库的基本概念，以及创建、删除、修改数据库等基本操作。

通过学习本章，读者应掌握以下内容：

- 数据库及其对象；
- 用对象资源管理器创建和管理数据库的方法；
- 用 T-SQL 语句创建和管理数据库的方法。

3.1　SQL Server 数据库概述

SQL Server 2012 数据库就是存放有组织的数据集合的容器，以操作系统文件的形式存储在磁盘上，由数据库系统进行管理和维护。数据库中的数据和日志信息分别保存在不同的文件中，而且这些文件只能在一个数据库中使用。文件组是命名的文件集合，用于帮助数据布局和管理任务，例如备份和还原操作。

3.1.1　数据库文件

数据库文件是存放数据库数据和数据库对象的文件。一个数据库可以有一个或多个数据库文件，一个数据库文件只属于一个数据库。

1. 数据库文件分类

SQL Server 2012 数据库具有以下 3 种类型的文件。

(1) 主数据文件：主数据文件包含数据库的启动信息，是数据库的起点，指向数据库中的其他文件，用于存储用户数据和对象，是 SQL Server 数据库的主体，每个数据库有且仅有一个主数据文件。实际的文件都有两种名称：操作系统文件名和逻辑文件名(在 T-SQL 语句中使用)。主数据文件的默认文件扩展名是.mdf。

(2) 次要数据文件：除主数据文件以外的所有其他数据文件都是次要数据文件，也称为辅助数据文件，可用于将数据分散到多个磁盘上。如果数据库超过了单个 Windows 文件的最大大小，可以使用次数据文件，这样数据库就能继续增长；数据库中可以有多个或者没有次要数据文件，其名字应尽量与主数据文件名相近。次要数据文件的默认文件扩展名是.ndf。

(3) 事务日志文件：用来记录数据库更新情况的文件，每个数据库至少有一个事务日志文件，事务日志文件不属于任何文件组。对数据库中的数据进行的增、删、改等操作，都会记录在事务日志文件中。当数据库被破坏时可以利用事务日志文件恢复数据库中的数据，从而最大限度地减少由此带来的损失。SQL Server 中采用"提前写"方式的事务，即对数据库的修改先写入事务日志，再写入数据库。

日志文件还可以通过事务有效地维护数据库的完整性。与数据文件不同，日志文件不存放数据、不包含数据页，由一系列的日志记录组成。日志文件也不包含在文件组内。日志文件的默认扩展名是.ldf。

SQL Server 2012 不强制使用.mdf、.ndf 和.ldf 文件扩展名，但使用它们有助于标识文件的各种类型和用途。

2．逻辑文件名和物理文件名

SQL Server 2012 中的文件都有两个名称，即逻辑文件名和物理文件名。当使用 T-SQL 命令语句访问某个文件时，必须使用该文件的逻辑名。物理文件名是文件实际存储在磁盘上的文件名，包含完整的磁盘目录路径。

(1) 逻辑文件名(logical_file_name)：它是在所有 T-SQL 语句引用物理文件时使用的名称。逻辑文件名必须符合 SQL Server 标识符规则，而且在数据库中的逻辑文件名必须是唯一的。

(2) 物理文件名(os_file_name)：它是包括目录路径的文件名，必须符合操作系统的文件命名规则。

3．文件大小

SQL Server 2012 数据文件描述除了需要有物理文件名与逻辑文件名外，还需要说明文件大小，包含初始大小 size、最大值 maxsize 和增量 filegrowth 三个参数。文件的大小可以从最初指定的初始大小 size 开始按增量 filegrowth 来增长，当文件增量超过最大值 maxsize 时将出错，文件无法正常建立，也就是数据库无法创建。

如果没有指定最大值，文件可以一直增长到用完磁盘上的所有可用空间。如果 SQL Server 作为数据库嵌入某个应用程序，而该应用程序的用户无法迅速与系统管理员联系，则不指定文件最大值就特别有用，用户可以使文件根据需要自动增长，以减轻监视数据库中的可用空间和手动分配额外空间的管理负担。

3.1.2 数据库文件组

为便于分配和管理，可以将数据库对象和文件一起分成文件组。SQL Server 2012 有以下两种类型的文件组。

(1) 主文件组：包含主数据文件和任何没有明确分配给其他文件组的数据文件。系统表的所有页都分配在主文件组中。在 SQL Server 2012 中用 PRIMARY 表示主文件组的名称。主文件组由系统自动生成，供用户使用，不能由用户修改或删除。

(2) 用户定义文件组：在 CREATE DATABASE 或 ALTER DATABASE 语句中使用 FILEGROUP 关键字指定的除主文件组外的任何文件组。

日志文件不包括在文件组内。日志空间与数据空间分开管理。

一个文件不可以是多个文件组的成员。表、索引和大型对象数据可以与指定的文件组相关联，在这种情况下，它们的所有页将被分配到该文件组。也可以对表和索引进行分区，已分区表和索引的数据被分割为单元,每个单元可以放置在数据库中的单独文件组中。

每个数据库中均有一个文件组被指定为默认文件组。如果创建表或索引时未指定文件组,则将假定所有页都从默认文件组分配。一次只能将一个文件组作为默认文件组。db_owner 固定数据库角色成员可以将默认文件组从一个文件组切换到另一个。如果没有指定默认文件组,则将主文件组作为默认文件组。

3.1.3 数据库对象

SQL Server 2012 数据库中的数据在逻辑上被组织成一系列对象,当一个用户连接到数据库后,所看到的是这些逻辑对象,而不是物理的数据库文件。

SQL Server 2012 中有以下数据库对象。

(1) 表:数据库中的表与我们日常生活中使用的表格类似,由列和行组成。其中每一列都代表一个相同类型的数据。每列又称为一个字段,每列的标题称为字段名。每一行包括若干个列信息。一行数据称为一个元组或一条记录,它是有一定意义的信息组合,代表一个实体或联系。一个数据库表由一条或多条记录组成,没有记录的表称为空表。每个表中通常都有一个主关键字,用于唯一标识一条记录。

(2) 索引:某个表中一列或若干列值的集合与相应的指向表中物理标识这些值的数据页的逻辑指针清单。它提供了数据库中编排表中数据的内部方法。

(3) 视图:视图看上去同表相似,具有一组命名的字段和数据项,但它其实是一个虚拟的表,在数据库中并不实际存在。视图是由查询数据库表或其他视图产生的,它限制了用户能看到和修改的数据。由此可见,视图可以用来控制用户对数据的访问,并能简化数据的显示,即通过视图只显示那些需要的数据信息。

(4) 关系图表:关系图表其实就是数据库表之间的关系示意图。利用它可以编辑表与表之间的关系。

(5) 默认值:默认值是当在表中创建列或插入数据时,为没有指定具体值的列或列数据项赋予事先设定好的值。

(6) 约束:是 SQL Server 实施数据一致性和数据完整性的方法,或者说是一套机制,包括主键约束、外键约束、Unique 约束、Check 约束、默认值和允许空六种机制。

(7) 规则:用来限制数据表中字段的有限范围,以确保列中数据完整性的一种方式。

(8) 触发器:一种特殊的存储过程,与表格或某些操作相关联。当用户对数据进行插入、修改、删除或对数据库表进行建立、修改、删除时激活,并自动执行。

(9) 存储过程:一组经过编译的可以重复使用的 T-SQL 代码的组合。它是经过编译存储到数据库中的,所以运行速度要比执行相同的 SQL 语句快。

(10) 登录:SQL Server 访问控制允许连接到服务器的账户。

(11) 用户:用户是指拥有一定权限的数据库的使用者。

(12) 角色:数据库操作权限的集合,可以将角色关联到同一类级别的用户。

3.1.4 系统数据库

SQL Server 2012 包含 master、model、msdb、tempdb 和 resource 5 个系统数据库。在创建任何数据库之前,用户在 Microsoft SQL Server Management Studio 工具中都可以看到

这些系统数据库。

1．Master 数据库

master 数据库记录 SQL Server 2012 实例的所有系统级信息，包括实例范围的元数据(例如登录账户)、端点、链接服务器和系统配置设置；记录所有其他数据库是否存在以及这些数据库文件的位置；记录 SQL Server 的初始化信息。因此，如果 master 数据库不可用，则 SQL Server 无法启动。

> **注意**：不能在 master 数据库中创建任何用户对象(例如表、视图、存储过程或触发器)。master 数据库包含 SQL Server 实例使用的系统级信息(例如登录信息和配置选项设置)。

不能在 master 数据库中执行下列操作。

(1) 添加文件或文件组。
(2) 更改排序规则。默认排序规则为服务器排序规则。
(3) 更改数据库所有者。master 数据库归 dbo 所有。
(4) 创建全文目录或全文索引。
(5) 在数据库的系统表上创建触发器。
(6) 删除数据库。
(7) 从数据库中删除 guest 用户。
(8) 参与数据库镜像。
(9) 删除主文件组、主数据文件或日志文件。
(10) 重命名数据库或主文件组。
(11) 将数据库设置为 OFFLINE。
(12) 将数据库或主文件组设置为 READ ONLY。

2．Model 数据库

model 数据库是在 SQL Server 2012 实例上创建所有数据库的模板。对 model 数据库进行的修改(如数据库大小、排序规则、恢复模式和其他数据库选项)将应用于以后创建的数据库。

用 CREATE DATABASE 语句新建数据库时，将通过复制 model 数据库中的内容来创建数据库的第一部分，然后用空页填充新数据库的剩余部分。在 SQL Server 实例上创建的新数据库的内容，在开始创建时和 model 数据库完全一样。

如果修改 model 数据库，之后创建的所有数据库都将继承这些修改。例如，可以设置权限或者添加对象，如表、函数或存储过程等。

3．Msdb 数据库

msdb 数据库由 SQL Server 代理来计划警报和作业以及与备份和恢复相关的信息，尤其是 SQL Server Agent 需要使用它来执行安排工作和警报、记录操作者等操作。

4．Tempdb 数据库

tempdb 数据库是连接到 SQL Server 2012 实例的所有用户都可以使用的全局资源，保存所有临时表和临时存储过程。另外，它还用来满足所有其他临时存储要求，例如存储 SQL

Server 2012 生成的工作表。

每次启动 SQL Server 时，都要重新创建 tempdb，以保证系统启动时，该数据库总是空的。在断开连接时会自动删除临时表和存储过程，并且在系统关闭后没有活动连接。因此 tempdb 中不会有任何内容从一个 SQL Server 会话保存到另一个会话。

tempdb 用于保存以下内容。

(1) 创建的临时对象，例如表、存储过程、表变量或游标。

(2) 所有版本的更新记录(如果启用了快照隔离)。

(3) SQL Server Database Engine 创建的内部工作表。

(4) 创建或重新生成索引时，临时排序的结果(如果指定了 SORT IN TEMPDB)。

5．Resource 数据库

Resource 数据库是只读数据库，它包含 SQL Server 2012 中的所有系统对象。SQL Server 系统对象(例如 sys.objects)在物理上持续存在于 Resource 数据库中，但在逻辑上它们出现在每个数据库的 sys 架构中。

Resource 数据库不包含用户数据或用户元数据。Resource 数据库的物理文件名为 Mssqlsystemresource.mdf。默认情况下，此文件的路径为 C:\Program Files\Microsoft SQL Server\MSSQL.1\MSSQL\Data\Mssqlsystemresource.mdf。

注意：请勿移动或重命名 Resource 数据库文件。如果该文件已重命名或移动，SQL Server 将无法启动。另外，请勿将 Resource 数据库放置在压缩或加密的 NTFS 文件系统文件夹中，此操作会降低性能并阻止升级。

3.2 创建数据库

若要创建数据库，必须确定数据库的名称、所有者、大小以及存储该数据库的文件和文件组。

创建数据库的注意事项如下。

(1) 创建数据库需要一定许可，在默认情况下，只有系统管理员和具有创建数据库角色的登录账户的拥有者，才可以创建数据库。数据库被创建后，创建数据库的用户自动成为该数据库的所有者。

(2) 创建数据库的过程实际上就是为数据库设计名称、设计所占用的存储空间和存放文件位置的过程等，数据库名字必须遵循 SQL Server 命名规范。

(3) 所有的新数据库都是系统样本数据库 model 的副本。

(4) 单个数据库可以存储在单个文件上，也可以跨越多个文件存储。

(5) 数据库的大小可以被增大或者收缩。

(6) 当新的数据库创建时，SQL Server 自动更新 sysdatabases 系统表。

(7) 一台服务器上最多可能创建 32 767 个数据库。

在 SQL Server 2012 中创建数据库主要有两种方式：一种是在 SQL Server Management Studio 中使用"对象资源管理器"创建数据库；另一种是通过在查询窗口中执行 T-SQL 语句创建数据库。

3.2.1 用 SQL Server Management Studio 创建数据库

使用 SQL Server Management Studio 创建数据库比使用 T-SQL 语句更容易。具体操作如下。

(1) 依次选择"开始"→"所有程序"→Microsoft SQL Server 2012→SQL Server Management Studio 命令，打开 SQL Server Management Studio 窗口，设置好服务器类型、服务器名称、身份验证、用户名和密码，并单击"连接"按钮。

(2) 在"对象资源管理器"窗格中选择"数据库"节点右击，在弹出的快捷菜单中选择"新建数据库"命令，如图 3.1 所示。

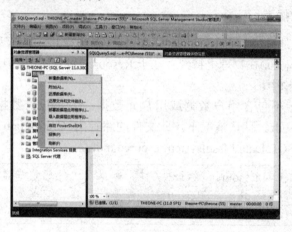

图 3.1 选择"新建数据库"命令

(3) 出现"新建数据库"对话框，对话框由"常规"、"选项"和"文件组"三个选择页组成，如图 3.2 所示。比如要创建 xsgl 学生管理数据库，可在"常规"选择页的"数据库名称"文本框中输入"xsgl"。在"常规"选择页中可以设置数据文件和日志文件的路径，只需单击"路径"列右侧的"浏览"按钮，在弹出的"定位文件夹"对话框中进行选择即可，如图 3.3 所示。

图 3.2 "新建数据库"对话框

图 3.3 "定位文件夹"对话框

(4) 设置各个选项的参数值，比如在"数据库文件"编辑框内的"逻辑名称"列输入文件名；在"初始大小"列设置初始值大小，单击"自动增长"列右侧的"浏览"按钮，弹出"更改 xsgl 的自动增长设置"对话框，可以按多种方式设置自动增长的大小等，如图 3.4 所示。

(5) 单击"确定"按钮，在"数据库"的树形结构中，就可以看到新建的 xsgl 数据库，如图 3.5 所示。

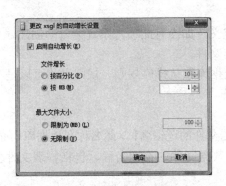

图 3.4 "更改 xsgl 的自动增长设置"对话框

图 3.5 xsgl 数据库创建成功

3.2.2 用 SQL 命令创建数据库

SQL 提供了创建数据库的语句 CREATE DATABASE，其语法格式如下。

```
CREATE DATABASE database_name
[ON [PRIMARY] [<filespec> [,…n]] [,<filegroupspec> [,…n]]]
[LOG ON{<filespec> [,…n] } ]
[COLLATE collation_name]
[FOR ATTACH]
```

进一步把<filespec>定义为

```
[PRIMARY]
([NAME=logical_file_name,]
FILENAME='OS_file_name'
[,SIZE=size]
[,MAXSIZE={max_size|UNLIMITED}]
[,FILEGROWTH=growth_increment]) [,…n]
```

把<filesgroupspec>定义为

```
FILEGROUP filegroup_name<filespec> [DEFAULT][,…n]
```

1. 语法中的符号及参数说明

(1) [   ]：表示可选语法项，省略时各参数取默认值。

(2) [,…n]：表示该选项的内容可以重复多次。

(3) { }：表示必选项。有相应子句时，{ }中的内容是必选的。

(4) < >：表示在实际的语句中要用相应的内容替代。

(5) 文字大写：说明该文字是 T-SQL 的关键字。

(6) 文字小写：说明该文字是用户提供的 T-SQL 语法的参数。

(7) database_name：用户所要创建的数据库名称，最长不能超过 128 个字符，在一个 SQL Server 实例中，数据库名称是唯一的。

(8) ON：指定存放数据库的数据文件信息，说明数据库是根据后面的参数创建的。

(9) PRIMARY：用于指定主文件组中的文件。主文件组中的第一个由<filespec>指定的文件是主数据文件。若不指定 PRIMARY 关键字，则在命令中列出的第一个文件将被默认为主数据文件。

(10) LOG ON：指定日志文件的明确定义。如没有此项，系统会自动创建一个为所有数据文件总和 1/4 大小或 512KB 大小的日志文件。

(11) COLLATE collation_name：指定数据库默认排序规则。规则名称可以是 Windows 排序规则名称，也可以是 SQL 排序规则名称。

(12) <filespec>：指定文件的属性。

- NAME =logical_file_name：定义数据文件的逻辑名称,此名称在数据库中必须唯一。
- FILENAME= 'os_file_name'：定义数据文件的物理名称，包括物理文件使用的路径名和文件名。
- SIZE=size：文件属性中定义文件的初始值，指定为整数。
- MAXSIZE=max_size：文件属性中定义文件可以增长到的最大值，可以使用 KB、MB、GB 或 TB 单位，默认值是 MB，指定为整数。如果没有指定或写为 unlimited，那么文件将增长到磁盘变满为止。
- FILEGROWTH=growth_increment：定义文件的自动增长，growth_increment 定义每次增长的大小。

(13) FILEGROUP <filegroup_name>：定义文件组的控制。

- filegroup_name：必须是数据库中唯一的，不能是系统提供的名称 PRIMARY。
- DEFAULT：指定命名文件组为数据库中的默认文件组。

2. 注意事项

(1) 创建用户数据库后，要备份 master 数据库。

(2) 所有数据库都至少包含一个主文件组，所有系统表都分配在主文件组中。数据库还可以包含用户定义的文件组。

(3) 每个数据库都有一个所有者，可在数据库中执行某些特殊的活动。数据库所有者是创建数据库的用户，可以使用 sp_changedbowner 更改数据库的所有者。

(4) 创建数据库的权限默认地授予 sysadmin 和 dbcreator 固定服务器角色的成员。

【例 3.1】 创建一个名为 jxgl 的数据库。其中主数据文件为 10MB，最大大小不受限制，每次增长 1MB；事务日志文件的大小为 1MB，最大大小不受限制，文件每次增长 10%。

```
CREATE DATABASE  jxgl              /* 数据库名 */
ON
PRIMARY                            /* 主文件组 */
```

```
( NAME = 'jxgl',                        /* 主数据文件逻辑名 */
FILENAME='D:\Data\jxgl.mdf ',
SIZE = 10MB,  MAXSIZE = UNLIMITED, FILEGROWTH = 1MB)
LOG ON
( NAME = 'jxgl_log',
FILENAME=' D:\Data\jxgl_log.ldf',
SIZE = 1MB, MAXSIZE = UNLIMITED,  FILEGROWTH = 10%)
GO
```

语句输入完成后按 F5 键，或单击工具栏中的"执行"按钮，将执行输入的语句，创建
数据库，如图 3.6 所示。

图 3.6　例 3.1 的执行结果

【例 3.2】　创建 test 数据库，包含一个主文件组和两个次文件组。

```
CREATE DATABASE test
ON PRIMARY                   /*定义在主文件组上的文件*/
( NAME=pri_file1,
  FILENAME=' D:\Data\pri_file1.mdf ',
  SIZE=10, MAXSIZE=50, FILEGROWTH=15%),
( NAME=pri_file2,
  FILENAME=' D:\Data\pri_file2.ndf ',
  SIZE=10, MAXSIZE=50, FILEGROWTH=15%),
FILEGROUP Grp1           /*定义在次文件组 Grp1 上的两个文件*/
( NAME=Grp1_file1,
  FILENAME=' D:\Data\ Grp1_file1.ndf ',
  SIZE=10, MAXSIZE = 50, FILEGROWTH=5),
( NAME=Grp1_file2,
  FILENAME=' D:\Data\ Grp1_file2.ndf ',
  SIZE=10, MAXSIZE=50, FILEGROWTH=5),
FILEGROUP Grp2            /*定义在次文件组 Grp2 上的两个文件*/
( NAME = Grp2_file1,
  FILENAME=' D:\Data\ Grp2_file1.ndf ',
  SIZE=10, MAXSIZE=50, FILEGROWTH=5),
( NAME=Grp2_file2,
```

```
   FILENAME=' D:\Data\ Grp2_file2.ndf ',
   SIZE=10, MAXSIZE = 50,FILEGROWTH=5 )
LOG ON                          /*定义事务日志文件*/
( NAME='test_log',
   FILENAME=' D:\Data \test_log.ldf ',
   SIZE=5, MAXSIZE=25, FILEGROWTH=5 )
GO
```

3.2.3　事务日志

SQL 创建数据库的时候，会同时创建事务日志文件。

事务日志用于存放恢复数据时所需的信息，是数据库中已发生的所有修改和执行每次修改的事务的一连串记录。当数据库损坏时，管理员可以用事务日志还原数据库。每一个数据库必须至少拥有一个事务日志文件，并允许拥有多个日志文件。事务日志文件的扩展名为.ldf，日志文件的大小至少是 512KB。

事务日志是针对数据库改变所做的记录，它可以记录针对数据库的任何操作，并将记录结果保存在独立的文件中。对于任何事务过程，事务日志都有非常全面的记录，根据这些记录可以将数据文件恢复到事务前的状态。SQL Server 事务日志采用提前写入的方式。

1. 事务日志文件和数据文件必须分开存放

事务日志文件与数据文件分开存放的优点如下。

(1) 事务日志文件可以单独备份。

(2) 有可能从服务器失效的事件中将服务器恢复到最近的状态。

(3) 事务日志不会抢占数据库的空间。

(4) 可以很容易地监测到事务日志的空间。

(5) 在向数据文件和事务日志文件写入数据时会产生较少的冲突，这有利于提高系统的性能。

2. 事务日志的工作过程

在 SQL 中，事务是一个完整操作的集合。虽然一个事务中可能包含很多 SQL 语句，但在处理上就像它们是同一个操作一样。

为了维护数据的完整性，事务必须彻底完成或者根本不执行。如果一个事务只是部分地被执行，并作用于数据库，那么数据库将可能被损坏或数据的一致性将遭到破坏。

SQL Server 使用数据库的事务日志来防止没有完成的事务破坏数据。

事务日志的工作过程如下。

(1) 应用程序发出一个修改数据库中的对象的事务。

(2) 当这个事务开始时，事务日志会记录一个事务开始的标志，并将被影响的数据页从磁盘读入缓冲区。

(3) 事务中的每个数据更改语句都被记录在日志文件中，日志文件将记录一个提交事务的标记。每一个事务都会以这种方式记录在事务日志中并被立即写到硬盘上。

(4) 在缓冲区修改相应的数据。这些数据一直在缓冲区中，在检查点进程发生时，检查点进程把所有修改过的数据页写到数据库中，并在事务日志中写入一个检查点标志，这个标志用于在数据库恢复过程中确定事务的起点和终点，以及哪些事务已经作用于数据库。

随着数据库数据的不断变化，事务日志文件将不断增大。因此，必须把它们备份出来，为更多的事务提供空间。备份时，事务日志文件会被截断。

事务日志文件包含了在系统发生故障时恢复数据库需要的所有信息。一般来说，事务日志文件的初始大小是以数据文件大小的 10%～25%为起点的，根据数据增长的情况和修改的频率进行调整。SQL Server 2012 中的数据和事务日志文件不能存放在压缩文件系统或共享网络目录等远程的网络驱动器上。

3.3　管理和维护数据库

创建数据库后，就可以使用数据库了。下面介绍管理和维护数据库的基本方式。

3.3.1　打开或切换数据库

登录数据库服务器，连接 SQL Server 后，用户需要连接数据库服务器中的数据库，才能使用数据库中的数据。默认情况下用户连接的是 Master 数据库。

可以通过"对象资源管理器"或使用 T-SQL 命令方式打开或切换数据库。在"对象资源管理器"中打开数据库只需展开该数据库节点，并单击要打开的数据库，此时右窗格中列出的是当前打开的数据库中的对象。还可以直接通过数据库下拉列表打开并切换数据库，如图 3.7 所示。

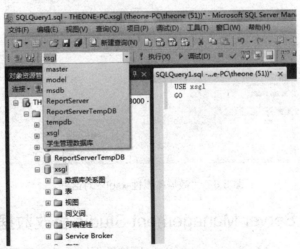

图 3.7　使用数据库列表打开数据库

使用 T-SQL 命令方式打开数据库的语法格式如下。

```
USE database_name
```

其中，database_name 是要打开并切换的数据库名。

3.3.2 查看数据库信息

对已有的数据库，可以通过 Microsoft SQL Server Management Studio 或者 T-SQL 语句来查看数据库信息。

1. 使用 SQL Server Management Studio 查看数据库信息

在 Microsoft SQL Server Management Studio 中右击数据库名，在弹出的快捷菜单中选择"属性"命令，出现如图 3.8 所示的属性对话框，单击"文件"、"文件组"、"选项"、"权限"、"扩展属性"、"镜像"、"事务日志传送"选择页，可以查看数据库文件、文件组、数据库选项、权限、扩展属性、数据库镜像、事务日志传送等属性。

2. 使用 T-SQL 语句查看数据库信息

使用系统存储过程 sp_helpdb 可以查看数据库信息，其语法格式如下。

```
[EXECUTE] sp_helpdb [database_name]
```

在执行该存储过程时，如果给定了数据库名作为参数，则显示该数据库的相关信息。如果省略"数据库名"参数，则显示服务器中所有数据库的信息。

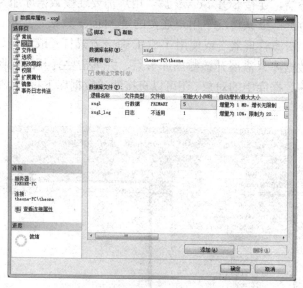

图 3.8　"数据库属性-xsgl"对话框

3.3.3 用 SQL Server Management Studio 修改数据库配置

(1) 启动 SQL Server Management Studio，连接数据库实例，展开"对象资源管理器"中的树形目录。

(2) 右击要修改的数据库，例如 xsgl，在弹出的快捷菜单中选择"属性"命令，打开数据库属性对话框，如图 3.8 所示，选择左侧相应选项，在右侧窗格会弹出相关内容，其余操作与创建数据库的过程相似。

3.3.4　用 T-SQL 命令修改数据库配置

可以使用 T-SQL 命令修改数据库，其语法格式如下。

```
ALTER  DATABASE database_name
{ADD FILE <filespec> [,…n][TO FILEGROUP filegroup_name]
|ADD LOG FILE < filespec >[,…n]
|REMOVE FILE logical_file_name
|ADD FILEGROUP filegroup_name
|REMOVE FILEGROUP filegroup_name
|MODIFY FILE < filespec >
|MODIFY NAME=new_database_name
|MODIFY FILEGROUP filegroup_name
{filegroup_property|NAME=new_filegroup_name}
|SET <optionspec>[,…n]
}
```

语法中的各参数说明如下。

(1) ADD FILE <filespec> [,…n][TO FILEGROUP filegroup_name]：向指定的文件组添加新的数据文件。

(2) ADD LOG FILE < filespec >[,…n]：增加新的日志文件。

(3) REMOVE FILE logical_file_name：从数据库系统表中删除文件描述和物理文件。

(4) ADD FILEGROUP filegroup_name：增加一个文件组。

(5) REMOVE FILEGROUP filegroup_name：删除指定的文件组。

(6) MODIFY FILE < filespec >：修改物理文件。

(7) MODIFY NAME=new_database_name：重命名数据库。

(8) MODIFY FILEGROUP filegroup_name：修改指定文件组的属性。

(9) SET <optionspec>[,…n]：按<optionspec>的指定，设置数据库的一个或多个选项。

注意：只有 sysadmin/dbcreator/db_owner 角色的成员才能执行该语句。

【例 3.3】 用 T-SQL 命令把 xsgl 重命名为"学生管理数据库"，可用如下命令。

```
ALTER DATABASE xsgl
MODIFY NAME=学生管理数据库
```

执行后会得到如图 3.9 所示的结果。

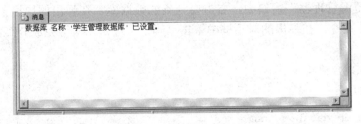

图 3.9　例 3.3 的执行结果

【例 3.4】将两个数据文件和一个事务日志文件添加到 test 数据库中。代码如下：

```
ALTER DATABASE test
ADD FILE
(NAME=test1,
FILENAME='D:\data\test1.ndf',
SIZE=5MB,MAXSIZE=100MB,FILEGROWTH=5MB),
(NAME=test2,
FILENAME='D:\data\test2.ndf',
SIZE=3MB,MAXSIZE=20MB,FILEGROWTH=3MB),
GO
ALTER DATABASE test
ADD LOG FILE
(NAME=test_log1,
FILENAME='D:\data\test_log1.ldf',
SIZE=5MB,MAXSIZE=100MB,FILEGROWTH=5MB)
GO
```

【例 3.5】为数据库 test 添加一个新的文件组。

```
ALTER DATABASE test
ADD FILEGROUP test_group
```

【例 3.6】对于 test 数据库中逻辑名为 test1 的数据文件，将其初始大小、最大文件大小及增长量分别更改为 50MB、200MB 和 10MB。代码如下：

```
ALTER DATABASE test
MODIFY FILE
  (NAME=test1,SIZE=50MB,MAXSIZE=200MB,FILEGROWTH=10MB)
```

3.3.5　分离与附加数据库

1．分离数据库

在 SQL Server 运行时，在 Windows 中不能直接复制 SQL Server 数据库文件，如果想复制，就要先将数据库文件从 SQL Server 服务器中分离出去。

所谓分离就是将数据库从 SQL Server 实例中删除，使其数据文件和日志文件在逻辑上脱离服务器。经过分离后，数据库的数据文件和日志文件就变成了操作系统中的文件，与服务器脱离，但保存了数据库的所有信息。若想备份数据库或移动到其他地方时，只要保存和转移这些数据文件和日志文件(两者缺一不可)即可。

1) 使用对象资源管理器

在"对象资源管理器"窗口中，右击要分离的数据库，在弹出的快捷菜单中选择"任务"→"分离"命令，在弹出的对话框中单击"确定"按钮，即可完成分离数据库的工作，如图 3.10 所示。

2) 使用 T-SQL 语句

语法格式如下：

```
sp_detach_db database_name
```

2．附加数据库

附加数据库的工作是分离数据库的逆操作，通过附加数据库，可以将没有加入 SQL

Server 服务器的数据库文件加到服务器中。

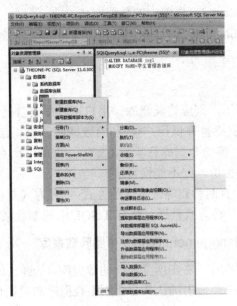

图 3.10　分离数据库

1) 使用对象资源管理器

在"对象资源管理器"窗格中，右击"数据库"选项，在弹出的快捷菜单中选择"附加"命令，弹出"附加数据库"对话框，如图 3.11 所示。单击"添加"按钮，弹出"定位数据库文件"窗口，如图 3.12 所示，选择分离数据库时的数据文件并单击"确定"按钮即可完成附加数据库的工作。

图 3.11　附加数据库

图 3.12　定位数据库文件

2) 使用 T-SQL 语句

一种方法是使用 CREATE DATABASE 中的[FOR ATTACH]选项，另一种方法是使用系统存储过程，语法格式如下：

```
sp_attach_db[@dbname=]'dbname',[@filename1=]'filename_n'[,…n]
```

部分参数说明如下。

- [@dbname=] 'dbname'：要附加的数据库名。
- [@filename1=] 'filename_n'[,…n]：数据库文件的物理名称，包括路径。

3.3.6 删除数据库

如果数据库不再需要了，则应将其删除。用户可以根据自己的权限删除用户数据库，但不能删除当前正在使用(正打开供用户读写)的数据库，更无法删除系统数据库(msdb、model、master、tempdb)。删除数据库意味着将删除数据库中所有的对象，包括表、视图、索引等。如果数据库没有备份，则不能恢复。

在 SQL Server 2012 中有两种删除数据库的方式：一种方式是在 SQL Server Management Studio 中删除数据库；另一种方式是通过执行 T-SQL 语句删除数据库。

1. 在 SQL Server Management Studio 中删除数据库

在 SQL Server 管理平台中，右击所要删除的数据库，从弹出的快捷菜单中选择"删除"命令即可删除数据库。系统会弹出确认是否要删除数据库的对话框，如图 3.13 所示，单击"确定"按钮则删除该数据库。

图 3.13　"删除对象"对话框

2. 用 T-SQL 语句删除数据库

T-SQL 中提供了数据库删除语句 DROP DATABASE。其语法格式如下。

```
DROP DATABASE database_name [,…n]
```

【例 3.7】　删除已经创建的"学生管理数据库"。

```
DROP DATABASE 学生管理数据库
GO
```

本章实训　数据库的基本操作

1. 实训目的

(1) 掌握数据库的创建及使用方法。

(2) 掌握管理数据库的方法。

2. 实训内容

1) 按要求创建数据库

(1) 使用 CREATE DATABASE 命令创建一个名为 stu01db 的数据库，包含一个主文件和一个事务日志文件。主文件的逻辑名为 stu01data，物理文件名为 stu01data.mdf，初始容量为 5MB，最大容量为 10MB，每次的增长量为 20%。事务日志文件的逻辑名为 stu01log，物理文件名为 stu01log.ldf，初始容量为 5MB，最大容量不受限制，每次的增长量为 2MB。这两个文件都放在当前服务器实例的默认数据库文件夹中。

(2) 使用 CREATE DATABASE 命令创建一个名为 stu02db 的数据库，包含一个主文件和两个次文件。主文件的逻辑名为 stu02data，物理文件名为 stu02data.mdf，初始容量为 5MB，最大容量为 10MB，每次的增长量为 20%。事务日志文件的逻辑名为 stu02log，物理文件名为 stu02log.ldf，初始容量为 5MB，最大容量不受限制，每次的增长量为 2MB。次文件的组名为 stufgrp，建立两个文件。一个文件为 stu02sf01，初始容量为 1MB，最大容量为 5MB，每次的增长量为 10%；第二个文件为 stu02sf02，初始容量为 1MB，最大容量为 5MB，每次的增长量为 10%。事务日志文件的逻辑名为 stu02log，物理文件名为 stu02log.ldf，初始容量为 5MB，最大容量不受限制，每次的增长量为 2MB。

2) 查看数据库信息

3) 修改 stu01db 数据库

(1) 修改 stu01db 数据库，增加一个辅助数据文件，并且将这两个辅助数据文件划归到新的文件组 stufgrp 中。辅助数据文件的逻辑名为 stu01sf01，初始容量为 1MB，按 10% 增长。

(2) 将数据库 stu01db 中的数据文件 stu01sf01 的初始空间和最大空间分别由原来的 1MB 和 5MB 修改为 2MB 和 6MB。

4) 创建 marketing 数据库

请同学自己创建一个 marketing 数据库，并将其存放在 E 盘下以自己的名字命名的文件夹中。该数据库有一个初始大小为 10MB、最大容量为 50MB、文件增量为 5MB 的主要数据文件 marketingdata.mdf 和一个初始大小为 5MB、最大容量为 25MB、文件增量为 5MB 的事务日志文件 marketinglog.ldf。

3. 实训过程

1) 按要求创建数据库

(1) 使用 CREATE DATABASE 命令创建一个名为 stu01db 的数据库，包含一个主文件和一个事务日志文件。

```
CREATE DATABASE stu01db          /*数据库名为 stu01db*/
ON  PRIMARY                      /*主文件组上的主数据文件为 stu01data*/
(NAME=stu01data, FILENAME='D:\Data\stu01data.mdf ',
SIZE=5MB,                        /*初始容量为 5MB*/
MAXSIZE=10MB,                    /*最大容量为 10MB*/
FILEGROWTH=20%)                  /*容量增长率为 20%*/
LOG ON                           /*日志文件不分组*/
(NAME=stu01log,                  /*日志文件名*/
FILENAME='D:\Data\stu01log.ldf ',
SIZE=5MB,                        /*初始容量为 5MB*/
MAXSIZE=UNLIMITED,               /*最大容量不受限*/
FILEGROWTH=2MB)                  /*按容量增长每次 2MB*/
GO
```

(2) 使用 CREATE DATABASE 创建一个名为 **stu02db** 的数据库，包含一个主数据文件和两个辅助数据文件。

```
CREATE DATABASE stu02db          /*数据库名为 stu02db*/
ON  PRIMARY                      /*主文件组上的主数据文件为 stu02data*/
(NAME=stu02data,
FILENAME='D:\Data\\stu02data.mdf',
SIZE=5MB,                        /*初始容量为 5MB*/
MAXSIZE=10MB,                    /*最大容量为 10MB*/
FILEGROWTH=20%),                 /*容量增长率为 20%*/
FILEGROUP stufgrp                /*次文件的组名为 stufgrp，建立的文件为 stu02sf01 和
stu02sf02*/
(NAME=stu02sf01,
FILENAME='D:\Data\stu02sf01.ndf',
SIZE=1MB,                        /*初始容量为 1MB*/
MAXSIZE=5MB,                     /*最大容量为 5MB*/
FILEGROWTH=10%),                 /*按容量增长每次 10%*/
(NAME=stu02sf02,
FILENAME='D:\Data\stu02sf02.ndf',
SIZE=1MB,                        /*初始容量为 1MB*/
MAXSIZE=5MB,                     /*最大容量为 5MB*/
FILEGROWTH=10%)                  /*按容量增长每次 10%*/
LOG ON                           /*日志文件不分组*/
(NAME=stu02log,                  /*日志文件名*/
FILENAME='D:\Data\stu02log.ldf',
SIZE=5MB,                        /*初始容量为 5MB*/
MAXSIZE=UNLIMITED,               /*最大容量不受限*/
FILEGROWTH=2MB)                  /*按容量增长每次 2MB*/
GO
```

2) 查看数据库信息

```
EXEC sp_helpdb stu01db
EXEC sp_helpdb
```

3) 按要求修改 stu01db 数据库

(1) 要求一：

```
ALTER DATABASE stu01db
ADD FILEGROUP stufgrp               /*增加一个文件组*/
GO
ALTER DATABASE stu01db              /*数据库名为 stu01db*/
ADD FILE
                                    /*辅文件组名为 stufgrp，文件为 stu01sf01*/
(NAME=stu01sf01,
FILENAME='e:\SQLSRV1_DATA\stu01sf01.ndf',
SIZE=1MB,                           /*初始空间为 1MB*/
MAXSIZE=5MB,                        /*最大空间为 5MB*/
FILEGROWTH=10%)                     /*按空间增长每次 10%*/
TO FILEGROUP  stufgrp
GO
```

(2) 要求二：

```
ALTER DATABASE stu01db
MODIFY FILE
(NAME=stu01sf01,
SIZE=2MB,
MAXSIZE=6MB
)
GO
```

4) 创建 marketing 数据库

```
CREATE DATABASE marketing          /*数据库名为 marketing*/
ON  PRIMARY                        /*主文件组上的主数据文件为 marketingdata*/
(NAME=marketingdata,
FILENAME='E:\耿娇\marketingdata.mdf ',
SIZE=10MB,                         /*初始容量为 10MB*/
MAXSIZE=50MB,                      /*最大容量为 50MB*/
FILEGROWTH=5MB)                    /*容量增长率为 5MB */
LOG ON                             /*日志文件不分组*/
(NAME=marketinglog,                /*日志文件名*/
FILENAME='E:\ 耿娇\marketing log.ldf ',
SIZE=5MB,                          /*初始容量为 5MB*/
MAXSIZE=25MB,                      /*最大容量 25MB */
FILEGROWTH=5MB)                    /*按容量增长每次 5MB*/
GO
```

4. 实训总结

通过本章实训内容，了解数据库与文件之间的联系，重点掌握数据库的创建和管理数据库的方法。

本 章 小 结

SQL Server 2012 中的数据库由多个文件组成。每一个文件对应着两个名称：逻辑文件名和物理文件名。当使用 T-SQL 语言管理这些文件时，使用它们的逻辑文件名；而在磁盘中存储文件时，使用物理文件名。

创建数据库的过程实际上就是为数据库设计名称、设计所占用的存储容量和文件存放位置的过程。

创建数据库的方法有两种：使用 SQL Server Management Studio 创建数据库和使用 T-SQL 语言创建数据库。

可以通过 SQL Server Management Studio 或 T-SQL 语言修改数据库，也可以设置为按给定的时间间隔自动收缩数据库。

删除数据库有两种方式，即使用 SQL Server Management Studio 和 T-SQL 语言中的 DROP DATABASE 语句。

习　　题

1. 数据库文件包含哪几类？各自的作用是什么？

2. SQL Server 2012 的系统数据库有哪些，各自的功能是什么？

3. 简述事务日志的作用。

4. 通过 SQL 语句，使用_____命令创建数据库，使用_____命令查看数据库定义信息，使用_____命令设置数据库选项，使用_____命令修改数据库结构，使用_____命令删除数据库。

5. 使用 CREATE DATABASE 命令创建一个名为 stuDB 的数据库，包含一个主文件和一个事务日志文件。主文件的逻辑名为 stuDBdata，物理文件名为 stuDBdata.mdf，初始容量为 1MB，最大容量为 5MB，每次的增长量为 10%。事务日志文件的逻辑名为 stuDBlog，物理文件名为 stuDBlog.ldf，初始容量为 1MB，最大容量为 5MB，每次的增长量为 1MB。

6. 将数据库 stuDB 的名称修改为 stuDB1。

7. 使用 DROP DATABASE 语句删除数据库 stuDB1。

第4章 数据库表

数据库中的表是 SQL Server 2012 基本的操作对象。数据库中表的创建、查看、维护和删除是 SQL Server 2012 最基本的操作，也是进行数据库管理与开发的基础。

通过学习本章，读者应掌握以下内容：

- 创建数据库表的方法；
- 维护数据库表的方法；
- 对表数据进行操作的方法。

4.1 创 建 表

SQL Server 2012 中支持的表是关系模型中表的实现和具体化，是行和列的集合，是数据库中用来存储数据的重要的数据库对象。设计数据库时，要确定它包含哪些表，每个表中包含哪些列，以及每列的数据类型等。

4.1.1 数据类型

数据类型是指数据所代表信息的类型。SQL Server 中预定义了 24 种数据类型，而且也允许用户自己定义数据类型，如表 4.1 所示。

表 4.1　SQL 数据类型表

数据类型名称			性质说明	字节数
精确数字类型	整型	bigint	从 -2^{63} 到 $2^{63}-1$(−9 223 372 036 854 775 808 到 9 223 372 036 854 775 807)的整型数据	8
		int	从 -2^{31} 到 $2^{31}-1$(−2 147 483 648 到 2 147 483 647)的整型数据	4
		smallint	从 -2^{15} 到 $2^{15}-1$(−32 768 到 32 767)的整型数据	2
		tinyint	从 0 到 255 的整型数据	1
	位型	bit	由 0 和 1 组成，用来表示真、假	1/8
	货币型	money	从 -2^{63} 到 $2^{63}-1$(−922 337 203 685 477.580 8 到 922 337 203 685 477.580 7)的货币型数据，精确到千分之十货币单位	8
		smallmoney	存储从 −214 748.364 8 到 214 748.364 7 的货币型数据，精确到千分之十	4
	十进制	decimal	$-10^{38}-1$ 到 $10^{38}-1$ 数字类型数据，最大位数 38 位	5、9、13 或 17
		numeric		

续表

数据类型名称		性质说明	字 节 数
近似数字	float	从 -1.79E+308 到 1.79E+308 的浮点近似数字	4，8
	real	从 -3.40E+38 到 3.40E+38 的浮点近似数字	4
日期时间	datetime	存储从 1753.1.1 到 9999.12.31 的日期型数据，精确到 3.33 毫秒	8
	smalldatetime	存储从 1900.1.1 到 2079.12.31 的日期型数据，精确到分钟	4
字符类	字符类型 char[(n)]	固定长度的单字节字符数据，最长 8000 个字符	N
	varchar[(n)]	可变长度的单字节字符数据，最长 8000 个字符	N
	text[(n)]	可变长度的单字节字符数据，最长 $2^{31}-1$ 个字符	N
	Unicode nchar[(n)]	固定长度的双字节字符数据，最长 4000 个字符	N
	nvarchar[(n)]	可变长度的双字节字符数据，最长 4000 个字符	N
	ntext[(n)]	可变长度的双字节字符数据，最长 $2^{30}-1$ 个字符	N
二进制	binary[(n)]	固定长度的 n(默认 1)字节二进制数据(1<n<8000)	N
	varbinary[(n)]	可变长度的 n(默认 1)字节二进制数据(1<n<8000)	N
	image	可变长度的二进制数据	
特殊类型	timestamp	以二进制格式表示 SQL 活动的先后顺序	8
	uniqueidentifier	以十六字节二进制数字表示一个全局唯一的标识号	16

SQL 数据类型的具体说明如下。

(1) 表中 n 表示字符串长度。

(2) 位型数据存储格式：如果一个表中有 8 个以内的位型数据列，这些列用一个字节存储。如果表中有 9～16 个位型数据列，这些列用两个字节存储。更多列的情况以此类推。

(3) 十进制数据的宽度最高为 38 位。其中，当精度为 1～9 时，字节长度为 5；当精度为 10～19 时，字节长度为 9；当精度为 20～28 时，字节长度为 13；当精度为 29～38 时，字节长度为 17。

(4) 近似数字类型精度为 1～24 时，字节长度为 4；精度为 25～52 时，字节长度为 8。

(5) 日期时间类型：没有指定时间精度的数据，自动时间为 00:00:00。

(6) 单字节字符串数据类型如下。

① 定长 char：一个字符占一个字节，空间不足截断尾部，空间多余空格填充。

② 变长 varchar：一个字符占一个字节，空间不足截断尾部，多余空间不填空格。

③ 变长字符串(text)：存储大小是所输入字符的个数。

(7) 双字节字符串数据类型 unicode 如下。

① 定长字符串(nchar)：一个字符占两个字节，空间不足截断尾部，空间多余空格填充。

② 变长字符串(nvarchar)：一个字符占两个字节，空间不足截断尾部，多余空间不填空格。

③ 变长字符串(ntext)：存储大小是所输入字符个数的两倍(以字节为单位)。

(8) 二进制数据类型：存储 Word 文档、声音、图表、图像(包括 GIF、BMP 文件)等数据。

(9) xml 类型：存储 xml 数据的数据类型。可以在列中或者 xml 类型的变量中存储 xml 实例。xml 数据类型的方法有 query()、value()、exists()、modify()、nodes()。

在 SQL Server 中，除上述 24 种数据类型外，还允许用户在系统数据类型的基础上建立自己定义的数据类型。但值得注意的是，每个数据库中所有用户定义的数据类型名称必须唯一。自己定义的数据类型需要使用系统存储过程 sp_addtype 来建立。

命令格式：

```
sp_addtype [@typename=]类型名,
[@phystype=]系统数据类型
[, [@nulltype=]'null_type']
[,[@owner=]'所有者名称']
```

【例 4.1】 创建允许为空的名为 address、存储 varchar 类型的新数据类型。

```
sp_addtype address,'varchar(30)','null'
```

4.1.2 用 SQL Server Management Studio 创建表

创建数据表主要有两种方法，分别是利用图形界面方式创建表和利用 SQL 命令方式创建表。使用 SQL Server Management Studio 的"对象资源管理器"创建表的方法如下。

(1) 启动 SQL Server Management Studio，连接数据库引擎，在 SQL Server Management Studio 的"对象资源管理器"窗格中依次展开各节点到要创建表的数据库，例如 xsgl。

(2) 展开 xsgl 节点，在"表"节点上右击，在弹出的快捷菜单中选择"新建表"命令，如图 4.1 所示。

(3) 在出现的表设计器窗口中定义表结构，即逐个定义表中的列(字段)，确定各字段的名称(列名)、数据类型、是否允许取空值等，如图 4.2 所示。

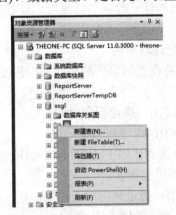

列名	数据类型	允许 Null 值
学号	char(10)	☐
姓名	char(10)	☐
性别	char(2)	☑
出生时间	datetime	☑
专业	char(16)	☑
总学分	smallint	☑
照片	image	☑
备注	ntext	☑

图 4.1 在快捷菜单中选择"新建表"命令　　　　图 4.2 定义表中的列

(4) 可以在建表的同时为表创建主键。选择要创建为主键的列(可以是多列)并右击，在弹出的快捷菜单中选择"设置主键"命令，回到表的创建窗口，在相应列前出现主键的钥匙标识，如图 4.3 所示。

(5) 单击工具栏上的"保存"图标，保存新建的数据表。

(6) 在出现的"选择名称"对话框中，输入数据表的名称，例如 xs，单击"确定"按钮，如图 4.4 所示。这时可在左侧的"对象资源管理器"窗格中见到新建的 xs 数据表。

图 4.3　列操作菜单　　　　　　　图 4.4　"选择名称"对话框

4.1.3　用 SQL 命令方式创建表

在 SQL Server 2012 中也可以使用 T-SQL 语句创建表，这是一种最强大、最灵活的创建表的方式，它的语法格式如下。

```
CREATE TABLE  表名
{( 列名  列属性  列约束)} [,...]
```

其中，列属性的格式为

```
数据类型[(长度)] [NULL | NOT NULL] [IDENTITY(初始值,步长)]
```

各参数的含义如下。

(1) 数据类型[(长度)]：表示 SQL Server 系统给出的任一数据类型或用户自定义的数据类型。

(2) [NULL | NOT NULL]：设置允许取空值或不允许取空值。

(3) [IDENTITY(初始值，步长)]：定义为标识列，并设置标识列的初始大小和增量大小。

列约束的格式如下。

(1) [CONSTRAINT 约束名] PRIMARY KEY [(列名)]：指定列为主键。

(2) [CONSTRAINT 约束名] UNIQUE KEY [(列名)]：指定列为唯一键。

(3) [CONSTRAINT 约束名] FOREIGN KEY [(外键列)] REFERENCES 引用表名(引用列)：指定列为外键，并说明引用的源表及在该表中所用的列名。

(4) [CONSTRAINT 约束名] CHECK (检查表达式)：指定列的检查约束。

(5) [CONSTRAINT 约束名] DEFAULT 默认值：指定列的默认值。

【例 4.2】　使用命令方式在 xsgl 数据库中创建 kc 表，并将课程号定义为主键。

```
USE xsgl
GO
CREATE TABLE kc
(
    课程号 char(6)  not null  PRIMARY KEY,
    课程名 char(16)  not null,
```

```
    学分 smallint,
    学时数 smallint
)
GO
```

【例 4.3】 使用命令方式在 xsgl 数据库中创建 cj 表, 并将学号和课程号定义为主键。

```
USE xsgl
GO
CREATE TABLE cj
(
学号 char(10) not null,
课程号 char(6) not null,
成绩 smallint
PRIMARY KEY(学号,课程号)
)
GO
```

执行例 4.2 和例 4.3 中的语句, 则在 xsgl 数据库中建立 kc 表和 cj 表, 每一列的字段名、类型和长度都如上面语句所定义。

4.2 表的管理和维护

当表创建完成之后, 可以查看、修改或删除已经存在的表。例如可以查看表的定义信息, 修改表的结构、内容, 以及与其他表的依赖关系等。

4.2.1 查看表的属性

在数据库中创建用户表后, SQL Server 就在系统表 sysobjects 中记录下表的名称、对象 ID、表类型、创建时间以及所有者等信息, 并在系统表 syscolumns 中记录下字段 ID、字段的数据类型以及字段长度等信息。可以通过 SQL Server Management Studio 或 SQL Server 的系统存储过程 sp_help 查看这些信息。

1. 使用 SQL Server Management Studio 查看表的属性

在 SQL Server Management Studio 的"对象资源管理器"窗格中, 选中要查看的数据表, 右击, 在弹出的快捷菜单中选择"属性"命令, 打开"表属性"对话框, 如图 4.5 所示。在该对话框的左侧选择"常规"选项, 在右侧窗格中可以看到该表的相关属性信息, 如表名、创建日期、存储所占空间、所属文件组、表中记录行数及是否已进行分区等。

2. 使用系统存储过程查看表结构信息

使用存储过程 sp_help 查看表结构的语法格式如下。

```
[EXECUTE] sp_help [表名]
```

如果省略"表名", 则显示该数据库中所有表对象的信息。EXECUTE 可以缩写为 EXEC。若该语句位于批处理的第一行时可省略 EXEC。

图 4.5   "表属性"对话框

【例 4.4】   查看 kc 表的结构。

```
EXEC sp_help kc
```

运行结果如图 4.6 所示。其中包含表的创建时间、表的所有者以及表中列的定义信息，以及表中的主键、外键定义信息等内容。

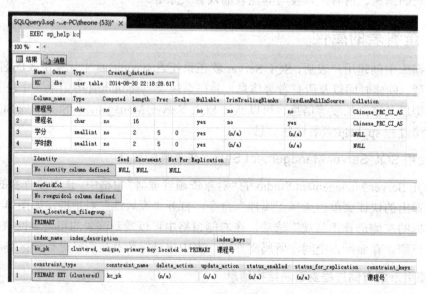

图 4.6   利用 sp_help 存储过程显示表定义

4.2.2   修改表结构

在 SQL Server Management Studio 的"对象资源管理器"窗格中，选中要查看的数据表，右击，在弹出的快捷菜单中选择"设计"命令，可以打开表设计器，如图 4.7 所示。在图形界面下修改表的结构，其步骤与创建表时相同，这里不再重复。下面我们重点学习用 SQL 命令 ALTER TABLE 对表结构进行修改的操作，用 ALTER TABLE 命令可以添加列、修改列名及列属性、删除列等。

图 4.7　图形界面方式修改表结构

1．向表中添加列

通过在 ALTER TABLE 语句中使用 ADD 子句，可以在表中增加、修改或删除列。其语法格式如下：

```
ALTER TABLE 表名
    ADD 列名 数据类型[(长度)] [null |not null ]               /*增加列*/
```

【例 4.5】　向 xs 表中添加如表 4.2 所示的字段。

表 4.2　新字段定义

列　名	类　型	是否为空
电话	char(8)	允许
电子邮件	char(40)	允许

```
USE xsgl
GO
ALTER TABLE xs
ADD 电话 char(8)  null
GO
ALTER TABLE xs
        ADD 电子邮件 char(40)  null
GO
```

执行结果如图 4.8 所示。

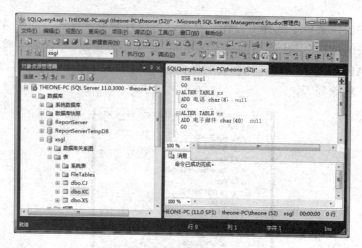

图4.8　命令方式修改表结构

注意：①在已有记录的表中添加列时，新添加字段通常设置为允许为空，否则必须为该列指定默认值。这样就可以将默认值传递给现有记录的新增字段，否则添加列的操作将失败。②一个 ALTER TABLE 命令一次只能对表进行一项修改操作。

2. 修改列属性

在 ALTER TABLE 语句中使用 ALTER COLUMN 子句，可以修改列的数据类型、长度等属性。其语法格式如下：

```
ALTER TABLE 表名
    ALTER COLUMN 列名 数据类型[(长度)] [null |not null ]      /*修改已有列的属性*/
```

注意：将一个原来允许为空的列改为不允许为空时，必须满足列中没有存放空值的记录的条件，并且在该列上没有创建索引。

【例4.6】 将 xs 表中的电子邮件字段的长度修改为20。

```
ALTER TABLE xs
        ALTER COLUMN 电子邮件 char(20)  null
```

3. 删除列

在 ALTER TABLE 语句中使用 DROP COLUMN 子句，可以删除表中的字段。其语法格式如下：

```
ALTER TABLE 表名
    DROP COLUMN 列名                                    /*删除列*/
```

注意：在删除列时，必须先删除基于该列的索引和约束。

【例4.7】 将 xs 表中的电话列删除。

```
ALTER TABLE xs
        DROP COLUMN 电话
```

4. 修改列名和表名

可以使用 sp_rename 系统存储过程对表和表中的列进行重命名，重命名的基本语法为：

```
EXEC sp_rename  原对象名，新对象名
```

【例 4.8】 将表"xs"改为"学生表"，将其中的"电子邮件"列改名为"E-mail"。

```
EXEC sp_rename 'xs','学生表'
EXEC sp_rename 'xs.电子邮件','E-mail'
```

4.2.3 删除数据表

删除表就是将表中的数据和表的结构从数据库中永久地移除。也就是说，一个表一旦被删除，则该表的数据、结构定义、约束、索引等都将被永久删除，而且无法恢复，除非还原数据库。因此执行此操作时应该慎重。

在 SQL Server Management Studio 的"对象资源管理器"窗格中，选择要删除的数据表，单击右键，在弹出的快捷菜单中选择"删除"命令，将弹出"删除对象"对话框，如图 4.9 所示。单击"确定"按钮，选中的表就从数据库中删除了。

图 4.9 "删除对象"对话框

也可以使用 DROP TABLE 语句来删除数据表，语法格式如下。

```
DROP TABLE 表名[,…n]
```

【例 4.9】 删除 xsgl 数据库中的 cj 表。

```
USE xsgl
GO
```

```
DROP TABLE cj
GO
```

在使用 DROP TABLE 语句删除数据库表时，需要注意以下几点。

(1) DROP TABLE 语句不能删除系统表。

(2) DROP TABLE 语句不能删除被其他表中的外键约束参考的表。当需要删除这种有外键约束参考的表时，必须先删除外键约束，然后才能删除表。

(3) 当删除表时，属于该表的约束和触发器也会自动被删除。如果重新创建该表，必须注意创建相应的规则、约束和触发器等。

(4) 使用 DROP TABLE 命令一次可以删除多个表，多个表名之间用逗号隔开。

4.3 表数据的操作

新创建的表，往往只是一个没有数据的空表。因此，向表中输入数据应当是创建表之后首先要执行的操作。无论表中是否有数据，都可以根据需要向表中添加数据，如果表中的数据不再需要，则可以删除这些数据。本节将详细描述如何添加、更新、删除表中的数据。

4.3.1 用图形界面方式操作表数据

在 SQL Server Management Studio 的"对象资源管理器"窗格中，选中要操作的数据表，右击，在弹出的快捷菜单中选择"编辑前 200 行"命令，在右侧摘要窗格就打开了查询表数据的窗口，该窗口中显示了表中已经存储的数据，数据列表的最后是个空行，如图 4.10 所示。

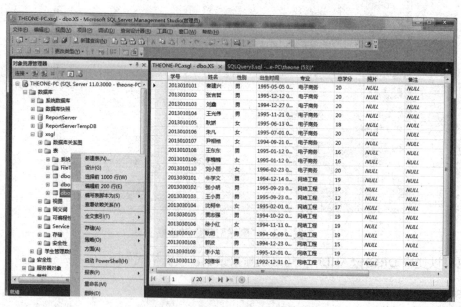

图 4.10 界面方式操作表数据

插入数据时，将光标定位在空白行某个字段的编辑框中，就可以输入新的数据了，编辑完成后选中其他行即可完成插入。

注意：在编辑表中数据的过程中，输入的各列的内容一定要和所定义的数据类型一致，如果有其他定义或约束等要求，也一定要符合，否则将出现错误。

4.3.2　用 INSERT 命令向表中添加数据

用图形界面的方式向表中添加数据很直观，也容易理解和操作，但是存在一定的缺陷。因此在数据库的使用过程中更多的是采用 INSERT 命令向表中添加数据。其基本的语法格式如下。

```
INSERT [INTO] 表名  [(列名1,列名2,…)]
        VALUES (表达式1,表达式2,…)
```

其中，INSERT 子句可以指定要插入数据的表名，并且可以同时给出想要插入数据表中的列名；VALUES 子句指定要插入的数据，应当注意的是，INSERT 子句所包含的列与VALUES 子句所包含的数据应当严格地一一对应，否则数据插入将出错。当将数据添加到一行的所有列时，INSERT 语句中无须给出表中的列名，只需要在 VALUES 子句中给出要添加的数据，但所给数据的顺序要与表定义中列的顺序一致。

注意：VALUES 中给出的数据顺序和数据类型必须与表中列的顺序和数据类型一致。向表中插入一条记录时，可以给某些列赋空值，但这些列必须是可以为空的列。另外，插入字符型和日期型数据时，要用英文单引号引起来。一般情况下，一个 INSERT命令只能向表中插入一条记录。

【例 4.10】 向 xs 表中插入记录。

① 插入包含空值的数据。

```
USE xsgl
GO
INSERT xs(学号,姓名,性别,出生时间,专业,总学分,照片,备注)
        VALUES (2013010111,'秦建兴','男','95/05/05',null,20,null,null)
```

② 插入表中所有列的数据。

```
INSERT xs
        VALUES (2013010112,'张吉哲','男','95/12/12',null,20,null,null)
```

③ 插入表中指定列的数据。

```
INSERT xs(学号,姓名,性别,出生时间,专业,总学分)
        VALUES (2013030116,'徐小红','女','90/12/20',null,20)
GO
```

执行结果如图 4.11 所示。

图 4.11　命令方式插入表记录的运行结果

4.3.3　用 UPDATE 命令修改表中的数据

随着实际情况的变化，表中的数据可能会需要修改。要修改表中的数据，可以使用 UPDATE 命令，其语法格式如下。

```
UPDATE 表名
    SET
    {
    列名 = { 表达式 | DEFAULT | NULL }[ ,…n ]}
    [FROM 另一表名 [ ,…n ]]
    [WHERE <条件表达式> ]
```

> **注意:** 在使用 UPDATE 语句时，如果没有使用 WHERE 子句，那么将对表中所有行的指定列进行修改。如果使用 UPDATE 语句修改数据时与数据完整性约束有冲突，修改将不会发生。

【例 4.11】　将 xs 表中所有学生的专业改为"网络"。

```
UPDATE xs
    SET 专业='网络'
```

【例 4.12】　将 xs 表中秦建兴同学的专业改为"网络工程"。

```
UPDATE xs
    SET 专业='网络工程'
    WHERE 姓名='秦建兴'
```

4.3.4　用 DELETE 或 TRUNCATE TABLE 命令删除表中的数据

随着实际情况的变化，表中的一些记录可能需要删除，以提高数据查询的质量。删除表中数据用 DELETE 语句来完成，使用 T-SQL 中的 DELETE 语句可以删除数据表中的一行或多行记录。其基本语法格式如下。

```
DELETE [FROM] 表名
    [WHERE {<条件表达式>}]
```

注意： 若在 DELETE 语句中没有给出 WHERE 子句，则删除表中的所有记录。

【例 4.13】 将 xs 表中学号为 2013030102 的同学的记录删除。

```
USE xsgl
GO
DELETE xs
     WHERE 学号='2013030102'
GO
```

删除表中的所有记录也可以使用 TRUNCATE TABLE 语句，语法格式如下。

```
TRUNCATE TABLE 表名
```

该语句的功能是删除表中的所有记录，与不带 WHERE 子句的 "DELETE 表名" 的功能相似，不同的是 DELETE 语句在删除每一行时都要把删除操作记录写入日志中，而 TRUNCATE TABLE 语句则是通过释放表数据页面的方法来删除表中的数据，它只将对数据页面的释放操作记录到日志中，所以 TRUNCATE TABLE 语句的执行速度快，删除数据不可恢复，而 DELETE 语句操作可以通过事务回滚，恢复删除的表记录。

注意： 在执行 TRUNCATE TABLE 语句之前应先对数据库做备份，否则被删除的数据将不能再恢复。

4.3.5 常用系统数据表

系统表是特殊表，保存着 SQL Server 及其组件所用的信息。任何用户都不能直接修改(指使用 DELETE、UPDATE、INSERT 语句或用户定义的触发器)系统表，但允许用户使用 SELECT 语句查询系统表。其中，master 数据库中的系统表存储服务器级系统信息，其他数据库中的系统表存储数据库级系统信息。表 4.3 列出了常用的系统数据表，仅供参考。

表 4.3　常用的系统数据表

名 称	表 名	内 容
数据库 *	sysdatabases	对 SQL Server 中的每个数据库有一行记录
登录账户 *	syslogins	对 SQL Server 中的每个登录账户信息有一行记录
文件组	sysfilegroups	当前数据库中的每个文件组在表中占一行
文件	sysfiles	当前数据库中的每个文件在表中占一行
对象 **	sysobjects	对当前数据库中的每个数据库对象有一行记录
列	syscolumns	当前数据库中，对基表或者视图的每个列和存储过程中的每个参数有一行记录
注释(文本)	syscomments	当前数据库中，每个视图、CHECK 约束、默认值、规则、DEFAULT 约束、触发器和存储过程的注释或文本
索引	sysindexes	当前数据库中，对每个索引和没有聚簇索引的每个表有一行记录，对包括文本/图像数据的每个表有一行记录

名　称	表　名	内　容
外键	sysforeignkeys	关于表定义中的 FOREIGN KEY 约束的信息
依赖(相关性)	sysdepends	当前数据库中，对表、视图和存储过程之间的每个依赖关系有一行记录
用户	sysusers	当前数据库中，对每个 Windows NT 用户、Windows NT 用户组、SQL Server 用户或者 SQL Server 角色有一行记录
角色成员	sysmembers	当前数据库中，每个数据库角色成员在表中占一行
保护	sysprotects	当前数据库中，包含有关 GRANT 和 DENY 语句应用于安全账户的权限的信息
许可	syspermissions	当前数据库中，有关对数据库用户、组和角色授予和拒绝的权限的信息

注：*只出现在 master 中，其余的出现在 master 和每个用户数据库中。

**数据库对象类型：系统表(S)、用户表(U)、视图(V)、PRIMARY KEY 约束(PK)、CHECK 约束(C)、默认值或 DEFAULT 约束(D)、UNIQUE 约束(UQ)、FOREIGN KEY 约束(F)、标量函数(FN)、内嵌表函数(IF)、表函数(TF)、存储过程(P)、扩展存储过程(X)、复制筛选存储过程(RF)、触发器(TR)和日志(L)。

本章实训　数据库表操作

1．实训目的

(1) 掌握数据库表的创建方法。

(2) 掌握数据库表的修改方法。

(3) 掌握数据库表中维护数据的各种操作。

(4) 掌握数据库表的删除方法。

2．实训内容

(1) 练习使用图形界面方法创建数据库表。

(2) 练习使用命令方式创建表。

(3) 使用命令方式对数据库中的表结构进行修改。

(4) 使用命令方式对数据库中的表进行维护。

(5) 使用命令方式操作表数据。

3．实训过程

(1) 在 marketing 数据库上利用 SQL Server Management Studio 的"对象资源管理器"创建"销售人员"数据表。表结构如图 4.12 所示。

列名	数据类型	允许 Null 值
工号	int	☐
部门号	int	☐
姓名	char(10)	☐
地址	varchar(50)	☑
电话	varchar(13)	☑
		☐

图 4.12 "销售人员"数据表的结构

(2) 在 marketing 数据库上用命令创建其他数据表。

```
USE marketing
GO
--建立部门信息表
CREATE TABLE 部门信息
        (
        编号 int,                --主键和标识
        名称 varchar(20),        --非空约束
        经理 int,                --定义外键
        人数 int
        )
GO
-建立客户基本信息表
CREATE TABLE 客户信息
        (
        编号 int,                --主键
        姓名 varchar(10),        --非空约束
        地址 varchar(50),
        电话 varchar(13)         --唯一键
)
GO
--建立货品基本信息表
CREATE TABLE 货品信息
    (
    编码 int,                    --主键
    名称 varchar(20),            --非空约束
    库存量 int,
    供应商编码 int,
    状态 bit,                    --默认约束表示可出售
    售价 money,
    成本价  money)
GO
--建立订单信息表
CREATE TABLE 订单信息
    (
    订单号 int  primary key,
    销售工号 int,
    货品编码 int,               --命名外键
```

```
    客户编号 int,            --命名外键
    数量 int,               --检查约束
    总金额 money,
    订货日期 datetime,       --默认约束
    交货日期 datetime
    )
GO
--建立供应商信息表
CREATE TABLE 供应商信息
    (
    编码 int,               --主键
    名称 varchar(50),        --非空约束
    联系人 varchar(10),
    地址 varchar(50),
    电话 varchar(13)         --唯一键
    )
GO
```

(3) 在销售人员表中增加"性别"和"电子邮件"两个字段，其定义如表 4.4 所示，然后修改电子邮件字段的列长度为 40，将字段名改为"电邮"，然后删除"电邮"字段。

表 4.4　销售人员表新增字段

列　名	类型说明	是否允许为空
性别	CHAR(2)	允许
电子邮件	VARCHAR(50)	允许

```
--使用 ALTER TABLE 语句修改表
ALTER TABLE 销售人员      /*添加字段*/
    ADD 性别 char(2)  null
GO
ALTER TABLE 销售人员      /*添加字段*/
    ADD 电子邮件 varchar(50) null
GO
--修改电子邮件字段的列长度为 40，修改字段名"电子邮件"为"电邮"，删除"电邮"字段
ALTER TABLE 销售人员      /*修改字段*/
ALTER COLUMN 电子邮件 varchar(40)  null
GO
EXEC sp_rename '销售人员.电子邮件', '电邮'      /*字段更名*/
GO
ALTER TABLE 销售人员      /*删除字段*/
        DROP COLUMN 电邮
GO
```

(4) 利用命令方式删除 marketing 数据库上的"部门信息"表。

```
DROP  TABLE 部门信息
```

(5) 向"销售人员"表中加入 3 条记录。

```
USE marketing
GO
INSERT 销售人员(工号,部门号, 姓名, 性别, 地址, 电话)
        VALUES (1,1,'王晓明','男','深圳罗湖','075525859203')
INSERT  销售人员
        VALUES (2,2,'吴小丽','广西南昌','13902017387','女')
INSERT 销售人员
        VALUES (3,2,'章明敏','深圳福田','075585859205','男')
GO
```

(6) 将"销售人员"表中工号为 2 的销售人员的"姓名"修改为"张明英","地址"修改为"北京市朝阳区"。

```
UPDATE 销售人员
    SET 姓名='张明英', 地址='北京市朝阳区'
    WHERE 工号=2
GO
```

4. 实训总结

通过本章上机实训，应当掌握数据库表的创建及修改方法，维护数据表中数据的方法，使用命令对表进行各种操作的方法。

本 章 小 结

数据库中的表是 SQL Server 2012 最基本的操作对象。对数据库中的表的基本操作包括创建、查看、维护等。表 4.5 对这些内容做了一个总结。

表 4.5　操作数据库中的表的 T-SQL 语句总结

	语　句		语法格式
数据表	创建表		CREATE TABLE 数据表名 (列名 数据类型|列名 AS 计算列表达式[,...n])
	修改表	添加列	ALTER TABLE 表名 ADD 列名 列的描述
		修改列	ALTER TABLE 表名 ALTER COLUMN 列名 列的描述
		删除列	ALTER TABLE 表名 DROP COLUMN 列名,...
	删除表		DROP TABLE 表名
数据操作	插入数据		INSERT [INTO] 表名[(列名 1,...)] VALUES(表达式 1,...)
	修改数据		UPDATE 表名 SET 列名=表达式 [WHERE 条件]
	删除数据		DELETE 表名[WHERE 条件] TRUNCATE TABLE 表名

习　题

1. 如何理解表中记录和实体的对应关系？为什么说关系也是实体？在表中如何表示？
2. 利用 T-SQL 语句创建结构如图 4.2 所示的 xs 表。
3. 利用 T-SQL 语句向 xs 表中添加 "生源地" 字段。
4. 利用 T-SQL 语句修改姓名字段，允许为空。
5. 利用 T-SQL 语句向 xs 表中插入多条记录。
6. 利用 T-SQL 语句将所有男生的专业改为 "电子商务"。
7. 利用 T-SQL 语句删除年龄最大的学生的记录。
8. 利用 T-SQL 语句删除 "生源地" 字段。
9. 利用 T-SQL 语句删除表中所有的记录。
10. 利用 T-SQL 语句删除 xs 表。

第5章　数据完整性

SQL Server 2012 为关系数据库的实现提供了具体的保证数据完整性的方法，以确保数据库中数据的安全性和有效性。本章主要介绍 SQL Server 数据库的完整性技术。

通过学习本章，读者应掌握以下内容：

- 使用各种约束保证数据库的完整性；
- 使用规则、默认值保证数据的完整性；
- 对实现数据完整性的各种方法进行分析。

5.1　数据完整性的基本概念

数据完整性用于保证数据库中数据的正确性、一致性和可靠性，强制数据完整性可确保数据库中数据的质量。数据完整性包括实体完整性、域完整性、参照完整性和用户定义的完整性。

1．实体完整性

实体完整性(Entity Integrity)用于保证数据库中数据表的每一个特定实体都是唯一的。它可以通过主键约束(PRIMARY KEY)、唯一键约束(UNIQUE)、索引或标识属性(IDENTITY)来实现。

2．域完整性

域完整性(Domain Integrity)就是保证数据库中数据取值的合理性，即保证指定列的数据具有正确的数据类型、格式和有效的数据范围。通过为表的列定义数据类型以及检查约束(CHECK)、默认定义(DEFAULT)、非空(NOT NULL)和规则实现限制数据范围，可以保证只有在有效范围内的值才能存储到列中。

3．参照完整性

参照完整性(Referential Integrity)定义了一个关系数据库中，不同的表中列之间的关系(父键与外键)。要求一个表(子表)中的一列或列组合的值必须与另一个表(父表)中相关的一列或列组合的值相匹配。被引用的列或列组合称为父键，父键必须是主键或唯一键，通常父键为主键，主键表则是主表。

引用父键的一列或列组合称为外键，外键表是子表。如果父键和外键属于同一个表，则称为自参照完整性。子表的外键必须与主表的主键相匹配，只要依赖某一主键的外键存在，主表中包含该主键的行就不能被删除。

当增加、修改或删除数据库表中的记录时，可以借助参照完整性来保证相关联表之间数据的一致性。

4. 用户定义的完整性

用户定义的完整性(User-defined Integrity)是指用户可以根据自己的业务规则定义不属于任何完整性分类的完整性。由于每个用户的数据库都有自己独特的业务规则，所以系统必须有一种方式来实现定制的业务规则，即定制的数据完整性约束。

用户定义的完整性可以通过自定义数据类型、规则、存储过程和触发器来实现。

5.2 约　　束

约束是通过限制列中数据、行中数据以及表之间数据的取值从而保证数据完整性的非常有效和简便的方法。约束是保证数据完整性的 ANSI 标准方法。每一种数据完整性类型都由不同的约束类型来保障。约束可以在创建表的时候定义，也可以在已有表中通过修改表操作来添加约束。定义约束时，既可以把约束放在一列上(称为列级约束)，也可以把约束放在若干列上(称为表级约束)。

5.2.1　主键约束

主键(PRIMARY KEY)约束在表中定义一个主键，唯一地标识表中的行。一个表有且只能有一个 PRIMARY KEY 约束。

如果已有 PRIMARY KEY 约束，也可以对其进行修改或删除。但要修改 PRIMARY KEY，必须先删除现有的 PRIMARY KEY 约束，然后再重新创建。

向表中的现有列添加 PRIMARY KEY 约束时，SQL Server 将检查列中现有的数据，以确保现有数据遵从主键的规则，即无空值、无重复值。

如果 PRIMARY KEY 约束添加到具有空值或重复值的列上，SQL Server 不执行该操作并返回错误信息。

当 PRIMARY KEY 约束由另一个表的 FOREIGN KEY 约束引用时，不能删除被引用的 PRIMARY KEY 约束，要删除它，必须先删除 FOREIGN KEY 约束。

每个表都应有一个主键。主键可以是一个列或几个列的组合。

创建或删除主键主要有两种方法，一种是图形界面的方法，另一种是利用 T-SQL 语句的方法。

1. 利用 Management Studio 定义和删除主键

启动 SQL Server Management Studio 工具，在"对象资源管理器"窗格中依次展开各节点至要修改的表，例如 xs 表，右击，在弹出的快捷菜单中选择"设计"命令，打开表设计窗口。再选择指定的列，在列名的左侧出现三角符号，如果设置的主键为多个，可以按住 Ctrl 键再单击相应的列，如果列是连续的也可以按住 Shift 键进行选择。在选中的列上右击，在弹出的快捷菜单中选择"设置主键"命令，这时选定列的左侧则显示出一个钥匙符号，表示主键。如图 5.1 所示，为 xs 表设置学号列为主键。取消主键与设置主键的方法相同，这时在快捷菜单中的相同位置出现的是"移除主键"命令。

图 5.1 为 xs 表设置学号列为主键

2. 利用 T-SQL 语句定义和删除主键

1) 在创建表时创建主键约束

在创建表时创建主键约束的语法格式如下。

语法格式 1:

```
CREATE TABLE 数据表名
   (列名 数据类型 [CONSTRAINT 约束名] PRIMARY KEY [CLUSTERED |
   NONCLUSTERED][,…])
```

语法格式 2:

```
CREATE TABLE 数据表名
( [CONSTRAINT 约束名] PRIMARY KEY [CLUSTERED | NONCLUSTERED] (列名 1[,…n])
 [,…])
```

> 说明:语法格式 1 定义单列主键;语法格式 2 定义多列组合主键;CLUSTERED 和 NONCLUSTERED 分别代表聚集索引和非聚集索引。

【例 5.1】 删除原有 kc 表,重新创建 kc 表,字段定义不变,同时将课程号设置为主键。

```
USE xsgl
DROP TABLE kc
GO
CREATE TABLE kc
(
课程号 char(6) CONSTRAINT kc_pk PRIMARY KEY,
课程名 char(16)  not null,
学分 smallint,
学时数 smallint
)
```

2) 向已有表中添加主键约束

向已有表中添加主键约束的语法格式如下。

```
ALTER TABLE 表名
ADD [CONSTRAINT 约束名] PRIMARY KEY(列名 1[,…n])
```

【例 5.2】 将已有 cj 表中的学号和课程号设置为主键。

```
USE xsgl
GO
--查看原表中是否有主键
EXEC sp_help cj
GO
--添加主键
ALTER TABLE cj
        ADD CONSTRAINT cj_pk PRIMARY KEY(学号,课程号)
GO
--查看现表中主键的名称
EXEC sp_help cj
GO
```

查询结果如图 5.2 所示。

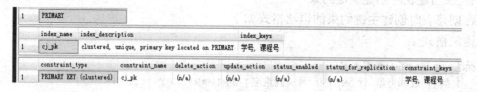

图 5.2 利用 sp_help 查询 cj 表结果

3) 删除主键约束

删除主键约束的语法格式如下。

```
ALTER TABLE 表名
   DROP CONSTRAINT 约束名
```

例如，要删除 cj 表中的主键约束，可以利用如下语句：

```
ALTER TABLE cj
   DROP CONSTRAINT cj_pk
```

注意：向表中添加主键约束时，SQL Server 将检查现有记录的列值，以确保现有数据符合主键的规则，所以在添加主键之前要保证主键的列没有空值和重复值。

5.2.2 唯一键约束

使用 UNIQUE 约束可以确保在非主键列中不输入重复值。在允许空值的列上保证唯一性时，应使用 UNIQUE 约束而不是 PRIMARY KEY 约束，不过在该列中只允许有一个 NULL 值。一个表可以定义多个 UNIQUE 约束，但只能定义一个 PRIMARY KEY 约束。FOREIGN KEY 约束也可引用 UNIQUE 约束。

1. 利用 Management Studio 定义和删除唯一性约束

(1) 启动 SQL Server Management Studio 工具，在"对象资源管理器"窗格中依次展开各节点，选择表，右击，在弹出的快捷菜单中选择"设计"命令，打开表设计窗口。选择要设置唯一键的列，右击，出现如图 5.1 所示的快捷菜单，在快捷菜单中选择"索引/键"命令，出现属性对话框，如图 5.3 所示。

(2) 单击"添加"按钮,设置"是唯一的"为"是"类型,选择"课程名"列,如图 5.4 所示,单击"确定"按钮,返回"索引/键"对话框,然后单击"关闭"按钮,即可完成指定列的唯一约束设置。

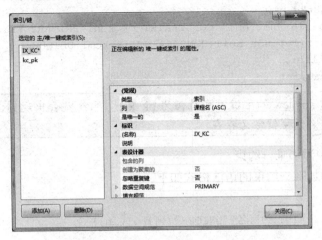

图 5.3 在表设计中设置 UNIQUE 约束

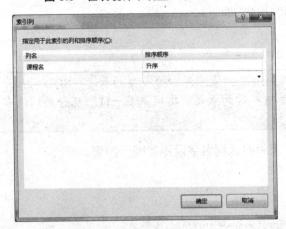

图 5.4 指定建立 UNIQUE 索引的列

2. 利用 T-SQL 语句定义和删除唯一性约束

1) 在创建表时创建唯一性约束

在创建表时创建唯一性约束的语法格式如下。

语法格式 1:

```
CREATE TABLE 数据表名
    (列名 数据类型 [CONSTRAINT 约束名] UNIQUE [CLUSTERED|NONCLUSTERED][,…])
```

语法格式 2:

```
CREATE TABLE 数据表名
    ( [CONSTRAINT 约束名] UNIQUE [CLUSTERED|NONCLUSTERED] (列名 1[,…n]) [,…])
```

说明:语法格式 1 定义单列唯一约束,语法格式 2 定义多列组合唯一约束。

【例 5.3】 创建和 kc 表结构相同的 kc_new 表，设置主键和唯一键。

```
USE xsgl
GO
CREATE TABLE kc_new
    (课程号 char(6) not null CONSTRAINT pk_kch1 PRIMARY KEY,
    课程名 char(16) not null CONSTRAINT ix_kcm1 UNIQUE,
    学分 smallint,
    学时数 smallint)
```

注意：如果在创建 kc_new 的主键时名称仍为 pk_kch，系统就会出现错误信息，因为在 kc 表中已有同名的主键定义存在。

2) 向已有表中添加唯一约束

向已有表中添加唯一约束的语法格式如下。

```
ALTER TABLE 表名
    ADD [CONSTRAINT 约束名] UNIQUE (列名 1[,…n])
```

3) 删除唯一约束

删除唯一约束的语法格式如下。

```
ALTER TABLE 表名
    DROP CONSTRAINT 约束名
```

注意：与添加主键约束一样，向表中添加唯一键约束时，SQL Server 会检查现有记录的列值，所以在添加唯一键约束之前要确保唯一键所包含的列没有重复值，但可以有一个空值。

【例 5.4】 给 kc 表中的课程名字段添加唯一约束。

```
USE xsgl
GO
ALTER TABLE kc
    ADD CONSTRAINT ix_kcm UNIQUE(课程名)
GO
```

【例 5.5】 删除 kc_new 中的唯一约束。

```
USE xsgl
GO
ALTER TABLE kc_new
    DROP CONSTRAINT ix_kcm1
GO
```

5.2.3 检查约束

检查(CHECK)约束用于限制用户输入某一列的数据取值，即该列只能输入一定范围的数据。CHECK 约束可以作为表定义的一部分在创建表时创建，也可以添加到现有表中。一个表可以包含多个 CHECK 约束。同样地，也允许修改或删除现有的 CHECK 约束。

在现有表中添加 CHECK 约束时，该约束可以仅作用于新数据，也可以同时作用于已有的数据。默认设置为 CHECK 约束同时作用于已有数据和新数据。当希望已有数据维持不变时，则可以使约束仅作用于新数据选项。

1．利用 SQL Server Management Studio 定义和删除检查约束

(1) 启动 SQL Server Management Studio 工具，在"对象资源管理器"窗格中依次展开各节点到指定表，右击，在弹出的快捷菜单中选择"设计"命令打开表设计窗口，选择指定列，右击，在弹出的快捷菜单中选择"CHECK 约束"命令，出现属性窗口。

(2) 单击"添加"按钮，在选定的约束框中会显示由系统分配的新约束名。名称以"CK_"开始，后跟表名，也可以修改此约束名。

(3) 在"表达式"列表框中，可以直接输入约束表达式。例如，若要将 cj 表的成绩列的数据限制在 0～100 之间，可以输入表达式"([成绩]>=(0) AND [成绩]<=(100))"，如图 5.5 所示。也可单击"表达式"框右侧的"浏览"按钮，弹出如图 5.6 所示的"CHECK 约束表达式"对话框，然后在其中编辑表达式。

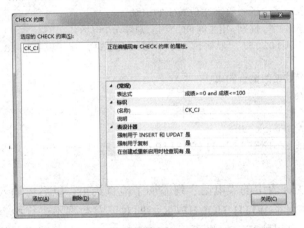

图 5.5　在表设计中设置 CHECK 约束

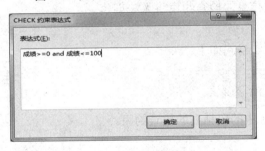

图 5.6　编辑约束表达式

(4) 如果想用创建的约束强制 INSERT 和 UPDATE 以及检查原有数据等情况，可以在相应选项中选择"是"命令；再单击"关闭"按钮，即可完成检查约束设置。

2．利用 T-SQL 语句定义和删除检查约束

1) 在创建表时创建检查约束
在创建表时创建检查约束的语法格式如下。

```
CREATE TABLE 数据表名
    (列名 数据类型 [CONSTRAINT 约束名] CHECK (逻辑表达式) [,…])
```

2) 向已有表中添加检查约束

向已有表中添加检查约束的语法格式如下。

```
ALTER TABLE 表名
    [WITH NOCHECK]
    ADD [CONSTRAINT 约束名] CHECK (逻辑表达式) [,…])
```

【例 5.6】 在 xs 表中增加一个字段"电话",为"电话"列添加检查约束,要求每个新加入或修改的电话号码为 8 位数字,但对表中现有的记录不进行检查。

```
USE xsgl
GO
ALTER TABLE xs
    ADD 电话 char(8)  null
--向学生表中插入一条电话号码为7位数字的记录
INSERT xs(学号,姓名,性别,出生时间,专业,总学分,电话)
    VALUES('2013010105','耿娇','女','95/6/13','电子商务',18, '4501310')
GO
--创建不检查现有数据的检查约束
ALTER TABLE xs
    WITH NOCHECK
    ADD CONSTRAINT ck_dh
    CHECK ([电话] LIKE '[0-9][0-9][0-9][0-9][0-9][0-9][0-9][0-9]')
GO
```

这样就成功地为 xs 表中的"电话"列添加了检查约束,以后再输入的内容应该满足约束的要求。但由于使用了 WITH NOCHECK,即对已有数据不进行检查,所以原表中有不满足条件的数据依然可以执行;如果不用 WITH NOCHECK,则原有数据中如果有不符合要求的,就会出现错误信息,检查约束将无法创建。

3) 删除检查约束

删除检查约束的语法格式如下。

```
ALTER TABLE 表名
    DROP CONSTRAINT 约束名
```

【例 5.7】 删除 xs 中的电话列的检查约束。

```
ALTER TABLE xs
    DROP CONSTRAINT ck_dh
GO
```

【例 5.8】 重新创建对现有记录进行检查的电话约束,要求每个新加入或修改的电话号码为 8 位数字。

```
--检查现有数据
ALTER TABLE xs
    ADD CONSTRAINT ck_dh
    CHECK ([电话] LIKE '[0-9][0-9][0-9][0-9][0-9][0-9][0-9][0-9]')
```

本例在运行时会出现错误，原因在于 xs 表中的电话字段有不符合要求的数据，所以在向表中加入 CHECK 约束并对表中已有数据进行检查时，要把不符合检查约束的记录修改成符合检查约束的记录才能实现此操作。

> 注意：在默认情况下，检查约束同时作用于新数据和表中已有的数据，可以通过关键字 WITH NOCHECK 禁止 CHECK 约束检查表中已有的数据，否则如果表中有不符合检查约束要求的数据，则检查约束无法正确建立。

与其他约束不同的是，CHECK 约束可以通过 NOCHECK 和 CHECK 关键字设置为无效或重新有效。

其语法格式如下。

```
ALTER TABLE 表名
    NOCHECK CONSTRAINT 约束名 | CHECK CONSTRAINT 约束名
```

【例 5.9】将 xs 表中电话列的检查约束失效，然后插入一条具有 6 位数字的电话号码字段，之后再重新使其生效。

```
--使 CHECK 检查失效
ALTER TABLE xs
    NOCHECK CONSTRAINT ck_dh
--插入测试数据
INSERT xs(学号,姓名,性别,出生时间,专业,总学分,电话)
    VALUES(2013030101,'牛学文','男','94/12/14','网络工程',19, '123456')
--使 CHECK 检查生效
ALTER TABLE xs
    CHECK CONSTRAINT ck_dh
```

在添加或修改数据时，只要数据不满足 CHECK 约束就不能完成相应的操作，数据库系统将指出错误原因。

5.2.4 默认值约束

默认值约束是指在用户未提供某些列的数据时，数据库系统为用户提供的默认值，从而简化应用程序代码和提高系统性能。

表中的每一列都可包含一个 DEFAULT 定义。可以修改现有的 DEFAULT 定义，方法是首先删除已有的 DEFAULT 定义，然后再通过定义重新创建。利用 T-SQL 语句定义默认值约束的语法如下。

1) 在创建表时创建默认值约束

在创建表时创建默认值约束的语法格式如下。

语法格式 1：

```
CREATE TABLE 数据表名
(列名 数据类型 [CONSTRAINT 约束名] DEFAULT 默认值 [,…])
```

语法格式 2：

```
CREATE TABLE 数据表名
( [CONSTRAINT 约束名] DEFAULT 默认值 FOR 列 [,…])
```

2) 向已有表中添加默认值约束

向已有表中添加默认值约束的语法格式如下。

```
ALTER TABLE 表名
    ADD [CONSTRAINT 约束名] DEFAULT 默认值 FOR 列 [,…])
```

【例 5.10】 在 xs 表的"专业列"添加一个默认值约束，默认值为"电子商务"，然后添加一条新记录。

```
--添加默认值约束
ALTER TABLE xs
    ADD CONSTRAINT df_zy DEFAULT '电子商务' FOR 专业
--插入测试记录
INSERT xs(学号,姓名,出生时间,总学分)
    VALUES('201301011','张玉莹','96/06/28',20)
```

查看表记录会发现该记录中的"专业"字段为"电子商务"。

3) 删除默认值约束

删除默认值约束的语法格式如下。

```
ALTER TABLE 表名
    DROP CONSTRAINT 约束名
```

【例 5.11】 删除 xs 表中"专业"列的默认值约束。

--查看 xs 表中专业列的默认值约束，如图 5.7 所示。

```
EXECUTE sp_help xs
GO
--删除 xs 表中专业列的默认值约束
ALTER TABLE xs
    DROP CONSTRAINT df_zy
GO
```

	constraint_type	constraint_...	delete_a...	update_ac...	status_ena...	status_for_rep...	constraint_keys
1	CHECK on column 电话	ck_dh	(n/a)	(n/a)	Enabled	Is_For_Replic...	([电话] like '[0-9][0-9][0-9][0-9][0-9][0-9][0-9]...
2	DEFAULT on column 专业	df_zy	(n/a)	(n/a)	(n/a)	(n/a)	('电子商务')
3	PRIMARY KEY (clustered)	xs_pk	(n/a)	(n/a)	(n/a)	(n/a)	学号

图 5.7 查看 xs 表中专业列的默认值约束

注意：与检查约束一样，默认值约束也是强制实现域完整性的一种手段。DEFAULT 约束不能添加到时间戳 TIMESTAMP 数据类型的列或标识列上，也不能添加到已经具有默认值设置的列上，不论该默认值是通过约束还是绑定实现的，即每一列只能定义一个默认值。

5.2.5 外键约束

外键(FOREIGN KEY)约束用于强制实现表之间的参照完整性,外键必须和主表的主键或唯一键对应,外键约束不允许为空值;但是,如果是多列组合的外键,则允许其中某列含有空值。如果组合外键的某列含有空值,则将跳过该外键约束的检验。

1.利用 Management Studio 定义和删除外键约束

在 SQL Server Management Studio 工具的"对象资源管理器"窗格中依次展开各节点到表,选定要定义外键的表,右击,在弹出的快捷菜单中选择"设计"命令,打开表设计窗口。选择要创建外键的列,右击,在弹出的快捷菜单中选择"关系"命令,弹出"外键关系"对话框,如图 5.8 所示。单击"表和列规范"右侧的"浏览"按钮,弹出"表和列"对话框,如图 5.9 所示,在"主键表"下拉列表框中选择将作为关系主键方的表,再从候选键中选定相关联的列,在"外键表"下面的相应网格内选定外键列,回到"外键关系"对话框,单击"关闭"按钮则关系创建完毕。

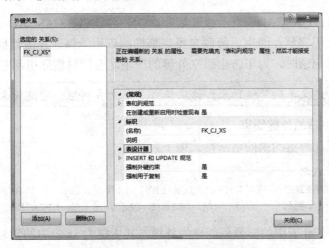

图 5.8 在表设计中设置外键约束

图 5.9 选择主键与外键表及列

若要删除外键，只需在如图 5.8 所示的对话框中选择要删除的关系名，然后单击"删除"按钮即可。

2. 利用 T-SQL 语句定义和删除外键约束

1) 创建表时创建外键约束

创建表时创建外键约束的语法格式如下。

语法格式 1：

```
CREATE TABLE 数据表名
   (列名 数据类型 [CONSTRAINT 约束名] [FOREIGN KEY]
   REFERENCES 参照主键表[(参照列)] [ON DELETE CASCADE | ON UPDATE CASCADE] [,…])
```

语法格式 2：

```
CREATE TABLE 数据表名
   ( [CONSTRAINT 约束名] [FOREIGN KEY] [(列 [,…n] ) ] REFERENCES
   参照主键表[(参照列[,…n])] [ON DELETE CASCADE | ON UPDATE CASCADE] [,…])
```

其中，**ON DELETE CASCADE** 表示级联删除，**ON UPDATE CASCADE** 表示级联更新，它们也称为级联参照完整性约束。级联参照完整性约束用于保证外键数据的关联性。当删除外键引用的主键记录时，为了防止孤立外键的产生，会同时删除引用它的外键记录。

说明： 语法格式 1 定义单列外键约束；语法格式 2 定义多列组合外键约束。

2) 向已有表中添加外键约束

向已有表中添加外键约束的语法格式如下。

```
ALTER TABLE 表名
   ADD [CONSTRAINT 约束名] [FOREIGN KEY] [(列 [, …n] ) ] REFERENCES
   参照主键表[(参照列[, …n])] [ON DELETE CASCADE | ON UPDATE CASCADE] [,…])
```

【例 5.12】 将 cj 表中的学号列创建为外键，其主键为 xs 表中的学号；课程号创建为外键，其主键为 kc 表中的课程号。

```
ALTER TABLE cj
   ADD CONSTRAINT fk_cj_xs  FOREIGN  KEY(学号)
   REFERENCES xs(学号)
GO
ALTER TABLE cj
   ADD CONSTRAINT fk_cj_kc  FOREIGN  KEY(课程号)
   REFERENCES kc(课程号)
GO
```

3) 删除外键约束

删除外键约束的语法格式如下。

```
ALTER TABLE 表名
   DROP CONSTRAINT 约束名
GO
```

【例 5.13】 删除外键约束。

```
ALTER TABLE cj
   DROP CONSTRAINT fk_cj_xs
GO
ALTER TABLE cj
   DROP CONSTRAINT fk_cj_kc
GO
```

【例 5.14】 级联参照完整性约束。

```
ALTER TABLE cj
   ADD CONSTRAINT fk_cj_xs  FOREIGN KEY(学号)
   REFERENCES xs(学号) ON  DELETE CASCADE
GO
ALTER TABLE cj
   ADD CONSTRAINT fk_cj_kc  FOREIGN KEY(课程号)
   REFERENCES kc(课程号)  ON UPDATE CASCADE
GO
```

5.3 默 认 值

　　默认值是一种数据库对象，可以绑定到一个或多个列上，还可以绑定到用户自定义类型上。当某个默认值创建后，可以反复使用。当向表中插入数据时，如果绑定有默认值的列或者数据类型没有明确提供值，那么就将以默认值指定的数据插入。定义的默认值必须与所绑定列的数据类型一致，不能违背列的相关规则。

　　默认值的执行与前面所讲的 DEFAULT 约束功能相同，DEFAULT 约束定义和表存储在一起，删除表时，将自动删除 DEFAULT 约束。DEFAULT 约束是限制列数据的首选并且是标准的方法。然而，当在多个列中，特别是不同表中的多个列中多次使用相同的默认值时，适合采用默认值技术。要使用默认值，首先要创建默认值，然后将其绑定到指定的列或数据类型上。当取消默认值时，必须解除绑定；如果默认值不再使用，可以将其删除。

5.3.1 创建默认值

　　利用 T-SQL 语句创建默认值的语法格式如下。

```
CREATE DEFAULT 默认值名称 AS 常量表达式
```

【例 5.15】 创建名为 "df_学时数"、值为 60 的默认值。

```
USE xsgl
GO
CREATE DEFAULT df_学时数 AS 60
GO
```

5.3.2 绑定和解绑默认值

一个创建好的默认值，只有绑定到表的列上或用户自定义的数据类型上才能起作用，如果不再需要该默认值，则要将该默认值与相应的列或自定义数据类型解除绑定。绑定和解绑操作既可以通过系统存储过程来实现，也可以用图形界面方式来完成。这里只介绍利用命令的方式来绑定默认值和解除绑定默认值。

其语法格式如下。

```
[EXECUTE] sp_bindefault  '默认值名称' , '表名.字段名'|'用户自定义数据类型'

[EXECUTE] sp_unbindefault  '表名.字段名'|'用户自定义数据类型'
```

【例 5.16】 将默认值"df_学时数"绑定到 kc 表的"学时数"列上。

```
USE xsgl
GO
EXEC sp_bindefault 'df_学时数','kc.学时数'
GO
```

【例 5.17】 解除例 5.16 中的绑定。

```
USE xsgl
GO
EXEC sp_unbindefault 'kc.学时数'
GO
```

> **注意：** 不能将默认值绑定到标识 IDENTITY 属性的字段或已经有默认值约束的字段上，也不能绑定在系统数据类型上。默认值对象的绑定存在着覆盖关系，即原来的默认值对象虽然没有解绑，但仍然可以继续绑定新的默认值，并且新的默认值将覆盖原有的默认值对象。

5.3.3 删除默认值

可以用 DROP DEFAULT 语句删除默认值对象。其语法格式如下。

```
DROP DEFAULT 默认值名称 [,…]
```

> **注意：** 在删除一个默认值之前，必须首先将它从所绑定的列或自定义数据类型上解绑，否则系统会报错。

【例 5.18】 删除默认值"df_学时数"。

```
USE xsgl
GO
EXEC sp_unbindefault 'kc.学时数'
GO
DROP DEFAULT df_学时数
GO
```

5.4　规　　则

规则是保证域完整性的主要手段，与 CHECK 约束的执行功能相同。CHECK 约束是使用 ALTER TABLE 或 CREATE TABLE 的 CHECK 关键字创建的，是对表中列的值进行限制的首选标准方法(可以对一列或多列定义多个约束)。而规则是一种数据库对象，可以绑定到一列或多个列上，还可以绑定到用户自定义数据类型上，规则定义之后可以反复使用。

列或用户自定义数据类型只能有一个绑定的规则。但是，列可以同时具有规则和多个 CHECK 约束。

规则和默认值一样都是独立的对象，使用它要首先定义，然后绑定到列或用户自定义数据类型上，不需要时可以解除绑定以及删除。规则和默认值的使用方法相似。

5.4.1　创建规则

利用 T-SQL 语句创建规则的语法格式如下。

```
CREATE RULE 规则名称 AS 条件表达式
```

【例 5.19】　创建名为"rl_总学分"的规则，要求其取值范围在 0～50 之间。

```
USE xsgl
GO
CREATE RULE 总学分 AS @score>=0 and @score<=50
GO
```

【例 5.20】　创建名为"rl_电话"的规则，要求电话字段的取值必须是由 0～9 中的 8 个数字组成。

```
USE xsgl
GO
CREATE RULE rl_电话
    AS @dh LIKE '[0-9][0-9][0-9][0-9][0-9][0-9][0-9][0-9]'
GO
```

5.4.2　绑定和解绑规则

绑定和解绑规则可以使用图形界面方法，也可以利用 T-SQL 语句来完成。其语法格式如下。

```
sp_bindrule '规则名称', '表名.字段名'|'用户自定义数据类型'
sp_unbindrule '表名.字段名'|'用户自定义数据类型'
```

【例 5.21】　将 rl_总学分规则绑定到 xs 表的总学分列上。

```
EXECUTE sp_bindrule 'rl_总学分','xs.总学分'
```

【例 5.22】　解除例 5.21 的绑定。

```
EXECUTE sp_unbindrule 'xs.总学分'
```

5.4.3 删除规则

由于规则是数据库对象，因此同默认值一样，可以利用 Management Studio 的"对象资源管理器"窗格展开节点到规则，右击，在弹出的快捷菜单中选择"删除"命令来删除。这里主要介绍利用 T-SQL 语句删除规则的方法，语法格式如下。

```
DROP RULE 规则名称 [,…]
```

【例 5.23】 删除规则 "总学分"。

```
EXECUTE sp_unbindrule 'xs.总学分'
GO
DROP RULE 成绩,总学分
GO
```

> **注意：** 删除规则和默认值相同，在删除之前，应首先将它从所绑定的列或自定义数据类型上解绑，否则系统会报错。

5.5 标 识 列

表中的主键和唯一键都可以起到标识表中记录的作用，有时为了方便，可以让计算机为表中的记录按照要求自动生成标识字段的值，通常该标识字段的值在现实生活中并没有直接的意义。这样的字段可以用表的标识列来实现它的定义。

IDENTITY 列即自动编号列。若在表中创建一个 IDENTITY(标识符)列，则当用户向表中插入新的数据行时，系统将自动为该行的 IDENTITY 列赋值，并保证其值在表中的唯一性。每个表中只能有一个 IDENTITY 列，其列值不能由用户更新，不允许为空值，也不允许绑定默认值或建立 DEFAULT 约束。IDENTITY 列经常与 PRIMARY KEY 约束一起使用，即将标识列定义为 PRIMARY KEY，从而保证表中各行具有唯一标识。

标识列的有效数据类型可以是任何整数数据类型分类的数据类型(bit 数据类型除外)，也可以是 decimal 数据类型，但不允许出现小数。

1. 利用 Management Studio 定义 DENTITY 列

启动 Management Studio 工具，打开"对象资源管理器"窗格，依次展开各节点到表，打开表设计器，选定标识列，在表设计器的下面设置"标识规范"值为"是"，相应地则可以设置"标识种子"和"标识增量"，如图 5.10 所示。

标识种子为标识列的起始值，标识增量为每次增加的数值，二者的默认值均为 1，例如设置标识种子值为10，标识增量为2，则该列的值依次为 10、12、14……

2. 利用 T-SQL 语句创建 IDENTITY 列

其语法格式如下。

```
CREATE TABLE 数据表名
    (列名 数据类型 IDENTITY [(种子,增量)] [,…])
```

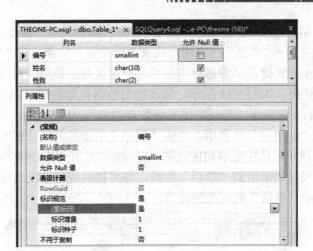

图 5.10 使用表设计器生成标识列

【例 5.24】 在 cj 表中添加名称为 "编号" 的列，利用 IDENTITY 使其成为初值为 1，依次递增 1 的标识列。

```
USE xsgl
GO
ALTER TABLE cj
    ADD 编号 int IDENTITY(1,1) NOT NULL
GO
```

5.6 自定义数据类型

在创建和修改表时，要对表的字段指定或修改数据类型，在进行域完整性控制中，用户经常需要在系统数据类型的基础上加上适当的限制。例如前面所讲的 "电话" 字段，如果有多个表中均有此字段，并且对数据的约束要求是相同的，就要创建相应的规则，并将规则绑定到每个 "电话" 字段上，实际上对于多个表中多个字段具有相同限制的情况，用自定义数据类型的方式来实现更为简洁。用户自定义数据类型的使用可以在更大程度上保证数据定义的一致性，如果是多个开发人员共同完成一个系统的开发设计，则自定义数据类型是保证数据定义一致性的有力工具。

在定义数据类型时，需要指定该类型的名称、使用的系统数据类型以及是否为空等，同时默认值和规则可以绑定在自定义的数据类型上。

5.6.1 创建自定义数据类型

创建自定义数据类型的方法可以采用图形界面的方式，也可以采用命令的方式。

1. 利用 SQL Server Management Studio 创建自定义数据类型

这里以 "电话" 字段为例来说明创建自定义数据类型的过程。创建一个名称为 "电话" 的数据类型，并为其创建规则，要求 "电话" 字段的数据必须是由 0～9 中的 8 个数字组成。具体操作过程如下。

在 SQL Server Management Studio 工具的"对象资源管理器"窗格中的 xsgl 数据库上，依次展开"可编程性"→"类型"→"用户定义数据类型"节点，在"用户定义数据类型"节点上右击，在弹出的快捷菜单中选择"新建用户定义数据类型"命令，弹出"新建用户定义数据类型"对话框，如图 5.11 所示。依次给出数据类型名称，如"电话"，选择所依赖的系统数据类型，这里定义"电话"的系统数据类型为 varchar(8)，允许取空值，无默认值，要求满足规则"rl_电话"的要求。单击"规则"后面的浏览按钮，弹出"查找对象"对话框，如图 5.12 所示，选中要绑定的规则，将规则"rl_电话"绑定到用户定义的数据类型上。后面在创建表时如果用到"电话"字段，即可以同使用系统数据类型一样，在数据类型列表中直接选择"电话"数据类型使用。

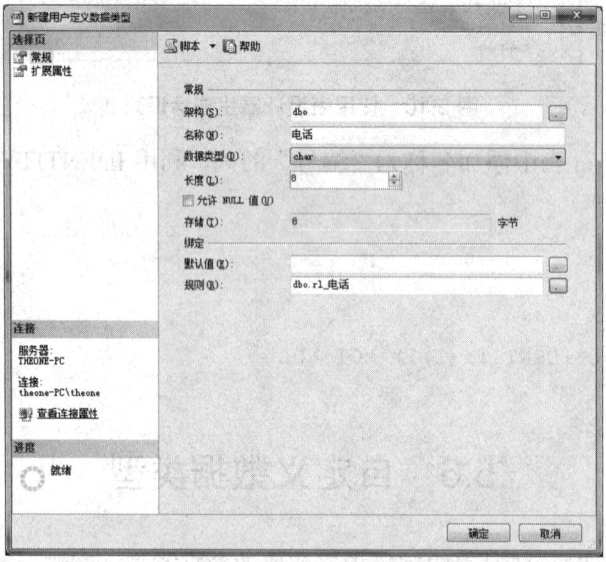

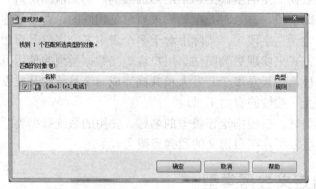

图 5.11 "新建用户定义数据类型"对话框

图 5.12 "查找对象"对话框

2. 利用 T-SQL 语句创建自定义数据类型

利用 T-SQL 命令创建自定义数据类型实际上是使用系统存储过程的方法来建立，语法格式如下。

```
[EXECUTE]sp_addtype 自定义数据类型名称,系统数据类型名称[,'NULL'|'NOT NULL']
```

【例 5.25】 用命令方式定义一个名为"type_电话"的数据类型，要求所使用的系统数据类型为 varchar(8)，允许为空值，无默认值，将电话号码的规则"rl_电话"绑定到该类型上，完成命令如下。

```
--创建自定义数据类型
EXECUTE sp_addtype type_电话,'varchar(8)','NULL'
GO
--绑定规则到自定义数据类型(注意：这里不要加单引号)
EXECUTE sp_bindrule  'rl_电话', 'type_电话'
GO
--通过向表中添加字段验证自定义数据类型的作用
ALTER TABLE xs
    ADD 电话 type_电话
```

5.6.2　删除用户自定义数据类型

删除用户自定义数据类型既可以在图形界面中完成，也可以使用命令方式完成。这里只介绍使用命令方式删除自定义数据类型的方法。命令格式如下。

```
[EXECUTE] sp_droptype 自定义数据类型名称[,…n]
```

需要说明的是，在删除自定义数据类型之前，必须首先取消表定义中对自定义数据类型的使用，否则删除操作将无法正确完成。

本章实训　数据完整性操作

1．实训目的

(1) 掌握数据完整性约束的内容。
(2) 掌握各种约束的创建方法。
(3) 掌握默认和规则的创建方法。
(4) 学会综合使用数据的完整性约束。

2．实训内容

(1) 使用命令方式创建数据完整性约束。
(2) 使用命令创建和使用默认值及规则。
(3) 综合利用各种约束。

3．实训过程

(1) 请按照本书第 4 章实训的实训过程中所标注的主键、外键、唯一键要求，将各个表中的主键、外键等定义添加上。
(2) 将"销售人员"表中的"电话"列定义为唯一键。

```
ALTER TABLE 销售人员
   ADD CONSTRAINT ix_销售人员 UNIQUE(电话)
```

(3) 为"销售人员"表中的"电话"列添加检查约束，要求每个新加入或修改的电话号码为 8 位数字，但对表中已有的数据不进行检查。

```
ALTER TABLE 销售人员        --不检查现有数据
   WITH NOCHECK
   ADD CONSTRAINT xk_销售人员
   CHECK ([电话] LIKE '[0-9][0-9][0-9][0-9][0-9][0-9][0-9][0-9]')
GO
```

(4) 为"客户信息"表中的"地址"列添加一个 DEFAULT 约束，默认值为"深圳市"，然后添加一个新客户。

```
ALTER TABLE 客户信息
   ADD CONSTRAINT df_客户信息_地址 DEFAULT '深圳市' FOR 地址
   INSERT 客户信息 VALUES(10,'黎国力',DEFAULT,'81273456')
```

(5) "销售人员"和"部门信息"两表之间存在相互参照关系，在"部门信息"表中，经理字段存放的是经理在"销售人员"表中的"工号"，也就是说，部门经理同时也是销售人员，所以要在"部门信息"表中建立一个外键，其主键为"销售人员"表中的工号。

```
ALTER TABLE 部门信息        --建立外键
   ADD CONSTRAINT fk_部门信息_销售人员
   FOREIGN KEY (经理) REFERENCES 销售人员(工号)
GO
```

(6) 在 marketing 数据库中创建一个地址的默认值对象，其值为"深圳市"，然后将其绑定到"客户信息"表和"销售人员"表的"地址"列。

```
CREATE DEFAULT df_addr  AS '深圳市'
GO
--执行绑定
EXECUTE SP_BINDEFAULT 'df_addr', '客户信息.地址'
GO
EXECUTE SP_BINDEFAULT 'df_addr', '销售人员.地址'
GO
```

(7) 在 marketing 数据库中创建一个 E-mail 规则对象，其值为包含@的字符串，然后将其删除。

```
CREATE RULE rl_email AS @x LIKE '%@%'
GO
--删除规则
DROP RULE rl_ email
GO
```

4．实训总结

通过本章上机实训，应当掌握使用约束及规则的目的，使用命令创建、添加和删除各种约束的方法，创建、绑定和删除默认值及规则的方法。

本 章 小 结

本章介绍了数据完整性技术，内容包括数据完整性的概念、约束管理、默认管理、规则管理以及使用标识列。数据完整性技术既是衡量数据库功能高低的指标，也是提高数据库中数据质量的重要手段。在应用程序开发中，使用哪一种方法，一定要根据系统的具体要求来选择。表 5.1 对这些技术做了一个总结。

表 5.1　完整性技术

类　型	技　术	语法格式	功能描述
域完整性	非空	NULL/NOT NULL	允许/不允许 null
	默认值	DEFAULT　默认值	输入数据时如果某个列没有明确提供值，则将该默认值插入列中
	默认技术	(1)CREATE DEFAULT 默认名称 as 常数表达式 (2)sp_bindefault'默认名称', '对象名' (3)sp_unbindefault'对象名' (4)DROP DEFAULT　默认值名[,…n]	
	检查	CHECK(逻辑表达式)	指定某列可接受值的范围或模式
	规则技术	(1)CREATE RULE 规则名 as 条件表达式 (2)sp_bindrule'规则名', '对象名' (3)sp_unbindrule'对象名' (4)DROP RULE 规则名[,…n]	
实体完整性	主键	(1)PRIMARY KEY (2)PRIMARY KEY(列名 1[,…n])	唯一标识符，不允许空值
	唯一键	(1)UNIQUE (2)UNIQUE(列名 1[,…n])	防止出现冗余值,允许空值
	标识列	(1)IDENTITY[(种子,增量)] (2)IDENTITY(数据类型[,种子,递增量])AS 列名	确保值的唯一性，不允许空值,不允许用户更新
参照完整性	外键	[FOREIGN KEY]REFERENCES 参照主键表[(参照列)]	保证列与参照列的一致性

习　题

1. 简述数据完整性的用途。完整性有哪些类型？

2. 什么是规则？它与 CHECK 约束的区别在哪里？

3. 为表中数据提供默认值有几种方法？分别是什么？

4. 主键约束与唯一键约束的区别是什么？

5. 在 marketing 数据库中利用 T-SQL 语句将"客户信息"表中的"电话"列定义为唯一键。

6. 创建地址的默认对象 df_addr 为 "北京市海淀区"，并将它绑定到 "供应商信息" 表和 "销售人员" 表的 "地址" 列。

7. 创建电话列的规则 rl_dh，要求 "电话" 的定义为 0～9 组成的 8 位字符，并将其绑定到各个表的 "电话" 列。

8. 在 "货品信息" 表中为 "供应商编码" 字段建立一个带有级联删除功能的外键，其主键为 "供应商信息" 表中的 "编码" 字段。

第6章 数据库的查询

数据查询是数据库系统应用的主要内容，保存数据就是为了使用，而要使用数据首先要查找到需要的数据。在 T-SQL 中，用 SELECT 语句来实现数据查询。通过 SELECT 语句可以从数据库中搜寻用户所需要的数据，也可进行数据的统计汇总并返回给用户。SELECT 语句是数据库操作中使用频率最高的语句，是 SQL 语言的灵魂。

通过学习本章，读者应掌握以下内容：
● 使用 SELECT 语句进行单表查询的方法；
● 使用 SELECT 语句进行多表连接查询的方法；
● 嵌套查询的方法；
● 查询结果的排序、分组和汇总操作。

本章将以 xsgl 数据库为例，在 xs、kc、cj 表的基础上介绍有关数据查询的技术，包括基本查询和高级查询。在进行查询之前，各表中应当已输入相应记录，各表中的记录分别如图 6.1～图 6.3 所示。

学号	姓名	性别	出生时间	专业	总学分	照片
2013010101	秦建兴	男	1995-05-05 0....	电子商务	20	NULL
2013010102	张吉哲	男	1995-12-12 0....	电子商务	20	NULL
2013010103	刘鑫	男	1994-12-27 0....	电子商务	20	NULL
2013010104	王光伟	男	1995-11-21 0....	电子商务	20	NULL
2013010105	耿娇	女	1995-06-13 0....	电子商务	18	NULL
2013010106	朱凡	女	1995-07-01 0....	电子商务	20	NULL
2013010107	尹相桔	女	1994-09-21 0....	电子商务	20	NULL
2013010108	王东东	男	1995-01-12 0....	电子商务	16	NULL
2013010109	李楠楠	女	1995-01-12 0....	电子商务	16	NULL
2013010110	刘小丽	女	1996-02-23 0....	电子商务	20	NULL
2013030101	牛学文	男	1994-12-14 0....	网络工程	19	NULL
2013030102	张小明	男	1995-09-23 0....	网络工程	19	NULL
2013030103	王小男	男	1995-09-23 0....	网络工程	12	NULL
2013030104	沈柯辛	女	1995-02-01 0....	网络工程	17	NULL
2013030105	贾志强	男	1994-10-22 0....	网络工程	19	NULL
2013030106	徐小红	女	1994-11-11 0....	网络工程	19	NULL
2013030107	耿明	男	1994-09-09 0....	网络工程	19	NULL
2013030108	郭波	男	1994-12-23 0....	网络工程	15	NULL
2013030109	李小龙	男	1995-12-01 0....	网络工程	19	NULL
2013030110	刘德华	男	1992-12-31 0....	网络工程	19	NULL

图 6.1 xs 表中的记录

课程号	课程名	学分	学时数
A001	英语	4	50
A002	数学	4	50
A005	哲学	2	40
J001	计算机基础	4	60
J002	数据结构	5	70
J003	操作系统	5	70
J005	数据库SQL Server	4	60

图 6.2 kc 表中的记录

学号	课程号	成绩
2013010101	A001	88
2013010101	A005	79
2013010101	J001	78
2013010101	J002	84
2013010101	J003	91
2013010102	A001	60
2013010102	A005	87
2013010102	J001	67
2013010102	J002	72
2013010102	J003	81
2013010103	A001	90
2013010103	A005	82
2013010103	J001	66
2013010103	J002	65
2013010103	J003	78
2013010104	A001	89
2013010104	A005	88
2013010104	J001	77
2013010104	J002	91
2013010104	J003	88

学号	课程号	成绩
2013010105	A001	92
2013010105	A005	45
2013010105	J001	74
2013010105	J002	71
2013010105	J003	89
2013010106	A001	71
2013010106	A005	89
2013010106	J001	86
2013010106	J002	63
2013010106	J003	74
2013010107	A001	69
2013010107	A005	90
2013010107	J001	78
2013010107	J002	71
2013010107	J003	67
2013010108	A001	76
2013010108	A005	71
2013010108	J001	56
2013010108	J002	67
2013010108	J003	87

学号	课程号	成绩
2013010109	A001	52
2013010109	A005	89
2013010109	J001	67
2013010109	J002	81
2013010109	J003	77
2013010110	A001	89
2013010110	A005	90
2013010110	J001	78
2013010110	J002	82
2013010110	J003	67
2013030101	A002	65
2013030101	A005	81
2013030101	J001	78
2013030101	J003	67
2013030101	J005	77
2013030102	A002	95
2013030102	A005	92
2013030102	J001	89
2013030102	J003	97
2013030102	J005	90

学号	课程号	成绩
2013030103	A002	78
2013030103	A005	57
2013030103	J001	67
2013030103	J003	45
2013030103	J005	62
2013030104	A002	82
2013030104	A005	54
2013030104	J001	67
2013030104	J003	78
2013030104	J005	76
2013030105	A002	92
2013030105	A005	91
2013030105	J001	98
2013030105	J003	95
2013030105	J005	89
2013030106	A002	68
2013030106	A005	90
2013030106	J001	78
2013030106	J003	89
2013030106	J005	86

学号	课程号	成绩
2013030107	A002	69
2013030107	A005	81
2013030107	J001	76
2013030107	J003	67
2013030107	J005	63
2013030108	A002	67
2013030108	A005	78
2013030108	J001	38
2013030108	J003	65
2013030108	J005	76
2013030109	A002	86
2013030109	A005	69
2013030109	J001	67
2013030109	J003	87
2013030109	J005	77
2013030110	A002	86
2013030110	A005	82
2013030110	J001	90
2013030110	J003	89
2013030110	J005	91

图 6.3 cj 表中的记录

6.1 简单 SELECT 语句

简单查询是指按照一定的条件在单表上查询数据，包括汇总查询以及查询结果的排序与保存。

6.1.1 SELECT 语句的语法格式

SELECT 语句的基本语法格式如下：

```
SELECT <字段列表>
    [INTO 新表名]
    FROM <表名/视图名列表>
    [WHERE 条件表达式]
    [GROUP BY 列名列表]
    [HAVING 条件表达式]
    [ORDER BY 列名1[ASC|DESC]，列名2[ASC|DESC]，…,列名n[ASC|DESC]]
```

其中各参数的说明如下：

(1) 字段列表用于指出要查询的字段，也就是查询结果中包含的字段的名称。

(2) INTO 子句用于创建一个新表，并将查询结果保存到这个新表中。

(3) FROM 子句用于指出所要进行查询的数据来源，即来源于哪些表或视图。

(4) WHERE 子句用于指出查询数据时要满足的检索条件。

(5) GROUP BY 子句用于对查询结果分组。

(6) ORDER BY 子句用于对查询结果排序。

SELECT 语句的功能为：从 FROM 列出的数据源表中，找出满足 WHERE 检索条件的记录，按 SELECT 子句的字段列表输出查询结果表，在查询结果表中可以进行分组与排序。

说明：在 SELECT 语句中，SELECT 子句与 FROM 子句不可缺少，其余是可选的。

6.1.2 基本的 SELECT 语句

SELECT 语句的基本形式如下：

```
SELECT <字段列表>
    FROM <表名列表>
    [WHERE 查询条件]
```

可以简单地说明为，按照指定的条件由指定的表中查询出指定的字段。

1．查询表中若干列

在很多情况下，用户只对表中的一部分属性感兴趣，这时可以通过 SELECT 子句中的 <字段列表>来指定要查询的属性。

【例 6.1】 在 xs 表中查询学生的学号及姓名。

```
USE xsgl
GO
SELECT 学号,姓名
    FROM xs
GO
```

查询结果如图 6.4 所示。

2．查询表中全部列

将表中所有属性都选出来，有两种方法。一种方法是在 SELECT 命令后面列出所有列名；另一种方法是如果查询列的显示顺序与其在基表中的顺序相同，也可以将<字段列表>简写为"*"。

【例 6.2】 查询 kc 表的所有信息。

```
USE xsgl
GO
SELECT *
    FROM kc
GO
```

查询结果如图 6.5 所示。

3．设置字段别名

T-SQL 提供了在 SELECT 语句中操作别名的方法。用户可以根据实际需要对查询数据的列标题进行修改，或者为没有标题的列加上临时标题。其语法格式为

列表达式 [as] 别名

或

别名=列表达式

图 6.4　查询指定列的结果　　　　图 6.5　查询 kc 表中的全部列

【例 6.3】　查询 xsgl 数据库中的 kc 表，列出表中的所有记录，记录名称依次为课程编号、课程名称、课程学分及课程时数。

```
USE xsgl
GO
SELECT 课程号 AS 课程编号,课程名 AS 课程名称,学分 AS 课程学分,学时数 AS 课程时数
    FROM kc
```

或

```
SELECT 课程编号=课程号,课程名称=课程名,课程学分=学分,课程时数=学时数
    FROM kc
```

查询结果如图 6.6 所示。

图 6.6　显示字段别名

4．查询经过计算的值

SELECT 子句的<字段列表>不仅可以是表中的属性列，也可以是表达式，包括字符串常量、函数等。其语法格式为

计算字段名=表达式

【例 6.4】　查询所有学生的学号、姓名及年龄。

　　本例的查询操作中的年龄要使用 xs 表中的"出生时间"字段值来计算得到，这里需要用到两个函数，一个是取得当前系统日期的函数 GETDATE()，另一个是计算两个日期型量之差的函数 DATEDIFF。这里是计算当前日期与学生出生时间之间年份的差值，通过这种方式得到学生的年龄。

```
USE xsgl
GO
SELECT 学号,姓名,年龄=DATEDIFF(YY,出生时间,GETDATE())
    FROM xs
GO
```

查询结果如图 6.7 所示。

5. 返回全部记录

要返回所有记录可在 SELECT 后使用 ALL，ALL 是默认设置，因此也可以省略。

【例 6.5】 查询 xs 表中所有学生的专业。

```
USE xsgl
GO
SELECT 专业
    FROM xs
GO
```

查询部分结果如图 6.8 所示。

	学号	姓名	年龄
1	2013010101	秦建兴	19
2	2013010102	张吉哲	19
3	2013010103	刘鑫	20
4	2013010104	王光伟	19
5	2013010106	耿娇	19
6	2013010106	朱凡	19
7	2013010107	尹相桔	20
8	2013010108	王东东	19
9	2013010109	李楠楠	19
10	2013010110	刘小丽	18
11	2013030101	牛学文	20
12	2013030102	张小明	19
13	2013030103	王小男	19
14	2013030104	沈柯辛	19
15	2013030105	贾志强	20
16	2013030106	徐小红	20
17	2013030107	耿明	20
18	2013030108	郭波	20
19	2013030109	李小龙	19
20	2013030110	刘德华	22

	专业
5	电子商务
6	电子商务
7	电子商务
8	电子商务
9	电子商务
10	电子商务
11	网络工程
12	网络工程

图 6.7　显示经过计算的年龄字段　　　图 6.8　显示所有学生的专业

6. 过滤重复记录

　　在例 6.5 的执行结果集中显示了重复行。如果让重复行只显示一次，需在 SELECT 子句中用过滤重复记录关键字(DISTINCT)指定在结果集中只能显示唯一一行。

　　【例 6.6】 查询 xs 表中的学生所在专业有哪些(重复专业只显示一次)。

```
USE xsgl
GO
SELECT DISTINCT 专业
    FROM xs
GO
```

	专业
1	电子商务
2	网络工程

图 6.9 去掉重复值后的
显示结果

查询结果如图 6.9 所示。

注意：在使用 DISTINCT 关键字后，如果表中有多个为 NULL 的数据，服务器会把这些数据视为相同。

7. 仅返回前面若干条记录

其语法格式如下：

```
SELECT [TOP n | TOP n PERCENT] 列名 1 [,…n]
    FROM 表名
```

其中部分子句的含义如下：

- TOP n 表示返回最前面的 n 行，n 表示返回的行数。
- TOP n PERCENT 表示返回最前面的 n%行。

【例 6.7】 查询 xs 表中的前 5 条记录。

```
USE xsgl
GO
SELECT TOP 5 *
    FROM xs
GO
```

【例 6.8】 查询 xs 表中前面 10%的行记录。

```
USE xsgl
GO
SELECT TOP 10 PERCENT *
    FROM xs
GO
```

经过运行，例 6.7 将返回 5 条记录，而例 6.8 会返回 xs 表中前 10%的记录，即前 2 条记录。

注意：TOP 子句不能和 DISTINCT 关键字同时使用。

6.1.3 INTO 子句

使用 INTO 子句允许用户定义一个新表，并且把 SELECT 子句的数据插入新表中，其语法格式如下。

```
SELECT <字段列表>
    INTO 新表名
    FROM <表名列表>
    WHERE 查询条件
```

使用 INTO 子句插入数据时，应注意以下几点：

(1) 新表不能存在，否则会产生错误信息。

(2) 新表中的列和行是基于查询结果集的。

(3) 使用该子句必须在目的数据库中具有 CREATE TABLE 权限。

(4) 如果新表名的开头为“#”，则生成的是临时表。

注意： 使用 INTO 子句，通过在 WHERE 子句中设置 FALSE 条件，可以创建一个和源表结构相同的空表。

【例 6.9】 创建一个和 xs 表结构相同的 xs_new 表。

```
USE xsgl
GO
SELECT * INTO xs_new
    FROM xs
    WHERE 6>8
```

设置“WHERE 6>8”这样一个明显为逻辑否的条件的目的是为了只保留 xs 表的结构，而不返回任何记录。

【例 6.10】 查询所有女生的信息并将结果保存在名为“女生表”的数据表中。

```
USE xsgl
GO
SELECT * INTO 女生表
FROM xs
WHERE 性别='女'
```

【例 6.11】 查询所有男生的信息并将结果存入临时表中。

```
USE xsgl
SELECT *
    INTO #TEMPDB
    FROM xs
    WHERE 性别='男'
```

要查看临时表的内容可用下面的语句：

```
SELECT * FROM #TEMPDB
```

查询结果如图 6.10 所示。

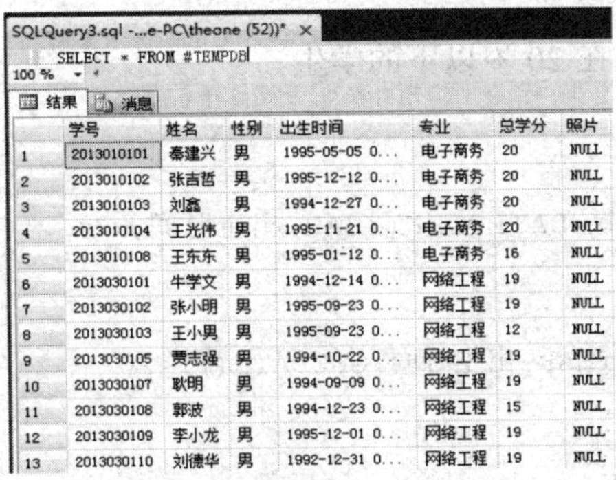
SQLQuery3.sql -...e-PC\theone (52))*

```
SELECT * FROM #TEMPDB
```

100 %

结果　消息

	学号	姓名	性别	出生时间	专业	总学分	照片
1	2013010101	秦建兴	男	1995-05-05 0...	电子商务	20	NULL
2	2013010102	张吉哲	男	1995-12-12 0...	电子商务	20	NULL
3	2013010103	刘鑫	男	1994-12-27 0...	电子商务	20	NULL
4	2013010104	王光伟	男	1995-11-21 0...	电子商务	20	NULL
5	2013010108	王东东	男	1995-01-12 0...	电子商务	16	NULL
6	2013030101	牛学文	男	1994-12-14 0...	网络工程	19	NULL
7	2013030102	张小明	男	1995-09-23 0...	网络工程	19	NULL
8	2013030103	王小男	男	1995-09-23 0...	网络工程	12	NULL
9	2013030105	贾志强	男	1994-10-22 0...	网络工程	19	NULL
10	2013030107	耿明	男	1994-09-09 0...	网络工程	19	NULL
11	2013030108	郭波	男	1994-12-23 0...	网络工程	15	NULL
12	2013030109	李小龙	男	1995-12-01 0...	网络工程	19	NULL
13	2013030110	刘德华	男	1992-12-31 0...	网络工程	19	NULL

图 6.10　查询临时表的结果

6.1.4 WHERE 子句

WHERE 子句获取 FROM 子句返回的值(在虚拟表中)，并且应用 WHERE 子句中定义的搜索条件。WHERE 子句相当于从 FROM 子句返回结果的筛选器，每一行都要根据搜索条件进行判断，判断条件为真的那些行，作为查询结果的一部分返回；判断条件为未知或假的那些行，将不出现在结果中。条件查询就是关系运算的选择运算，就是对数据源进行水平分割。

其语法格式如下：

```
SELECT 列名 1[,…列名 n]
    FROM 表名
    WHERE 条件表达式
```

使用 WHERE 子句可以限制查询的记录范围。在使用时，WHERE 子句必须紧跟在 FROM 子句后面。WHERE 子句中的条件是一个逻辑表达式，其中可以包含的运算符和连接谓词如表 6.1 所示。

表 6.1 查询条件中常用的运算符和连接谓词

运算符和连接谓词	用 途
=, <>, >, >=, <, <=, !=	比较大小
AND、OR、NOT	设置多重条件
BETWEEN …AND…	确定范围
IN、NOT IN、ANY | SOME、ALL	确定集合
LIKE	字符匹配，用于模糊查询
IS [NOT]NULL	测试空值

1. 比较表达式作为查询条件

比较表达式是逻辑表达式的一种，使用比较表达式作为查询条件的一般表达形式是：

表达式 1 比较运算符 表达式 2

其中，表达式为常量、变量和列表达式的任意有效组合。比较运算符包括=(等于)、<(小于)、>(大于)、<>(不等于)、!>(不大于)、!<(不小于)、>=(大于等于)、<=(小于等于)、!=(不等于)。

【例 6.12】 查询年龄在 20 岁以下的学生。

```
USE xsgl
GO
SELECT 姓名,性别,年龄=DATEDIFF(YEAR,出生时间,
GETDATE())
    FROM xs
    WHERE DATEDIFF(YEAR,出生时间,GETDATE())<20
GO
```

查询结果如图 6.11 所示。

	姓名	性别	年龄
1	秦建兴	男	19
2	张吉哲	男	19
3	王光伟	男	19
4	耿娇	女	19
5	朱凡	女	19
6	王东东	男	19
7	李楠楠	女	19
8	刘小丽	女	18
9	张小明	男	19
10	王小男	男	19
11	沈柯辛	女	19
12	李小龙	男	19

图 6.11 带有比较表达式的查询结果

2. 逻辑表达式作为查询条件

使用逻辑表达式作为查询条件的一般表达形式如下。

表达式 1 AND|OR 表达式 2,或 NOT 表达式

【例 6.13】 查询年龄为 20 岁且性别为"女"的学生。

```
USE xsgl
GO
SELECT 姓名,性别,年龄=DATEDIFF(YEAR,出生时间, GETDATE())
    FROM xs
    WHERE DATEDIFF(YEAR,出生时
间,GETDATE())=20
    AND 性别='女'
```

查询结果如图 6.12 所示。

	姓名	性别	年龄
1	尹相桔	女	20
2	徐小红	女	20

图 6.12 带有逻辑表达式的查询结果

3. (NOT)BETWEEN…AND…关键字

其语法格式如下。

表达式 [NOT] BETWEEN 表达式 1 AND 表达式 2

谓词可以用来查找属性值在(或不在)指定范围内的元组,其中 BETWEEN 后跟范围的下限(即低值),AND 后跟范围的上限(即高值)。使用 BETWEEN 限制查询数据范围时包括边界值,而使用 NOT BETWEEN 进行查询时不包括边界值。

【例 6.14】 查询年龄在 19~20 岁之间的女学生的姓名、性别和年龄。

```
USE xsgl
GO
SELECT 姓名,性别,年龄=DATEDIFF(YEAR,出生时间,GETDATE())
    FROM xs
    WHERE DATEDIFF(YEAR,出生时间,GETDATE())BETWEEN 19 AND 20 AND 性别='女'
```

查询结果如图 6.13 所示。

	姓名	性别	年龄
1	耿娇	女	19
2	朱凡	女	19
3	尹相桔	女	20
4	李楠楠	女	19
5	沈柯辛	女	19
6	徐小红	女	20

图 6.13　使用 BETWEEN...AND...关键字的查询结果

4. IN 关键字

同 BETWEEN 关键字一样，IN 的引入也是为了更方便地限制检索数据的范围，灵活使用 IN 关键字，可以用简洁的语句实现结构复杂的查询。语法格式如下。

表达式 [NOT] IN (表达式 1,表达式 2[,…表达式 n])

如果表达式的值是谓词 IN 后面的括号中列出的表达式 1、表达式 2、……、表达式 n 中的一个值，则条件为真。

【例 6.15】查询总学分为 20 或 16 的学生的学号、姓名和专业。

```
USE xsgl
GO
SELECT 学号,姓名,专业
FROM xs
WHERE 总学分 IN (20,16)
```

查询结果如图 6.14 所示。

	学号	姓名	专业
1	2013010101	秦建兴	电子商务
2	2013010102	张吉哲	电子商务
3	2013010103	刘鑫	电子商务
4	2013010104	王光伟	电子商务
5	2013010106	朱凡	电子商务
6	2013010107	尹相桔	电子商务
7	2013010108	王东东	电子商务
8	2013010109	李楠楠	电子商务
9	2013010110	刘小丽	电子商务

图 6.14　使用 IN 关键字的查询结果

5. LIKE 关键字

在实际的应用中，用户不是总能够给出精确的查询条件。因此，经常需要根据一些并不确切的线索来搜索信息，这就是所谓的模糊查询。T-SQL 提供了 LIKE 子句来进行模糊查询。

语法格式：

表达式 [NOT] LIKE <匹配串>

LIKE 子句的含义是查找指定的属性列值中与"匹配串"相匹配的元组。"匹配串"可以是一个完整的字符串，也可以含有通配符。SQL Server 提供了以下 4 种通配符供用户灵活实现复杂的查询条件。

(1) %(百分号)：表示从 0~n 个任意字符。

(2) _(下划线)：表示单个任意字符。

(3) [](封闭方括号)：表示方括号里列出的任意一个字符。

(4) [^]：任意一个没有在方括号里列出的字符。

需要注意的是，以上通配符都只有在 LIKE 子句中才有意义，否则通配符会被当作普通字符处理。

【例 6.16】 查询"张"姓学生的学号及姓名。

```
USE xsgl
GO
SELECT 学号,姓名
    FROM xs
    WHERE 姓名 LIKE '张%'
GO
```

查询结果如图 6.15 所示。

	学号	姓名
1	2013010102	张吉哲
2	2013030102	张小明

图 6.15　使用 LIKE 关键字的查询结果

注意：通配符和字符串必须括在单引号中。要查找通配符本身时，需将它们用方括号括起来。例如：LIKE '[[]'表示要匹配"["。

6. 涉及空值的查询

对于空值(NULL)要用 IS 进行连接，不能用"="代替。

【例 6.17】 查询选修了课程却没有成绩的学生的学号。

```
USE xsgl
GO
SELECT *
    FROM cj
    WHERE 成绩 IS NULL
GO
```

查询结果如图 6.16 所示。由查询结果可以看到，由于没有成绩为空值的学生，所以查询结果为空集。

学号	课程号	成绩

图 6.16　涉及空值的查询结果

6.1.5　ORDER BY 子句

查询结果集中记录的顺序是按它们在表中的顺序进行排列的，可以使用 ORDER BY 子句对查询结果重新进行排序，可以规定升序(从低到高或从小到大)或降序(从高到低或从大到小)。其语法格式如下。

```
ORDER BY 表达式1 [ASC | DESC][,…n]]
```

其中，表达式给出排序依据，即按照表达式的值升序(ASC)或降序(DESC)排列查询结果。默认情况下，ORDER BY 按升序进行排列，即默认使用的是 ASC 关键字。如果用户特别要求按降序进行排列，则必须使用 DESC 关键字。可以在 ORDER BY 子句中指定多个列，检索结果首先按第 1 列进行排序，第 1 列值相同的那些数据行，再按照第 2 列排序。ORDER BY 要写在 WHERE 子句的后面。

不能按 ntext、text 或 image 类型的列排序，因此 ntext、text 或 image 类型的列不允许出现在 ORDER BY 子句中。

【例 6.18】 按年龄从小到大的顺序显示女学生的姓名、性别及出生时间。

```
USE xsgl
GO
SELECT 姓名,性别,出生时间
    FROM xs
    WHERE 性别='女'
    ORDER BY 出生时间 DESC
GO
```

查询结果如图 6.17 所示。

	姓名	性别	出生时间
1	刘小丽	女	1996-02-23 00:00:00.000
2	朱凡	女	1995-07-01 00:00:00.000
3	耿娇	女	1995-06-13 00:00:00.000
4	沈柯辛	女	1995-02-01 00:00:00.000
5	李楠楠	女	1995-01-12 00:00:00.000
6	徐小红	女	1994-11-11 00:00:00.000
7	尹相桔	女	1994-09-21 00:00:00.000

图 6.17 使用 ORDER BY 子句的查询结果

注意：若按升序排，含空值的行将最后显示；若按降序排，含空值的行将最先显示。

6.2 SELECT 语句的统计功能

SELECT 语句中的统计功能可以对查询结果集进行求和、求平均值、求最大/最小值等操作。统计的方法是通过集合函数和 GROUP BY 子句进行组合来实现。

6.2.1 集合函数

汇总查询是把存储在数据库中的数据作为一个整体，对查询结果中的数据集合进行汇总或求平均值等各种运算。SQL Server 提供了一系列统计函数，用于实现汇总查询。常用的统计函数如表 6.2 所示。

表6.2 SQL Server 的统计函数

函 数 名	功　　　能
SUM()	对数值型列或计算列求总和
AVG()	对数值型列或计算列求平均值
MIN()	返回一个数值列或数值表达式的最小值
MAX()	返回一个数值列或数值表达式的最大值
COUNT()	返回满足 SELECT 语句中指定条件的记录的个数
COUNT(*)	返回找到的行数

【例6.19】 查询学生总人数。

```
USE xsgl
GO
SELECT 学生总人数=COUNT(*)
    FROM xs
GO
```

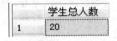

	学生总人数
1	20

图 6.18　求学生总人数的
查询结果

查询结果如图 6.18 所示。

如果指定 DISTINCT 短语，则表示在计算时要取消指定列中的重复值。如果不指定
DISTINCT 短语或指定 ALL 短语(ALL 为默认值)，则表示不取消重复值。

【例6.20】 查询选修 A001 课程的学生人数。

```
USE xsgl
GO
SELECT 选课人数=COUNT(DISTINCT 学号)
    FROM cj
    WHERE 课程号='A001'
GO
```

	选课人数
1	10

图 6.19　求选课人数的查询结果

查询结果如图 6.19 所示。

【例6.21】 查询选修 A001 课程的学生的最高分数。

```
USE xsgl
GO
SELECT A001课程最高分=MAX(成绩)
    FROM cj
    WHERE 课程号='A001'
GO
```

	A001课程最高分
1	92

图 6.20　求最高分的查询结果

查询结果如图 6.20 所示。

6.2.2　GROUP BY 子句

前面进行的统计都是针对整个查询结果集的，通常也会要求按照一定的条件对数据进
行分组统计，例如对每科考试成绩统计其平均分等。GROUP BY 子句就能实现这种统计，
它按照指定的列，对查询结果进行分组统计，该子句写在 WHERE 子句的后面。注意：
SELECT 子句中的选择列表中出现的列，或者包含在集合函数中，或者包含在 GROUP BY

子句中；否则，SQL Server 将返回错误信息。其语法格式如下。

```
GROUP BY 列名
[HAVING 条件表达式]
```

HAVING 条件表达式选项是对生成的组进行筛选。

【例 6.22】 在 xs 表中分专业统计出男生和女生的平均年龄及人数，结果按性别排序。

```
USE xsgl
GO
SELECT 专业,性别,
  AVG(DATEDIFF(YEAR,出生时间,GETDATE())) AS  平均年龄,
  COUNT(*) AS 人数
    FROM xs
    GROUP BY 专业,性别
    ORDER BY 性别
GO
```

查询结果如图 6.21 所示。

	专业	性别	平均年龄	人数
1	电子商务	男	19	5
2	网络工程	男	19	8
3	电子商务	女	19	5
4	网络工程	女	19	2

图 6.21 使用 GROUP BY 子句的查询结果

若要输出满足一定条件的分组，则需要使用 HAVING 关键字。即当完成数据结果的查询和统计后，可以使用 HAVING 关键字对查询和统计的结果进行进一步的筛选。

【例 6.23】 查询 cj 表中平均成绩大于等于 80 分的学生的学号、平均分，并按分数由高到低排序。

```
USE xsgl
GO
SELECT 学号, AVG(成绩) AS  平均成绩
    FROM cj
    GROUP BY 学号
    HAVING AVG(成绩)>=80
    ORDER BY AVG(成绩) DESC
GO
```

查询结果如图 6.22 所示。

	学号	平均成绩
1	2013030105	93
2	2013030102	92
3	2013030110	87
4	2013010104	86
5	2013010101	84
6	2013030106	82
7	2013010110	81

图 6.22 使用 HAVING 关键字的查询结果

【例 6.24】查询选修课程超过 2 门并且成绩都在 90 分以上的学生的学号、姓名、性别和专业。

```
USE xsgl
GO
SELECT 学号,姓名,性别,专业
  FROM xs
  WHERE 学号 in
    (SELECT 学号 FROM cj
      WHERE 成绩>=90
      GROUP BY 学号
      HAVING COUNT(*)>2)
GO
```

在此例题中，既使用到子查询(关于子查询的内容，将在后面进行介绍)，同时还使用了聚合函数以及分组统计功能。查询结果如图 6.23 所示。

	学号	姓名	性别	专业
1	2013030102	张小明	男	网络工程
2	2013030105	贾志强	男	网络工程

图 6.23 例 6.24 查询结果

注意：WHERE 子句是对表中的记录进行筛选，而 HAVING 子句是对组内的记录进行筛选。在 HAVING 子句中可以使用集合函数，并且其统计运算的集合是组内的所有列值，而 WHERE 子句中不能使用集合函数。

6.3 SELECT 语句中的多表连接

连接查询是关系数据库中最主要的查询方式。前面所介绍的查询都是针对一张表进行的，但在实际工作中，所查询的内容往往涉及多张表。连接查询的目的是通过加载连接字段条件将多个表连接起来，以便从多个表中检索用户所需要的数据。在 SQL Server 中，连接查询类型分为交叉连接、内连接、外连接和自连接。连接查询就是关系运算的连接运算，它是从多个数据源间(FROM)查询满足一定条件的记录。

为了说明多表连接，在下面例题中建立了学生会名单(xsh)和人员分工(ryfg)两个表，并向表中添加数据。

【例 6.25】 建立学生会名单(xsh)和人员分工(ryfg)两个表。

```
USE xsgl
GO
--创建表
CREATE TABLE xsh
(
编号 CHAR(2)NOT NULL CONSTRAINT XSHMD_BH PRIMARY KEY,
姓名 CHAR(8)
)
CREATE TABLE ryfg
(
```

```
编号 CHAR(2)NOT NULL CONSTRAINT RYFG_BH PRIMARY KEY,
职务 CHAR(20)
)
GO
--插入数据
INSERT xsh VALUES(1, '张吉哲')
INSERT xsh VALUES(2, '朱凡')
INSERT xsh VALUES(3, '王东东')
INSERT xsh VALUES(4, '徐小红')

INSERT ryfg VALUES(1, '学习部')
INSERT ryfg VALUES(2, '女生部')
INSERT ryfg VALUES(5, '体育部')
INSERT ryfg VALUES(6, '纪检部')
```

6.3.1　交叉连接

交叉连接也称非限制连接，用于将两个表不加任何约束地组合起来。也就是将第一个表的所有行分别与第二个表的每一行进行连接，形成一条新的记录，连接后该结果集的行数等于两个表的行数积，列数等于两个表列数的和。在数学上，就是两个表的笛卡儿积，在实际应用中一般是没有意义的，但在数据库的数学模型上有重要的作用。其语法结构如下。

```
SELECT  列名列表 FROM  表名1 CROSS JOIN  表名2
```

或

```
SELECT  列名列表 FROM  表名1,  表名2
```

【例 6.26】 对 xsh 和 ryfg 表进行交叉连接。

```
USE xsgl
GO
SELECT xsh.编号 AS 编号1,xsh.姓名,ryfg.编号 AS 编号2,ryfg.职务
FROM xsh CROSS JOIN ryfg
GO
```

查询结果如图 6.24 所示。

	编号1	姓名	编号2	职务
1	1	张吉哲	1	学习部
2	2	朱凡	1	学习部
3	3	王东东	1	学习部
4	4	徐小红	1	学习部
5	1	张吉哲	2	女生部
6	2	朱凡	2	女生部
7	3	王东东	2	女生部
8	4	徐小红	2	女生部
9	1	张吉哲	5	体育部
10	2	朱凡	5	体育部
11	3	王东东	5	体育部
12	4	徐小红	5	体育部
13	1	张吉哲	6	纪检部
14	2	朱凡	6	纪检部
15	3	王东东	6	纪检部
16	4	徐小红	6	纪检部

图 6.24　交叉连接的查询结果

6.3.2 内连接

内连接也称自然连接，它是组合两个表的常用方法。内连接只包含满足连接条件的数据行，是将交叉连接的结果集，按照连接条件进行过滤的结果。内连接是查询操作中最为常用的连接方式。其连接条件通常采用"主键=外键"的形式。

内连接有以下两种语法格式。

```
SELECT 列名列表 FROM 表名1 [INNER] JOIN 表名2  ON 表名1.列名=表名2.列名
```

或

```
SELECT 列名列表 FROM 表名1, 表名2 WHERE 表名1.列名=表名2.列名
```

【例 6.27】 由 xsh 和 ryfg 表得到学生会成员中有职务的学生的职务情况。

```
USE xsgl
GO
SELECT A.编号 AS 编号1,A.姓名,B.编号 AS 编号2,B.职务
    FROM xsh A INNER JOIN ryfg B ON A.编号=B.编号
GO
```

或

```
SELECT A.编号 AS 编号1,A.姓名,B.编号 AS 编号2,B.职务
    FROM xsh A , ryfg B
    WHERE A.编号=B.编号
```

查询结果如图 6.25 所示。

	编号1	姓名	编号2	职务
1	1	张吉哲	1	学习部
2	2	朱凡	2	女生部

图 6.25　内连接查询结果

【例 6.28】 查询学生会有职务学生的基本情况及其担任的职务。

```
USE xsgl
GO
SELECT 学号,xs.姓名,性别,出生时间,专业,职务
    FROM xs JOIN xsh ON xs.姓名=xsh.姓名
            JOIN ryfg ON xsh.编号=ryfg.编号
GO
```

此例题还可以用下列方式完成。

```
USE xsgl
GO
SELECT 学号,xs.姓名,性别,出生时间,专业,职务
    FROM xs,xsh,ryfg
    WHERE xs.姓名=xsh.姓名
    AND xsh.编号=ryfg.编号
GO
```

查询结果如图 6.26 所示。

	学号	姓名	性别	出生时间	专业	职务
1	2013010102	张吉哲	男	1995-12-12 00:00:00.000	电子商务	学习部
2	2013010106	朱凡	女	1995-07-01 00:00:00.000	电子商务	女生部

图 6.26　内连接查询结果

6.3.3　外连接

在自然连接中，只有在两个表中都匹配的数据行，才能在结果集中出现。而在外连接中可以只限制一个表，而对另一个表不加限制(即另一个表中的所有行都出现在结果集中)。

外连接分为左外连接、右外连接和全外连接。左外连接是对连接条件中左边的表不加限制；右外连接是对右边的表不加限制；全外连接则对两个表都不加限制，两个表中的所有行都会包含在结果集中。

1. 左外连接

将左表中的所有记录分别与右表中的每条记录进行组合，结果集中除返回内部连接的记录以外，还在查询结果中返回左表中不符合条件的记录，并在右表的相应列中填上NULL，由于 BIT 类型不允许为 NULL，就以 0 值填充。左外连接的语法格式如下。

```
SELECT 列名列表 FROM 表名1 AS A LEFT [OUTER] JOIN 表名2 AS B ON A.列名=B.列名
```

例 6.27 给出了是学生会成员并且有职务的学生及其职务，如果要求对学生会的学生不论其是否有职务，即不管学生职务是否为空都列出来则必须使用外连接，更确切地讲是左外连接。

【例 6.29】　列出 xsh 表中所有学生的姓名并对已有职务的学生给出其职务。

```
USE xsgl
GO
SELECT A.编号 AS 编号1,A.姓名,B.编号 AS 编号2,B.职务
    FROM xsh A LEFT JOIN ryfg B ON A.编号=B.编号
GO
```

查询结果如图 6.27 所示。

	编号1	姓名	编号2	职务
1	1	张吉哲	1	学习部
2	2	朱凡	2	女生部
3	3	王东东	NULL	NULL
4	4	徐小红	NULL	NULL

图 6.27　外连接查询结果

2. 右外连接

和左外连接类似，右外连接是将左表中的所有记录分别与右表中的每条记录进行组合，结果集中除返回内部连接的记录以外，还在查询结果中返回右表中不符合条件的记录，并在左表的相应列中填上 NULL，同样地，由于 BIT 类型不允许为 NULL，就以 0 值填充。其语法格式如下。

```
SELECT    列名列表
    FROM  表名 1 AS A RIGHT [OUTER] JOIN  表名 2 AS B ON A.列名=B.列名
```

【例 6.30】 列出所有学生会学生的情况，有职务的同学列出其所担任的职务。

```
USE xsgl
GO
SELECT 学号,xs.姓名,性别,出生时间,专业,职务
    FROM ryfg RIGHT JOIN xsh ON xsh.编号=ryfg.编号
    JOIN xs ON xs.姓名=xsh.姓名
GO
```

查询结果如图 6.28 所示。

	学号	姓名	性别	出生时间	专业	职务
1	2013010102	张吉哲	男	1995-12-12 00:00:00.000	电子商务	学习部
2	2013010106	朱凡	女	1995-07-01 00:00:00.000	电子商务	女生部
3	2013010108	王东东	男	1995-01-12 00:00:00.000	电子商务	NULL
4	2013030106	徐小红	女	1994-11-11 00:00:00.000	网络工程	NULL

图 6.28   右外连接查询结果

3．全外连接

全外连接结果集中除返回左表和右表内部连接的记录以外，还在查询结果中返回两个表中不符合条件的记录，并在左表或右表的相应列中填上 NULL，BIT 类型以 0 值填充。其语法格式如下。

```
SELECT    列名列表
    FROM  表名 1 AS A FULL [OUTER] JOIN  表名 2 AS B ON A.列名=B.列名
```

【例 6.31】 列出所有学生的姓名和职务，姓名与职务对应的则对应给出，无对应的则将相应的列值填充为空值。

```
USE xsgl
GO
SELECT A.编号 AS 编号 1,A.姓名,B.编号 AS 编号 2,B.职务
    FROM xsh A FULL JOIN ryfg B ON A.编号=B.编号
GO
```

查询结果如图 6.29 所示。

	编号1	姓名	编号2	职务
1	1	张吉哲	1	学习部
2	2	朱凡	2	女生部
3	3	王东东	NULL	NULL
4	4	徐小红	NULL	NULL
5	NULL	NULL	5	体育部
6	NULL	NULL	6	纪检部

图 6.29   全外连接的查询结果

6.3.4 自连接

不仅可以在不同的表之间进行连接操作，也可以在同一张表内进行自身连接，即将同一个表的不同行连接起来。自连接可以看作一张表的两个副本之间的连接。因表名在 FROM 子句中出现两次，所以必须为表指定不同的别名，在 SELECT 子句中引用的列名也要使用表的别名进行限定，使之在逻辑上成为两张表。

【例 6.32】 在 xs 表中查询和"刘鑫"在同一专业的所有男同学的信息。

```
USE xsgl
GO
SELECT B.*
    FROM xs A,xs B
    WHERE A.姓名='刘鑫' AND B.专业=A.专业 AND B.性别='男' AND B.姓名<>'刘鑫'
GO
```

查询结果如图 6.30 所示。

	学号	姓名	性别	出生时间	专业	总学分	照片
1	2013010101	秦建兴	男	1995-05-05 00...	电子商务	20	NULL
2	2013010102	张吉哲	男	1995-12-12 00...	电子商务	20	NULL
3	2013010104	王光伟	男	1995-11-21 00...	电子商务	20	NULL
4	2013010108	王东东	男	1995-01-12 00...	电子商务	16	NULL

图 6.30 自连接的查询结果

6.3.5 合并查询

合并查询也称联合查询，是指将两个或两个以上的查询结果合并，形成一个具有综合信息的查询结果。使用 UNION 语句可以把两个或两个以上的查询结果集合并为一个结果集。

其语法格式如下：

```
查询语句1
UNION [ALL]
查询语句2
```

> 注意：(1) 联合查询是将两个表(结果集)顺序连接。
>
> (2) UNION 中的每个查询所包含的列必须具有相同的数目、相同位置的列的数据类型也要相同。若长度不同，以最长的字段作为输出字段的长度。
>
> (3) 最后结果集中的列名来自第一个 SELECT 语句。
>
> (4) 最后一个 SELECT 查询可以带 ORDER BY 子句，对整个 UNION 操作结果集起作用。且只能用第一个 SELECT 查询中的字段作排序列。
>
> (5) 系统自动删除结果集中重复的记录，除非使用 ALL 关键字。

【例 6.33】 由 xs 表创建男生表；合并女生表和男生表，显示学号、姓名和性别。

```
USE xsgl
GO
```

```
SELECT *
    INTO 男生表 FROM xs WHERE 性别= '男'
GO
SELECT 学号,姓名,性别 FROM 女生表
UNION
SELECT 学号,姓名,性别 FROM 男生表
GO
```

6.4 子 查 询

在 SQL 语言中，一个 SELECT…FROM…WHERE 语句称为一个查询块。嵌套在另一个查询块的 WHERE 子句或 HAVING 子句的条件中的查询称为子查询。子查询总是写在圆括号中，可以用在使用表达式的任何地方。上层的查询块称为外层查询或父查询，下层的查询块称为内查询或子查询。SQL 语言允许多层嵌套查询，即子查询中还可以嵌套其他子查询。

注意：子查询的 SELECT 语句中不能使用 ORDER BY 子句，ORDER BY 子句只能对最终查询结果排序。

6.4.1 嵌套子查询

嵌套子查询的执行不依赖于外部嵌套。其一般的求解方法是由里向外处理。即每个子查询在上一级查询处理之前求解，子查询的结果用于建立其父查询的查找条件。

1. 比较测试中的子查询

比较测试中的子查询是指父查询与子查询之间用比较运算符进行连接。但是用户必须要确切地知道子查询返回的是一个单值，否则数据库服务器将报错。返回的单个值被外部查询的比较操作(如=、!=、<、<=、>、>=)使用，该值可以是子查询中使用集合函数得到的值。

【例 6.34】 求选修了"数据库 SQL Server"课程的学生的学号及姓名。

```
USE xsgl
GO
SELECT xs.学号,姓名,专业
    FROM xs,cj
    WHERE xs.学号=cj.学号 AND cj.课程号=
    (SELECT 课程号
        FROM kc
        WHERE 课程名='数据库 SQL Server ')
GO
```

查询结果如图 6.31 所示。

	学号	姓名	专业
1	2013030101	牛学文	网络工程
2	2013030102	张小明	网络工程
3	2013030103	王小男	网络工程
4	2013030104	沈柯辛	网络工程
5	2013030105	贾志强	网络工程
6	2013030106	徐小红	网络工程
7	2013030107	耿明	网络工程
8	2013030108	郭波	网络工程
9	2013030109	李小龙	网络工程
10	2013030110	刘德华	网络工程

图 6.31 比较测试中的子查询结果

例 6.32 既可以用自连接的查询方式进行查询，也可以用子查询的方式进行查询，见例 6.35。

【例 6.35】 在 xs 表中查询和“刘鑫”在同一专业的所有男同学的信息。

```
USE xsgl
GO
SELECT *
    FROM xs
    WHERE 性别='男' AND 专业=
        (SELECT 专业
          FROM xs
          WHERE 姓名='刘鑫')
          AND 姓名<>'刘鑫'
GO
```

2. 集合成员测试中的子查询

集合成员测试中的子查询是指将父查询与子查询之间用 IN 或 NOT IN 进行连接，用于判断某个属性值是否在子查询的结果中，通常子查询的结果是一个集合。IN 表示属于，即外部查询中用于判断的表达式的值与子查询返回的值列表中的一个值相等；NOT IN 表示不属于。

【例 6.36】 求选修了学分为 5 分的课程的学生的学号及姓名。

```
USE xsgl
GO
SELECT DISTINCT xs.学号,姓名,专业
    FROM xs,cj
    WHERE xs.学号=cj.学号 AND cj.课程号 IN
    (SELECT 课程号 FROM kc WHERE 学分=5)
GO
```

3. 批量比较测试中的子查询

1) 使用 ANY 关键字的比较测试

用比较运算符将一个表达式的值或列值与子查询返回的一列值中的每个值进行比较，只要有一次比较的结果为 TRUE，则 ANY 测试返回 TRUE。

2) 使用 ALL 关键字的比较测试

用比较运算符将一个表达式的值或列值与子查询返回的一列值中的每个值进行比较，只要有一次比较的结果为 FALSE，则 ALL 测试返回 FALSE。

ANY 和 ALL 都用于一个值与一组值的比较，以 ">" 为例，ANY 表示大于一组值中的任意一个值，ALL 表示大于一组值中的每个值。比如，>ANY(1,2,3)表示大于 1；而>ALL(1,2,3)表示大于 3。

【例 6.37】 查询所有同学中年龄最大的学生的姓名和性别。

```
USE xsgl
GO
SELECT 姓名,性别
    FROM xs
    WHERE 出生时间<=ALL
        (SELECT 出生时间 FROM xs)
GO
```

	姓名	性别
1	刘德华	男

图 6.32 批量比较测试中的
子查询结果

查询结果如图 6.32 所示。

6.4.2 相关子查询

所谓相关子查询，是指在子查询中，子查询的查询条件中引用了外层查询表中的字段值。相关子查询的结果集取决于外部查询当前的数据行，这一点与嵌套子查询不同。嵌套子查询和相关子查询在执行方式上也不同。嵌套子查询的执行顺序是先内后外，即先执行子查询，然后将子查询的结果作为外层查询的查询条件的值。而在相关子查询中，首先选取外层查询表中的第一行记录，内层的子查询则利用此行中相关的字段值进行查询，然后外层查询根据子查询返回的结果判断此行是否满足查询条件。如果满足条件，则把该行放入外层查询结果集中。重复这一过程，直到处理完外层查询表中的每一行数据。通过对相关子查询执行过程的分析可知，相关子查询的执行次数是由外层查询的行数决定的。

相关子查询的执行过程如下。

(1) 外部查询每查询一行，子查询即引用外部查询的当前值完整地执行一遍。

(2) 如果子查询有结果行存在，则外部查询结果集中返回当前查询的记录行。

(3) 再回到第一步(1)，直到处理完外部表的每一行。

【例 6.38】 查询所有没选修 A001 课程的学生的学号及姓名。

```
USE xsgl
GO
SELECT 学号,姓名
    FROM xs
    WHERE NOT EXISTS
        (SELECT *
            FROM cj
            WHERE xs.学号=cj.学号 AND 课程号='A001'
        )
GO
```

查询结果如图 6.33 所示。

	学号	姓名
1	2013030101	牛学文
2	2013030102	张小明
3	2013030103	王小男
4	2013030104	沈柯辛
5	2013030105	贾志强
6	2013030106	徐小红
7	2013030107	耿明
8	2013030108	郭波
9	2013030109	李小龙
10	2013030110	刘德华

图 6.33　相关子查询的查询结果(1)

由 EXISTS 引出的子查询，其目标列表达式通常都用*表示，因为带 EXISTS 的子查询只返回真值或假值，给出列名无实际意义。

一些带 EXISTS 或 NOT EXISTS 谓词的子查询不能被其他形式的子查询等价替换，但所有带 IN 谓词、比较运算符、ANY 和 ALL 谓词的子查询都能用带 EXISTS 谓词的子查询等价替换。

【例 6.39】　查询学生会中所有学生的情况。

```
USE xsgl
GO
SELECT * FROM xs
WHERE EXISTS (SELECT * FROM xsh WHERE xs.姓名=xsh.姓名)
GO
```

查询结果如图 6.34 所示。

	学号	姓名	性别	出生时间	专业	总学分	照片	备注	电话
1	2013010102	张吉哲	男	1995-12-12 00...	电子商务	20	NULL	NULL	NULL
2	2013010106	朱凡	女	1995-07-01 00...	电子商务	20	NULL	NULL	NULL
3	2013010108	王东东	男	1995-01-12 00...	电子商务	16	NULL	NULL	NULL
4	2013030106	徐小红	女	1994-11-11 00...	网络工程	19	NULL	NULL	NULL

图 6.34　相关子查询的查询结果(2)

6.4.3　使用子查询向表中添加多条记录

使用 INSERT...SELECT 语句可以一次向表中添加多条记录。

其语法格式如下：

```
INSERT  表名[(字段列表)]
SELECT  字段列表 FROM  表名 WHERE  条件表达式
```

【例 6.40】　通过子查询语句将男生表的记录一次添加到 xs_new 表中。

```
--查看原表中的内容
SELECT * FROM 男生表
GO
--向其他表中插入数据
```

```
INSERT xs_new
SELECT * FROM 男生表
GO
--插入后查看表中内容
SELECT * FROM xs_new
GO
```

以上介绍了使用 SELECT 语句进行数据查询的命令和操作，通过以上内容读者可以看到，SELECT 语句是一个功能极其强大的查询命令。我们上面的介绍只是介绍了 SELECT 语句的一些基本使用，读者如果有兴趣，可以参阅关于数据查询方面的专业书籍，或者可以直接参阅联机丛书。当然，如果想更好地理解和掌握 SELECT 语句的使用，还需要大量的练习。

本章实训　数据查询

1．实训目的

(1) 掌握基本 SELECT 语句的使用方法。
(2) 掌握 SELECT 语句的统计功能。
(3) 掌握 SELECT 语句的多表连接。
(4) 掌握 SELECT 嵌套查询语句。

2．实训内容

(1) 练习基本 SELECT 语句的使用方法。
(2) 练习使用 SELECT 统计功能进行查询的方法。
(3) 练习使用 SELECT 语句进行多表连接查询的方法。
(4) 练习使用 SELECT 语句进行嵌套查询的方法。

3．实训过程

(1) 建立订单管理系统的基本数据。

```
USE marketing
GO
--向"供应商信息"表中插入数据为查询做准备
delete 供应商信息      /*删除表中已有数据，为添加新数据做准备*/
INSERT 供应商信息 (供应商编码, 名称, 联系人, 地址, 电话)
    VALUES (1, '朝阳文具实业公司','郑敏敏', '哈尔滨市开发区','25152454')
INSERT 供应商信息 (供应商编码, 名称, 联系人, 地址, 电话)
    VALUES (2,'狂想电脑公司', '赵明英', '上海市浦东开发区','85475825')
INSERT 供应商信息 (供应商编码, 名称, 联系人, 地址, 电话)
    VALUES (3,'翱飞信息公司', '章程东', '深圳市龙岗区','3567288')
INSERT 供应商信息 (供应商编码, 名称, 联系人, 地址, 电话)
    VALUES (4,'神力电脑', '王提新', '重庆市长安路','95865241')
INSERT 供应商信息 (供应商编码, 名称, 联系人, 地址, 电话)
    VALUES (5,'飞翔汽车销售集团', '许守国', '天津市南开区','4567282')
```

```
INSERT 供应商信息 (供应商编码, 名称, 联系人, 地址, 电话)
    VALUES (6,'导向打印机销售公司', '王打印', '深圳市福田区','8596325')
--向"货品信息"表中插入数据为查询做准备
DELETE 货品信息    /*删除表中已有数据, 为添加新数据做准备*/
INSERT 货品信息 (编码, 名称, 库存量, 供应商编码, 状态, 售价, 成本价)
    VALUES (01, '电脑',80,01,1,1500,1100)
INSERT 货品信息 (编码, 名称, 库存量, 供应商编码, 状态, 售价, 成本价)
    VALUES (02, '打印机',900,06,1,800,600)
INSERT 货品信息 (编码, 名称, 库存量, 供应商编码, 状态, 售价, 成本价)
    VALUES (03, '移动办公软件',100, 03,1,8000,6000)
INSERT 货品信息 (编码, 名称, 库存量, 供应商编码, 状态, 售价, 成本价)
    VALUES (04, '计算机',368,02,1,3000,2100)
INSERT 货品信息 (编码, 名称, 库存量, 供应商编码, 状态, 售价, 成本价)
    VALUES (05, '威驰轿车', 20,05,1,140000,90000)
INSERT 货品信息 (编码, 名称, 库存量, 供应商编码, 状态, 售价, 成本价)
    VALUES (06, '电脑', 20,4,1,140000, 90000)
--向"部门信息"表中插入数据为查询做准备
DELETE 部门信息    /*删除表中已有数据, 为添加新数据做准备*/
INSERT 部门信息 (编号, 名称, 经理, 人数)
    VALUES (1, '计算机销售部', 1,10)
INSERT 部门信息 (编号, 名称, 经理, 人数)
    VALUES (2, '手机销售部', 2,200)
INSERT 部门信息 (编号, 名称, 经理, 人数)
    VALUES (3, '打印机销售部', 3,30)
--向"销售人员"表中插入数据为查询做准备
DELETE 销售人员    /*删除表中已有数据, 为添加新数据做准备*/
INSERT 销售人员 (工号, 部门号, 姓名, 地址, 电话, 性别)
    VALUES (1, 1, '李求一', '北京市朝阳区','25152454', '男')
INSERT 销售人员 (工号, 部门号, 姓名, 地址, 电话, 性别)
    VALUES (2, 2, '王巧敏', '北京市海淀区','25345656', '女')
INSERT 销售人员 (工号, 部门号, 姓名, 地址, 电话, 性别)
    VALUES (3, 3, '张零七', '深圳市南山区','25152342', '男')
INSERT 销售人员 (工号, 部门号, 姓名, 地址, 电话, 性别)
    VALUES (4, 2, '钱守空', '深圳市罗湖区','25152454', '男')
INSERT 销售人员 (工号, 部门号, 姓名, 地址, 电话, 性别)
    VALUES (5, 3, '周运', '北京市魏公村','25152454', '男')
INSERT 销售人员 (工号, 部门号, 姓名, 地址, 电话, 性别)
    VALUES (6, 1, '鹏迎夏', '北京市天坛','25152454', '女')
--向"客户信息"表中插入数据为查询做准备
DELETE 客户信息    /*删除表中已有数据, 为添加新数据做准备*/
INSERT 客户信息 (编号, 姓名, 地址, 电话)
    VALUES (1, '李红', '重庆电子学院','25152454')
INSERT 客户信息 (编号, 姓名, 地址, 电话)
    VALUES (2, '赵英', '上海大众','85475825')
INSERT 客户信息 (编号, 姓名, 地址, 电话)
    VALUES (3, '王兰', '重庆长安厂','95865241')
INSERT 客户信息 (编号, 姓名, 地址, 电话)
    VALUES (4, '李华', '深圳信息学院软件 4 班','3567288')
INSERT 客户信息 (编号, 姓名, 地址, 电话)
```

```
    VALUES (5, '任燕', '深圳信息学院软件 3 班','4567282')
INSERT 客户信息 (编号, 姓名, 地址, 电话)
    VALUES (6, '李晓娟', '北京机车厂','8596325')
--向"订单信息"表中插入数据为查询做准备
DELETE 订单信息    /*删除表中已有数据, 为添加新数据做准备*/
INSERT 订单信息 (订单号, 销售工号, 货品编码, 客户编号, 数量, 订货日期)
    VALUES (1, 1, 1, 1,20, '2014-05-05')
INSERT 订单信息 (订单号, 销售工号, 货品编码, 客户编号, 数量, 订货日期)
    VALUES (2, 2, 6, 2,10, '2014-02-15')
INSERT 订单信息 (订单号, 销售工号, 货品编码, 客户编号, 数量, 订货日期)
    VALUES (3, 3, 2, 4,10, '2013-11-14')
INSERT 订单信息 (订单号, 销售工号, 货品编码, 客户编号, 数量, 订货日期)
    VALUES (4, 2, 4, 3,5, '2013-12-26')
INSERT 订单信息 (订单号, 销售工号, 货品编码, 客户编号, 数量, 订货日期)
    VALUES (5, 4, 5, 6,2, '2014-01-08')
INSERT 订单信息 (订单号, 销售工号, 货品编码, 客户编号, 数量, 订货日期)
    VALUES (6, 5, 3, 5,2, '2014-02-08')
```

(2) 查询 marketing 数据库的"货品信息"表, 列出表中的所有记录, 每个记录包含货品的编码、货品名称和库存量, 显示的字段名分别为货品编码、货品名称和货品库存量。

```
SELECT 编码 AS 货品编码, 名称 AS 货品名称, 库存量 AS 货品库存量
FROM 货品信息
--或采用如下形式
SELECT 货品编码 = 编码,货品名称 = 名称,货品库存量 = 库存量
    FROM 货品信息
```

(3) 将"客户信息"表中深圳地区的客户信息插入"深圳客户"表中。

```
SELECT * INTO 深圳客户 FROM 客户信息 WHERE 地址 LIKE '深圳%'
```

(4) 由"销售人员"表中找出下列人员的信息: 周运, 张零七, 李求一。

```
SELECT * FROM 销售人员
    WHERE 姓名 IN ('周运','张零七','李求一')
```

(5) 由"客户信息"表中找出所有深圳区域的客户信息。

```
SELECT * FROM 客户信息
    WHERE 地址 LIKE '深圳%'
```

(6) 由"订单信息"表中找出订货量在 10~20 之间的订单信息。

```
SELECT * FROM 订单信息
    WHERE 数量 >= 10 AND 数量 <= 20
```

(7) 求出 2014 年以来, 每种货品的销售数量, 统计的结果按照货品编码进行排序。

```
SELECT 货品编码, 订货数量=SUM(数量) FROM 订单信息
    WHERE 订货日期 >= '2014/01/01'
    GROUP BY 货品编码
    ORDER BY 货品编码
```

(8) 求出 2013 年以来, 每种货品的销售数量, 统计的结果按照货品编码进行排序, 并

显示统计的明细。

```
SELECT * FROM 订单信息 WHERE 订货日期 >= '2013/01/01'
    ORDER BY 货品编码
    COMPUTE  SUM(数量) BY 货品编码
GO
```

(9) 给出"货品信息"表中货品的销售情况，所谓销售情况就是给出每个货品的销售数量、订货日期等相关信息。

```
SELECT a.编码, a.名称, a.库存量, b.数量 AS 订货数量, b.订货日期
    FROM 货品信息 AS a LEFT JOIN 订单信息 AS b ON a.编码 = b.货品编码
    ORDER BY 编码 COMPUTE SUM(数量) BY 编码    --求出每个货品的订货总数量
GO
```

(10) 找出订货数量大于 10 的货品信息。

```
SELECT * FROM 货品信息 WHERE 编码 IN
(SELECT 货品编码 FROM 订单信息 as a WHERE
SELECT SUM(数量) FROM 订单信息 as b、WHERE a.货品编码=b.货品编码)>10)
GO
```

(11) 找出有销售业绩的销售人员。

```
SELECT * FROM 销售人员 AS a WHERE EXISTS
(SELECT 工号 FROM 订单信息 AS b WHERE a.工号=b.销售工号)
GO
```

(12) 查询每种货品订货量最大的订单信息。

```
SELECT * FROM 订单信息 AS a WHERE 数量>= ALL
(SELECT 数量 FROM 订单信息 AS b WHERE a.货品编码=b.货品编码)
GO
```

4. 实训总结

通过本章上机实训，应当掌握使用 SELECT 语句进行数据库查询的各种方法，即掌握简单 SELECT 查询和复杂 SELECT 查询，从而能够自如地对数据库中的表进行查询访问。

本 章 小 结

本章主要介绍数据查询命令 SELECT 的使用方法。包括单表查询、多表连接查询和嵌套查询，同时也包括在各种查询操作上的分组、统计等操作。用户可以通过 SELECT 语句从数据库中查找到所需要的数据，也可以进行数据的统计汇总，并将查询结果返回给用户。数据的查询操作是数据库系统使用过程中应用最为频繁的操作，因此，对 SELECT 命令的熟练使用是本课程教学的重点内容，同时由于 SELECT 命令的灵活性，使得其熟练掌握也具有一定的难度。

表 6.3 中列出了本章介绍的 SELECT 语句使用的语法格式。表中将 SELECT 语句的各种使用均在表中列出，包括 SELECT 子句、FROM 子句、WHERE 子句、ORDER 子句、

GROUP BY 子句和 HAVING 子句等。

表 6.3 SELECT 语句总结

语 句		语法格式
查询语句	SELECT	SELECT 字段列表 　　　[INTO 目标数据表] 　　　FROM 源数据或视图列表 　　　[WHERE 条件表达式] 　　　[GROUP BY 分组表达式[HAVING 搜索表达式]] 　　　[ORDER BY 排序表达式[ASC] | [DESC]] 　　　[COMPUTE 行聚合函数名 1(表达式 1)[,...n][BY 表达式[,...n]]]
子句	SELECT 子句	SELECT[ALL | DISTINCT][TOP n [PERCENT]] 列 1[,...n] (1) *　　　　　　//所有列 (2) [{表名|视图名|表别名}.]列名　　//指定列 (3) 列表达式[as]别名|计算字段名=表达式　//列别名 (4) [ALL | DISTINC]　//所有结果或去掉重复的结果 (5) [TOP n [PERCENT]]　　//前 n 条(n%)的结果
	FROM 子句	(1) FROM 表 1[[AS]表别名 1]|视图 1[[AS]视图别名 1][,...n] (2) FROM 表 1[inner] JOIN 表 2 ON 条件表达式 (3) FROM 表 1 LEFT [OUTER] JOIN 表 2 ON 条件表达式 (4) FROM 表 1 RIGHT[OUTER] JOIN 表 2 ON 条件表达式 (5) FROM 表 1 FULL[OUTER] JOIN 表 2 ON 条件表达式 (6) FROM 表 1 CROSS JOIN 表 2 或 FROM 表 1，表 2
	WHERE 子句	WHERE 条件表达式： (1) 表达式 比较运算符 表达式 (2) 表达式 AND | OR 表达式　　或：NOT 表达式 (3) 表达式 [NOT] BETWEEN 表达式 1 AND 表达式 2 (4) 表达式 [NOT] IN (表达式 1,[...表达式 n]) (5) 表达式 [NOT] LIKE 格式串　通配符：% [] [^]
	ORDER BY 子句	ORDER BY 表达式 1[[ASC | DESC][,...N]]
	INTO 子句	INTO 目标数据表
	GROUP BY 子句	[GROUP BY 分组表达式[,...n][HAVING 搜索表达式]]
	UNION 运算符	查询语句 1 UNION [ALL] 查询语句 2

135

习　题

1. SELECT 语句由哪些子句构成？其作用是什么？
2. 在 SELECT 语句中，DISTINCT、TOP 各起什么作用？
3. 什么是子查询？与多表查询有何区别？与相关子查询有何区别？
4. 什么是连接查询？分为几类？
5. 查询 xsgl 数据库中的 xs 表，列出学生的学号、姓名及性别。
6. 在 xs 表中查询所有"刘"姓同学的信息。
7. 在 xs 表中查询既不姓"张"也不姓"王"的学生的信息。
8. 查询年龄在 20～22 岁之间男同学的信息。
9. 由 cj 表生成"A001 成绩表"。
10. 查询所有选修了"数据结构"课程的学生的学号、姓名及成绩。
11. 查询与学号为 2009030102 的学生在 A001 课程中得分相同的学生的学号及姓名。
12. 查询各门课程的平均成绩，结果按平均成绩排序。
13. 在 cj 表中找出选课门数大于 4 门课程的学生的学号及姓名。
14. 查询选修 A001 课程的学生的情况。
15. 查询未选修 A001 课程的学生的情况。

第7章 视图及其应用

视图作为一种基本的数据库对象，是查询一个表或多个表的方法。将预先定义好的查询作为一个视图对象存储在数据库中，就可以像使用表一样在查询语句中使用了。

通过学习本章，读者应掌握以下内容：

- 视图的作用及基本概念；
- 创建视图的方法；
- 修改视图的方法；
- 使用视图实现数据库的安全管理。

7.1 视 图 概 述

视图是根据用户观点所定义的数据结构，是关系数据库系统为用户提供的以多种角度观察数据库中数据的重要机制。

7.1.1 视图的基本概念

视图是由一个或多个数据表(基本表)或视图导出的虚拟表或查询表。例如，cj 表中为了数据的一致性只保存了学生的学号及课程号，没有保存学生的姓名及课程名称；而面对用户，必须提供学号对应的学生姓名及课程号对应的课程名称。

视图是虚表。因为视图只储存了它的定义(SELECT 语句)，而没有存储视图对应的数据，这些数据仍存放在原来的数据表(基表)中，即对视图的数据进行操作时，系统将根据视图的定义操作与视图相关联的基本表。视图一旦定义好，就可以像基本表一样进行数据操作，包括查询、修改、删除和更新等。在视图中被查询的表称为基表。

定义视图的筛选可以来自数据库的一个或多个表，或者其他视图。分布式查询也可用于定义使用多个异类源数据的视图。如果有几台不同的服务器分别存储组织中不同地区的数据，而用户需要将这些服务器上相似结构的数据组合起来，这时视图就能发挥作用了。

由于视图返回的结果集与数据表有相同的形式，因此可以像数据表一样使用。在授权许可的情况下，用户还可以通过视图来插入、更改和删除数据。通过视图进行查询没有任何限制，但对视图的更新操作(增、删、改)即是对视图的基表的操作，因此有一定的限制条件。

7.1.2 视图的种类及约束

1. 视图的种类

在 SQL Server 2012 数据库中，视图主要分为以下三种。

(1) 标准视图。标准视图组合了一个或多个表中的数据，其重点在于简化数据操作。标准视图是最常用的视图。

(2) 索引视图。一般的视图是虚拟的，并不是实现保存在磁盘上的表，索引视图是被物理化了的视图，它经过计算并记录在磁盘上。

(3) 分区视图。分区视图是通过在一台或多台服务器间水平连接一组成员表中的分区数据形成的视图。

2．视图的作用

视图可以帮助用户建立更加安全的数据库，管理使用者可操作的数据，简化查询过程，详细介绍如下。

(1) 简化操作。把经常使用的多表查询操作定义成视图，可以避免重复编写复杂的查询语句，从而直接使用视图来方便地完成查询。

(2) 导入/导出数据。可以使用复制程序把数据通过视图导出，也可以使用复制程序或BULK INSERT 语句把数据文件导入指定的视图中。

(3) 数据定制与保密。重新定制数据，使得数据便于共享；合并分割数据，有利于数据输出到应用程序中。视图机制能使不同的用户以不同的方式看待同一数据。对不同的用户定义不同的视图，使用户只能看到与自己有关的数据。同时简化了用户权限的管理，增加了安全性。

(4) 保证数据的逻辑独立性。对于视图的操作，例如，查询视图，当构成视图的基本表需要修改时，只需要修改视图定义中的子查询部分，而基于视图的查询不用修改。因此简化了查询操作，屏蔽了数据库的复杂性。

3．视图的约束

建立视图必须遵循相关的语法规则，同时，为了实现高级特性，SQL Server 要求在创建视图前，考虑以下准则。

(1) 可以对其他视图创建视图，SQL Server 允许嵌套视图，但嵌套不得超过 32 层。

(2) 定义视图的查询不能包含 COMPUTE 子句、COMPUTE BY 子句或 INTO 关键字。

(3) 定义视图的查询不能包含 ORDER BY 子句，除非在 SELECT 语句的选择列表中使用 TOP 子句。

(4) 定义视图的查询不能包含指定查询提示的 OPTION 子句，也不能包含 TABLESAMPLE 子句。

(5) 不能为视图定义全文索引。

(6) 不能创建临时视图，也不能对临时表创建视图。

(7) 不能删除参与使用 SCHEMABINDING(架构绑定)子句创建的视图中的视图、表或函数，除非该视图已被删除或更改而不再具有架构绑定。

7.2　视图的创建和查询

既可以通过 SQL Server Management Studio 创建视图，也可以使用 T-SQL 中的 CREATE VIEW 语句创建视图。

默认状态下，视图中的列名继承基表中的相应列名，对于下列情况则需要重新指定列的别名。

(1) 视图中的某些列，来自表达式、函数或常量时。

(2) 当视图引用的不同基表中的列有相同列名时。

(3) 希望给视图中的列指定新的列名时。

7.2.1　用 SQL Server Management Studio 创建视图

下面以在 xsgl 数据库中创建"学生成绩视图"为例，介绍用 SQL Server Management Studio 创建视图的步骤。

(1) 打开 SQL Server Management Studio 的对象资源管理器，依次展开各节点到数据库 xsgl 中的"视图"，在"视图"节点上右击，在弹出的快捷菜单中选择"新建视图"命令，弹出"新建视图"窗口并同时弹出"添加表"对话框，如图 7.1 所示。

图 7.1　"添加表"对话框

(2) 在如图 7.1 所示的"添加表"对话框中，选择与视图相关联的表、视图或函数，可以使用 Ctrl 或 Shift 键进行多选，选择完毕后，单击"添加"按钮，返回"新建视图"窗口。

(3) 在如图 7.2 所示的"新建视图"窗口的中间列表框中选择创建视图所需的字段，在选择字段时可以指定别名、排序方式和规则等。

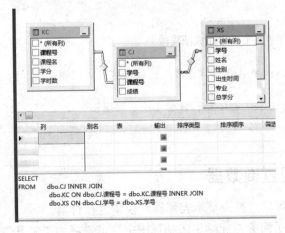

图 7.2　"新建视图"窗口

这一步选择的字段、规则等及其相对应的 SELECT 语句会自动显示在下面的窗格中，也可以直接在该窗格中输入 SELECT 语句。

(4) 单击"保存"按钮，在出现的"选择名称"对话框中输入视图名，并单击"确定"按钮，如图 7.3 所示。

至此，就完成了图形界面下视图的创建。

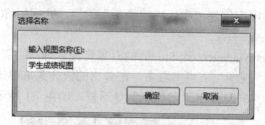

图 7.3 "选择名称"对话框

7.2.2 用 CREATE VIEW 命令创建视图

创建视图的基本语法格式如下。

```
CREATE VIEW 视图名[(视图列名1,视图列名2,...,视图列名n)]
[WITH ENCRYPTION]
AS
SELECT 语句
[WITH CHECK OPTION]
```

其中，WITH ENCRYPTION 子句对视图进行加密；WITH CHECK OPTION 表示对视图进行 UPDATE、INSERT 和 DELETE 操作时，要保证所操作的行满足视图定义中的条件，即只有满足视图定义条件的操作才能执行。

如果 CREATE VIEW 语句没有指定视图列名，则该视图的列名默认为 SELECT 语句目标列的列名。

【例 7.1】 创建"电子商务专业学生成绩视图"。

```
USE xsgl
GO
CREATE VIEW 电子商务专业学生成绩视图
AS
SELECT cj.学号,xs.姓名,cj.课程号,kc.课程名,cj.成绩
FROM xs,cj,kc
WHERE xs.学号=cj.学号 AND cj.课程号=kc.课程号
AND xs.专业='电子商务'
GO
```

7.2.3 使用视图查询数据

创建视图后，就可以像查询基本表那样对视图进行查询。

【例 7.2】 在电子商务专业学生成绩视图中查询姓名为"朱凡"的同学的成绩。

```
SELECT * FROM 电子商务专业学生成绩视图
WHERE 姓名='朱凡'
GO
```

查询结果如图 7.4 所示。

	学号	姓名	课程号	课程名	成绩
1	2013010106	朱凡	A001	英语	71
2	2013010106	朱凡	A005	哲学	89
3	2013010106	朱凡	J001	计算机基础	68
4	2013010106	朱凡	J002	数据结构	63
5	2013010106	朱凡	J003	操作系统	74

图 7.4 使用视图的查询结果

7.3 视图的管理和维护

7.3.1 查看视图的定义信息

可以使用 SQL Server Management Studio 的"对象资源管理器"查看和维护视图。其基本方法是,在"对象资源管理器"窗格中依次展开各节点到"视图",在要进行管理的视图上右击,在弹出的快捷菜单中选择相应的命令进行操作,如图 7.5 所示。

另外,也可以使用系统存储过程 sp_helptext 查看视图定义信息,其语法格式如下。

```
[EXECUTE] sp_helptext 视图名
```

图 7.5 视图的右键快捷菜单

【例 7.3】 查看"电子商务专业学生成绩视图"的定义信息。

```
EXEC sp_helptext 电子商务专业学生成绩视图
GO
```

查询结果如图 7.6 所示。

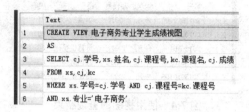

	Text
1	CREATE VIEW 电子商务专业学生成绩视图
2	AS
3	SELECT cj.学号,xs.姓名,cj.课程号,kc.课程名,cj.成绩
4	FROM xs,cj,kc
5	WHERE xs.学号=cj.学号 AND cj.课程号=kc.课程号
6	AND xs.专业='电子商务'

图 7.6 查询视图定义信息

7.3.2 查看视图与其他对象的依赖关系

如果想知道视图的数据来源，或需要了解该视图依赖于哪些数据库对象，则需要查看视图与其他数据库对象之间的依赖关系。

如图 7.5 所示，在视图的右键快捷菜单中选择"查看依赖关系"命令，在弹出的"对象依赖关系"对话框中选择不同的选项，可以看到依赖当前视图的数据库对象，也可以看到当前视图所依赖的数据库对象，如图 7.7 所示。

图 7.7 "对象依赖关系"对话框

还可以使用系统存储过程 sp_depends 查看视图与其他数据库对象之间的依赖关系，语法格式如下。

```
[EXECUTE] sp_depends 视图名
```

【例 7.4】 查看"电子商务专业学生成绩视图"与其他数据对象之间的依赖关系。

```
EXECUTE sp_depends 电子商务专业学生成绩视图
GO
```

查询结果如图 7.8 所示。

	name	type	updated	selected	column
1	dbo.CJ	user table	no	yes	学号
2	dbo.CJ	user table	no	yes	课程号
3	dbo.CJ	user table	no	yes	成绩
4	dbo.KC	user table	no	yes	课程号
5	dbo.KC	user table	no	yes	课程名
6	dbo.XS	user table	no	yes	学号
7	dbo.XS	user table	no	yes	姓名
8	dbo.XS	user table	no	yes	专业

图 7.8　查看视图依赖关系

7.3.3　视图的修改

视图建立后，可以使用 ALTER VIEW 语句修改视图定义，其语法格式如下。

```
ALTER VIEW 视图名
[WITH ENCRYPTION]
AS
SELECT 语句
[WITH CHECK OPTION]
```

ALTER VIEW 的结构与 CREATE VIEW 语句相同，其中各选项的含义也与 CREATE VIEW 语句相同。

【例 7.5】　在命令方式下，创建一个名为"电子商务专业学生成绩视图 2"的视图，然后对其进行修改，要求该视图修改后包括"专业"列，并且对视图进行加密。

```
--创建视图
USE xsgl
GO
CREATE VIEW 电子商务专业学生成绩视图 2
AS
SELECT cj.学号,xs.姓名,cj.课程号,kc.课程名,cj.成绩
FROM xs,kc,cj
WHERE cj.学号=xs.学号 AND cj.课程号=kc.课程号
AND xs.专业='电子商务'
GO
--修改视图
ALTER VIEW 电子商务专业学生成绩视图 2
WITH ENCRYPTION
AS
SELECT cj.学号,xs.姓名,xs.专业,cj.课程号,kc.课程名,cj.成绩
FROM cj,kc,xs
WHERE cj.学号=xs.学号 AND cj.课程号=kc.课程号
AND xs.专业='电子商务'
GO
--查看视图信息
SELECT * FROM 电子商务专业学生成绩视图 2
```

查询部分结果如图 7.9 所示。

	学号	姓名	专业	课程号	课程名	成绩
1	2013010101	秦建兴	电子商务	A001	英语	88
2	2013010101	秦建兴	电子商务	A005	哲学	79
3	2013010101	秦建兴	电子商务	J001	计算机基础	78
4	2013010101	秦建兴	电子商务	J002	数据结构	84
5	2013010101	秦建兴	电子商务	J003	操作系统	91
6	2013010102	张吉哲	电子商务	A001	英语	60
7	2013010102	张吉哲	电子商务	A005	哲学	87
8	2013010102	张吉哲	电子商务	J001	计算机基础	67
9	2013010102	张吉哲	电子商务	J002	数据结构	72
10	2013010102	张吉哲	电子商务	J003	操作系统	81
11	2013010103	刘鑫	电子商务	A001	英语	90
12	2013010103	刘鑫	电子商务	A005	哲学	82
13	2013010103	刘鑫	电子商务	J001	计算机基础	66
14	2013010103	刘鑫	电子商务	J002	数据结构	65
15	2013010103	刘鑫	电子商务	J003	操作系统	78
16	2013010104	王光伟	电子商务	A001	英语	89
17	2013010104	王光伟	电子商务	A005	哲学	88
18	2013010104	王光伟	电子商务	J001	计算机基础	77
19	2013010104	王光伟	电子商务	J002	数据结构	91
20	2013010104	王光伟	电子商务	J003	操作系统	88
21	2013010105	耿娇	电子商务	A001	英语	92

图 7.9　视图查询结果

--查看视图的定义信息
EXEC sp_helptext 电子商务专业学生成绩视图 2

结果如图 7.10 所示，由于已经加密，所以不能看到其定义信息。

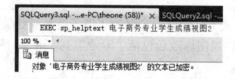

图 7.10　加密后视图定义信息查询结果

7.3.4　视图的删除

使用 DROP VIEW 语句可以删除视图，其基本语法格式如下。

```
DROP VIEW 视图名 1,…,视图名 n
```

使用该语句一次可以删除多个视图。

【例 7.6】　删除"电子商务专业学生成绩视图 2"视图。

```
DROP VIEW 电子商务专业学生成绩视图 2
GO
```

7.4　通过视图修改表数据

通过视图不仅可以查询数据，还可以更新基本表的数据，包括插入、修改和删除数据。由于视图显示的是一个或多个基表上的查询结果集，并不能实现独立的数据库数据复制，因此，在视图中修改的数据操作都将导致对基表数据的修改。

对视图进行的修改操作有以下限制。

(1) 若视图的字段来自表达式或常量，则不允许对该视图执行 INSERT 和 UPDATE 操作，但允许执行 DELETE 操作。

(2) 若视图的字段来自集合函数，则不允许对视图进行修改操作。

(3) 若视图定义中含有 GROUP BY 子句，则不允许对视图进行修改操作。

(4) 若视图定义中含有 DISTINCT 短语，则不允许对视图进行修改操作。

(5) 在一个不允许修改操作的视图上定义的视图，也不允许进行修改操作。

【例 7.7】　用命令方式通过视图修改"朱凡"同学的"计算机基础"课成绩，将成绩改为 86 分，并查看修改结果。

具体操作命令如下：

```
UPDATE 电子商务专业学生成绩视图
     SET 成绩=86
 WHERE 姓名='朱凡'AND 课程名='计算机基础'
GO
SELECT * FROM 电子商务专业学生成绩视图
     WHERE 姓名='朱凡' AND 课程名='计算机基础'
GO
```

查询视图的结果如图 7.11 所示。这个修改实际上改变的是 cj 表中朱凡同学的成绩，如图 7.12 所示。

图 7.11　通过视图修改数据后的查询结果

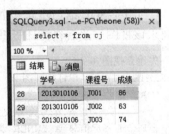

图 7.12　通过视图修改表数据后的查询结果

本章实训　视图的操作

1．实训目的

(1) 了解使用视图的目的。

(2) 掌握创建视图的方法。

(3) 掌握修改视图的方法。

(4) 掌握如何利用视图进行数据查询。

2．实训内容

(1) 图形界面创建视图。

(2) 用命令方式创建视图。

(3) 修改视图。

(4) 使用视图进行数据查询。

3. 实训过程

(1) 用命令方式创建"客户订购视图",该视图中包含所有订购货品的客户及他们订购货品的名称和供应商。

```
CREATE VIEW 客户订购视图
    AS
    SELECT D.编号, D.姓名, B.名称 AS 货品名称, A.名称 AS 供应商
    FROM 供应商信息 A INNER JOIN
        货品信息 B ON A.编码 = B.供应商编码 INNER JOIN
        订单信息 C ON B.编码 = C.货品编码 INNER JOIN
        客户信息 D ON C.客户编号 = D.编号
GO
```

(2) 查看"客户订购视图"的定义信息。

```
EXEC sp_helptext 客户订购视图
GO
```

(3) 查看"客户订购视图"与其他数据对象之间的依赖关系。

```
EXEC sp_depends 客户订购视图
GO
```

(4) 利用 T-SQL 语句建立一个"客户订购视图 2",然后用 ALTER VIEW 语句进行修改,要求该视图修改后包括订货量,并且对视图进行加密。

```
--先建立视图
CREATE VIEW 客户订购视图 2
    AS
        SELECT A.编号, A.姓名, C.货品名称, C.供应商
    FROM 客户信息 A INNER JOIN
        订单信息 B ON A.编号 = B.客户编号 INNER JOIN
        客户订购视图 C ON B.货品编码 = C.编号
GO
--修改视图
ALTER VIEW 客户订购视图 2
    WITH ENCRYPTION
AS
    SELECT A.编号, A.姓名, C.货品名称, B.数量, C.供应商
    FROM 客户信息 A INNER JOIN
        订单信息 B ON A.编号 = B.客户编号 INNER JOIN
        客户订购视图 C ON B.货品编码 = C.编码
GO
--使用该视图
SELECT * FROM 客户订购视图 2
GO
--查看该视图,由于已经加密,因此不能看到定义信息
```

```
EXEC sp_helptext 客户订购视图 2
GO
```

(5) 利用 T-SQL 语句对"客户订购视图 2" 进行修改操作,修改编号 5 的客户姓名为"欣明"。

```
--通过视图修改数据
UPDATE 客户订购视图 SET 姓名='欣明' WHERE 编号=5
GO
SELECT * FROM 客户订购视图
GO
```

(6) 利用 T-SQL 语句删除"客户订购视图 2"。

```
--删除视图
DROP VIEW 客户订购视图
GO
```

4.实训总结

通过本章上机实训,应当掌握视图的作用,视图的创建和修改方法,以及如何使用命令方式对视图进行各种操作。

本 章 小 结

本章主要介绍了视图的建立和使用,包括视图的概念、创建视图、修改视图、查询视图、利用视图更新数据和删除视图。对视图的操作语句如表 7.1 所示。

表 7.1 视图的操作语句总结

语 句		语法格式
定 义	创建	CREATE VIEW 视图名[(列名 1[,…n])]
	修改	ALTER VIEW 视图名[(列名 1[,…n])] AS 查询语句
	删除	DROP VIEW 视图名[,…n]
数 据 操 作	插入	INSERT [INTO] 表名\视图名[(列名 1,…)] Values (表达式 1,…)
	修改	UPDATE 表名\视图名 SET 列名=表达式 [WHERE 条件]
	删除	DELETE 表名\视图名[WHERE 条件]
	查询	SELECT 字段列表 FROM 数据表\视图,…

习　题

1. 什么是视图？视图的特点是什么？

2. 简述使用视图的目的和作用。

3. 通过视图修改数据要注意哪些限制？

4. 在 xsgl 数据库下创建一个名为"男学生成绩"的视图，包括学生的学号、姓名及课程名和相应分数。

5. 在 xsgl 数据库下创建一个"补考学生名单"视图，包括学生的学号、姓名及课程名。

第 8 章 索引及其应用

数据库中的索引与书的目录类似。在一本书中，利用目录可以快速找到所需信息，无须阅读整本书。在数据库中，使用索引使得数据库程序无须扫描整个表，就可以在其中找到所需数据。书中的目录是一个词语列表，其中注明了含有各个词的页码。在数据库中，索引通过记录表中的关键值而指向表中的记录，这样数据库引擎不用扫描整个表就可以定位到相关的记录。相反，如果没有索引，则会导致 SQL Server 搜索表中的所有记录，以读取匹配结果。

通过学习本章，读者应掌握以下内容：

- 索引的概念和功能；
- 使用对象资源管理器和 T-SQL 命令两种方式创建、修改、删除索引的方法；
- 全文索引的定义与使用。

8.1 索 引 概 述

索引是一个列表，这个列表是数据表中一列或者若干列的集合，以及这些列值在数据表中的物理地址。

如果没有建立索引，在数据库表中查询符合某种条件的记录时，系统将会从第一条记录开始，对表中的所有记录进行扫描。如果有索引，就可以通过索引快速地查询结果。扫描整个表格是从表格的起始地址开始，依次比较记录，直到找到位置。通过索引来查找时，由于索引是有序排列的，所以可以通过高效的有序查找算法找到索引项，再根据索引项中记录的物理地址，找到查询结果的存储位置。

一般来说，当要按条件查找表中的某些记录时，为了提高查找效率，就应在要查找的数据所在的字段上建立索引。也就是说，查询语句中 WHERE 子句中所提到的关键字，就是要建立索引的字段。例如，要查找姓名为"秦建兴"的记录时，应先在数据表的姓名字段建立索引，然后再执行查询语句：

```
SELECT * FROM 学生信息 WHERE stu_name='秦建兴'
```

由于该索引包括一个指向姓名的指针，因此数据库服务器只沿着姓名索引排列的顺序对数据进行读取，直至索引指针指向相应的记录为止。由于索引只是按照索引字段进行查找，而没有对整个表进行遍历，因此提高了查询的速度。

8.1.1 索引的功能

索引是对数据库表中一个或多个字段的值进行排序而创建的一种分散存储结构。索引是一个单独的、物理的数据库结构，它是某个表中一列或若干列值的集合和相应的指向表中物理标识这些值的数据页的逻辑指针清单。索引是依赖于表建立的，它提供了数据库中编排表中数据的内部方法。

合适的索引具有以下功能。

(1) 可以加快数据查询。在表中创建索引后，SQL Server 将在数据表中为其建立索引页。每个索引页中的行都含有指向数据页的指针，当进行以索引为条件的数据查询时，将大大提高查询速度。也就是说，经常用来作为查询条件的列，应当建立索引；相反，不经常作为查询条件的列则可以不建索引。

(2) 可以加快表的连接、排序和分组工作。在进行表的连接或使用 ORDER BY 和 GROUP BY 子句检索数据时，都涉及数据的查询工作，建立索引后，可以显著减少表的连接及查询中分组和排序的时间。加速表与表之间的连接，在实现数据的参照完整性方面有特别的意义。但是，并不是在任何查询中都需要建立索引。索引带来的查找效率提高是有代价的，因为索引也要占用存储空间，而且为了维护索引的有效性，会使添加、修改和删除数据记录的速度变慢。所以，过多的索引不一定能提高数据库的性能，必须科学地设计索引，才能提高数据库的性能。

(3) 索引能提高 WHERE 语句提取数据的速度，也能提高更新和删除数据记录的速度。

(4) 可以确保数据的唯一性。当创建 PRIMARY KEY 和 UNIQUE 约束时，SQL Server 会自动为其创建一个唯一的索引。而该唯一索引的用途就是确保数据的唯一性。当然，并非所有的索引都能确保数据的唯一性，只有唯一索引才能确保列的内容绝对不重复。如果索引只是为了提高访问的速度，而不需要进行唯一性检查，就没有必要建立唯一的索引，而只需创建一般的索引。

尽管索引存在许多优点，但并不是多多益善，如果不合理地运用索引，系统反而会付出一定代价。因为创建和维护索引，系统会消耗时间，当对表进行增、删、改等操作时，索引要进行维护，否则索引的作用也会下降。另外，索引本身会占一定的物理空间，如果占用的物理空间过多，就会影响整个 SQL Server 系统的性能。

8.1.2　创建索引的原则

到底怎样创建索引呢？到底应该创建多少索引才算合理呢？其实很难有一个确定的答案，下面提供几个创建索引的原则，仅供参考：

(1) PRIMARY KEY 约束所定义的作为主键的字段(此索引由 SQL Server 自动创建)，主键可以加快定位到相应的记录。

(2) 应用 UNIQUE 约束的字段(此索引也由 SQL Server 自动创建)，唯一键可以加快定位到相应的记录，还能保证键的唯一性。

(3) FOREIGN KEY 约束所定义的作为外键的字段，因为外键通常用来做连接，在外键上建索引以加快表间的连接。

(4) 对经常用来搜索数据记录的字段建立索引，键值就会排列有序，查找时就会加快查询速度。

(5) 对经常用来作为排序基准的字段建立索引。

上述情况之外的字段基本不建议创建索引。此外，SQL Server 也不允许为 bit、text、ntext、image 数据类型的字段创建索引。很少或从来不在查询中引用的列没有必要创建索引，因为系统很少或从来不根据这个列的值去查找数据行；只有两个或很少几个值的列(如性别，只有两个值"男"和"女")不建议创建索引，因此以这样的列创建索引并不能体现建立索引的优点。数据行数很少的表一般也没有必要创建索引。

8.1.3 索引的分类

从不同的角度来讲，对索引的类型有不同的划分方法。按存储结构区分，有聚集索引和非聚集索引；按数据的唯一性来区分，有唯一索引和非唯一索引；按键列的个数区分，有单列索引和多列索引。

1. 聚集索引和非聚集索引

聚集索引(Clustered Index)对物理数据页中的数据，按列进行排序，然后再重新存储到磁盘上，也就是说聚集索引确定表中数据的物理顺序。由于表中的数据行只能以一种排序方式存储在磁盘上，所以一个表只能有一个聚集索引。正是由于聚集索引会使得键列内容相近的数据记录排列在一起，因此要搜索介于某个范围的数据值时特别有效率。因为，一旦使用聚集索引找到第一条符合条件的数据记录，同范围的后续键值的数据记录，一定是相邻排列的。聚集索引的大小是表大小的 5%。聚集索引不适用于频繁更改的列，这将导致整行数据移动。

当建立主键约束时，如果表中没有聚集索引，SQL 会用主键作为关键字建立聚集索引。可以在表的任何列或列的组合上建立聚集索引，实际应用中，一般是将定义为主键约束的列建立为聚集索引。

> **注意**：定义聚集索引键时使用的列越少越好，这一点很重要。如果定义了一个大型的聚集索引键，则同一个表上定义的任何非聚集索引都将增大许多，因为非聚集索引条目包含聚集键。

与聚集索引不同的是，非聚集索引(NonClustered Index)尽管包含按升序排列的键值，但它丝毫不影响表中数据记录实际排列的顺序。当对表执行以下操作时，SQL Server 会自动重建此表所有现存的非聚集索引：

(1) 将表的聚集索引删除。

(2) 为表创建一个聚集索引。

(3) 更改聚集索引的键列。

在创建非聚集索引之前，应先创建聚集索引。在创建了聚集索引的表上执行查询操作，比在只创建了非聚集索引的表上执行查询操作的速度快。但是，执行修改操作则比在只创建了非聚集索引的表上执行的速度慢，这是因为表数据的改变需要更多的时间来维护聚集索引。一个表最多只能拥有 249 个非聚集索引。

2. 唯一索引和非唯一索引

如果要求索引中的字段值不能重复，可以建立唯一索引(Unique Index)。

唯一索引要求所有数据行中任意两行中的被索引列或索引列组合不能存在重复值，包括不能有两个空值 NULL，而非唯一索引(NonUnique Index)则不存在这样的限制。也就是说，对于表中的任意两行记录来说，索引键的值都是不同的。如果表中有多行记录在某个字段上具有相同的值，则不能基于该字段建立唯一索引；同样对于多个字段的组合，如果在多行记录上有重复值或多个 NULL，也不能在该组合上建立唯一索引。使用 INSERT、UPDATE 语句添加或修改记录时，SQL Server 将检查所使用的数据是否会造成唯一性索引键值的重复，如果会造成重复，则 INSERT 和 UPDATE 语句执行将失败。

SQL Server 自动为 UNIQUE 约束列创建唯一索引，可以强制 UNIQUE 约束的唯一性要求。如同它的名字一样，非唯一索引允许对其值重复进行复制。

3. 单列索引和多列索引

单列索引是指为某单一字段创建索引；多列索引则是为多个字段的组合创建索引。多列索引也称复合索引，适用以下几种情况：

(1) 最多可以为 16 个字段的组合创建一个多列索引，而且这些字段的总长度不能超过 900B。

(2) 多列索引的各个字段必须来自同一列表。

(3) 在定义多列索引时，识别高的字段或是能返回较低百分比数据记录的字段应该放在前面。例如，假设我们要为 column1、column2 两个字段的组合创建一个多列的索引，则 (column1、column2)与(column2、column1)虽然只是字段次序不同，但是所创建出来的索引也不一样。

(4) 查询的 WHERE 语句务必引用多列索引的第一个字段，如此才能让查询优化器使用该多列索引。

(5) 既能提高查询速度又能减少表索引的数目，是使用多列索引的最高境界。

前面所讲的索引通常是建立在数值字段或较短的字符串字段上的，一般不会选择大的字段作为索引字段。如果需要使用大的字符串字段来检索数据，则需要使用 SQL Server 所提供的全文索引(Full-text Index)功能。

4. 全文索引

全文索引是 Microsoft 全文引擎(Full-text Index)创建并管理的一种特殊类型的基于标记的功能性索引。由 Microsoft SQL Server 全文引擎(MSFTESQL)服务创建和维护，可以大大提高从字符串中搜索数据的速度，用于帮助用户在字符串数据中搜索复杂的词。

8.2 创 建 索 引

索引可以在创建表的约束时由系统自动创建，也可以通过 SQL Server Management Studio 或 CREATE INDEX 语句创建。在创建表之后的任何时候都可以创建索引。

8.2.1 系统自动创建索引

在创建或修改表时，如果添加了一个主键或唯一键约束，则系统将自动在该表上，以该键值作为索引列，创建一个唯一索引。该索引是聚集索引还是非聚集索引，要根据当前表中的索引状况和约束语句或命令来决定。如果当前表上没有聚集索引，系统将自动以该键创立聚集索引，除非约束语句或命令指明是创建非聚集索引。如果当前表上已有聚集索引，系统将自动以该键创立非聚集索引，如果约束语句或命令指明是创建聚集索引，则系统报错。

【例 8.1】 在 xsgl 数据库中创建 xs 表时，将学号字段设置为主键。使用存储过程 sp_helpindex 查看 xs 表的索引情况。输入的 SQL 语句如下：

```
EXEC sp_helpindex xs
```

程序执行结果如图 8.1 所示。

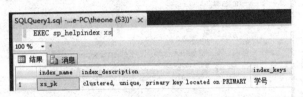

图 8.1　查看表的索引情况

由上面的执行结果可以看出，系统自动生成了名为 xs-pk 的唯一聚集索引，使用的索引字段为学号。

8.2.2　用 SQL Server Management Studio 创建索引

使用 SQL Server Management Studio 建立和修改索引很便捷，下面通过实例说明其使用方法。

为了能体现出建立索引前后对查询产生的变化，先将 xs 表中的主键移除(刷新 xs 表)，这时 xs 表中不存在任何索引，然后在 xs 表中查找王姓同学的记录，运行如下命令。

```
SELECT * FROM xs WHERE 姓名 LIKE '王%'
```

查询结果如图 8.2 所示。

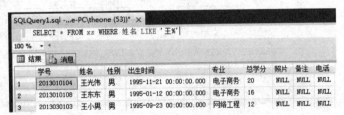

图 8.2　未建立索引前的查询结果

【例 8.2】 在 xs 表上为"姓名"字段添加唯一的聚集索引，将该索引命名为 IX_xm。创建索引的步骤如下。

(1) 启动 SQL Server Management Studio 工具，在"对象资源管理器"中，依次展开各节点到数据库 xsgl 下的"表"节点。

(2) 展开 xs 表，在"索引"项上右击，在弹出的快捷菜单中选择"新建索引"命令，如图 8.3 所示。

(3) 弹出"新建索引"对话框，如图 8.4 所示。

(4) 在"索引名称"文本框中输入索引的名称 IX_xm，在"索引类型"下拉列表框用于设置索引类型，共有聚集索引、非聚集索引和主 XML 三项，这里选择"聚集"，选中"唯一"复选框表示创建唯一索引，这里我们不选。

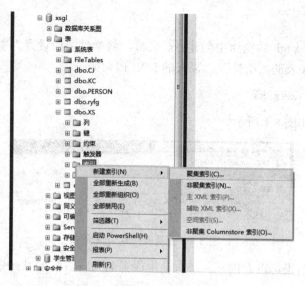

图 8.3　选择"新建索引"命令

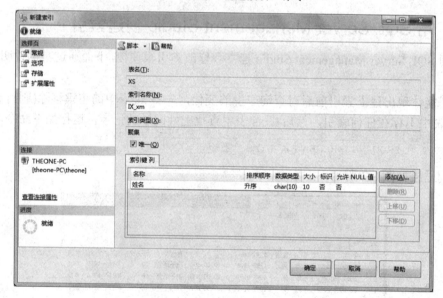

图 8.4　"新建索引"对话框

(5) 单击"添加"按钮，弹出如图 8.5 所示的对话框，选择"姓名"列，单击"确定"按钮。

(6) 返回到"新建索引"对话框，在"排序顺序"列设置索引的排列顺序，默认为"升序"。

(7) 单击"确定"按钮，完成索引的创建过程。

在 SQL Server Management Studio 的"对象资源管理器"中，依次展开"数据库"→"表"→"索引"项，右击某个索引名称，依次选择"编写索引脚本为"→"CREATE 到"→"新查询编辑器窗口"命令，就可以查看索引的定义语句了，如图 8.6 所示。

图 8.5   添加索引列

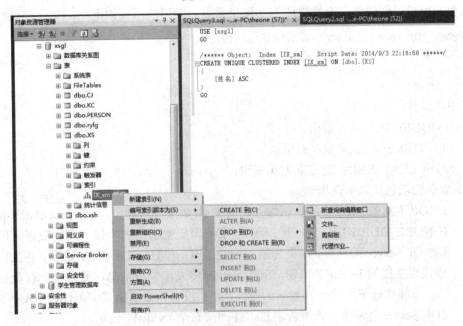

图 8.6   查看索引的定义语句

此时，再查找"王"姓同学的记录，就会得到如图 8.7 所示的结果。

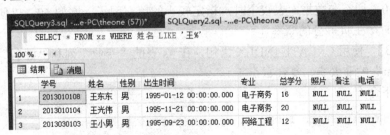

图 8.7   建立索引后的查询结果

可以看到查询结果与建立索引前的查询结果顺序发生了改变，这是因为没有建立索引时，xs 表按一定的物理顺序存储在磁盘上，所以查询结果以遍历的方式从表中逐条将满足条件的记录选择出来，如图 8.2 所示。而聚集索引会改变表的物理存储顺序，在建立聚集索引后，按索引列重新对表进行排序，所以对表执行同样的查询操作，结果集中记录的排列顺序发生了变化。

需要注意的是，并不是按任何条件查找都要在相应的字段上建立聚集索引，一个表只能有一个聚集索引，这里在姓名字段建立聚集索引是为了使读者能清晰地看到查询结果的变化情况。一般的，在查找字段上建立非聚集索引就可以，由于非聚集索引不改变表的物理顺序，所以查找结果在索引建立前后看不出变化，但它与聚集索引一样，会加快查询速度。

8.2.3 用 CREATE INDEX 语句创建索引

利用 CREATE INDEX 语句可以创建索引，既可以创建一个能够改变表的物理顺序的聚集索引，也可以创建提高查询性能的非聚集索引，其语法形式如下。

```
CREATE [UNIQUE] [CLUSTERED|NONCLUSTERED]
INDEX 索引名 ON 表名 (字段名[,…n])
[WITH [索引选项[,…n]]]
[ON 文件组]
```

其中各参数的含义如下。

(1) UNIQUE：建立唯一索引。

(2) CLUSTERED：建立聚集索引。

(3) NONCLUSTERED：建立非聚集索引。

(4) 索引选项包括以下几项。

- DROP_EXISTING：表示先删除存在的索引(如果没有索引，系统会给出错误信息)。
- IGNORE_DUP_KEY：当向包含一个唯一聚集索引的列中插入重复数据时用于控制 SQL Server 的反应。如果为索引指定了 IGNORE_DUP_KEY 选项，并且执行了创建重复键的 INSERT 语句，SQL Server 将发出警告消息，并跳过此行数据的插入，继续执行下面的插入数据的操作。如果没有为索引指定 IGNORE_DUP_KEY，SQL Server 会发出一条警告消息，并回滚整个 INSERT 语句。
- FILLFACTOR=填充因子：指定在 SQL Server 创建索引的过程中，各索引页的填满程度。用户指定的 FILLFACTOR 值可以从 1~100。如果没有指定值，默认值为 0。通常在数据库表较空时，指定较小的填充因子，例如 60，以便减少添加记录时产生页拆分的概率。

【例 8.3】 使用 CREATE INDEX 语句，在 xs 表的"专业"列和"姓名"列上创建名为"IX_zyxm"的非聚集、复合索引。

运行如下命令：

```
CREATE NONCLUSTERED INDEX IX_zyxm ON xs (专业,姓名)
GO
```

使用系统存储过程 sp_helpindex 查看 xs 表的索引情况。

```
EXEC sp_helpindex xs
```

创建索引的结果如图 8.8 所示。

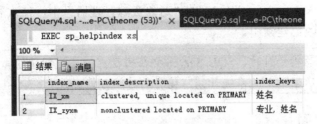

图 8.8 用命令创建索引并查看

然后再查找网络工程专业的"王"姓同学的记录，运行如下命令：

```
SELECT * FROM xs WHERE 专业='网络工程' and 姓名 LIKE '王%'
```

查询结果如图 8.9 所示。

图 8.9 查询结果

用户在创建和使用唯一索引时应注意以下事项。

(1) 在建有唯一聚集索引的表上，执行 INSERT 语句或 UPDATE 语句时，SQL Server 将自动检验新的数据中是否存在重复值。如果存在，当创建索引的语句指定了 IGNORE_DUP_KEY 选项时，SQL Server 将发出警告消息并忽略重复的行。如果没有为索引指定 IGNORE_DUP_KEY，SQL Server 会发出一条警告消息，并回滚整个 INSERT 语句。

(2) 具有相同组合列、不同组合顺序的复合索引彼此是不同的。

(3) 如果表中已有数据，那么在创建唯一索引时，SQL Server 将自动检验是否存在重复的值，若有重复值，则不能创建唯一索引。

8.3 管理和维护索引

索引建成以后要根据查询的需要调整或重建索引，还要确保索引统计信息的有效性，才能提高查询速度。随着数据更新操作的不断执行，数据会变得支离破碎，这些碎片会导致额外的访问开销，应当定期整理索引，清除数据碎片，提高数据查询的性能。

8.3.1 查看和维护索引信息

查看表的索引信息可以使用 sp_helpindex 系统存储过程，例如查看 xs 表的索引信息使用以下的语句。

```
EXEC sp_helpindex xs
```

运行结果如图 8.8 所示。

在 SQL Server Management Studio 的"对象资源管理器"中，依次展开到表的"索引"项，可以查看或修改已建索引。

> **注意**：创建和修改聚集索引时，SQL Server 要在磁盘上对表进行重组，当表中存储了大量记录时，会产生很大的系统开销，花费的时间可能会较长。

8.3.2　删除索引

删除索引可以在 SQL Server Management Studio 的"对象资源管理器"中完成或用 DROP INDEX 命令完成。在 SQL Server Management Studio 的"对象资源管理器"中删除索引的方法与查看索引的定义语句类似，即选择要删除的索引，在右键快捷菜单中选择"删除"命令，在弹出的"删除对象"对话框中单击"确定"按钮。

用 DROP INDEX 命令删除索引的格式如下。

```
DROP INDEX 表名.索引名[,…]
```

【例 8.4】　用 DROP INDEX 命令删除 xs 表中的 IX_xm 聚集索引。

运行如下命令：

```
DROP INDEX xs.IX_xm
GO
```

将 xs 表的学号字段设置为主键，因为当前表中没有聚集索引，所以系统会自动在该字段上建立名称为 PK_xs 的唯一聚集索引。

用 DROP INDEX 命令删除索引时，需要注意以下事项。

(1) 不能用 DROP INDEX 命令删除由 PRIMARY KEY 约束或 UNIQUE 约束创建的索引。这些索引必须通过删除 PRIMARY KEY 约束或 UNIQUE 约束，由系统自动删除。

(2) 在删除聚集索引时，表中的所有非聚集索引都将被重建。

【例 8.5】　用 DROP INDEX 命令删除 xs 表中的主键索引 PK_xs，查看有何结果。

运行如下命令：

```
DROP INDEX xs.PK_xs
GO
```

运行结果如图 8.10 所示。

图 8.10　不允许用命令删除主键索引

这是因为 PK_xs 索引为主键约束创建的索引，所以必须删除主键约束后由系统自动删除此索引。

8.3.3 索引的分析与维护

1. 索引的分析

SQL Server 内部存在一个查询优化器，如何进行数据查询是由它来决定的，它可以针对数据库内的情况动态调整数据的访问方式，无须程序员或数据库管理员干预。查询优化器总能针对数据库的状态为每个查询生成一个最佳的执行计划。

在查询中是否使用索引，使用了哪些索引，都是由查询优化器决定的。要考察索引的作用，需要了解系统在查询过程中的执行计划。SQL Server 提供了多种分析索引和查询性能的方法，下面介绍常用的获得查询计划和数据 I/O 统计的方法。

1）显示查询计划

SQL Server 提供了两种显示查询中的数据处理步骤以及访问数据的方式。

(1) 以图形方式显示执行计划。

执行完查询语句后，选择"查询"→"显示估计执行计划"命令，可以查看执行计划输出的图形表示。该图形给出了查询的最佳执行计划。图形中的每个逻辑运算符或物理运算符显示为一个图标，将鼠标指针放到图标上会显示特定操作的附加信息。

【例 8.6】 执行学生成绩的查询，显示执行计划。

执行下面的查询语句：

```
SELECT * FROM xs A INNER JOIN cj B ON A.学号=B.学号
GO
```

然后，选择"查询"→"显示估计执行计划"命令，完成显示执行计划的设置。

在"执行计划"选项卡中有如图 8.11 所示的结果。

将鼠标指针放到图标上，则能弹出相应图标含义的详细说明，显示的信息如图 8.12 所示。

(2) 以表格方式显示计划。

通过在查询语句中设置 SHOWPLAN 选项，可以选择是否让 SQL Server 显示查询计划。

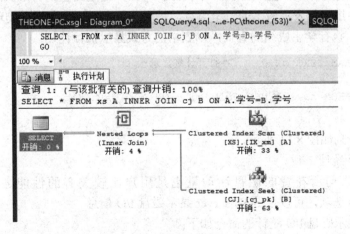

图 8.11 学生成绩查询的执行计划

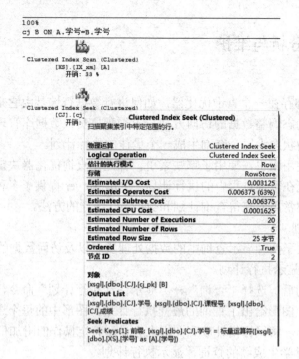

```
100%
cj B ON A.学号=B.学号
```

```
Clustered Index Scan (Clustered)
      [XS].[IX_xm] [A]
       开销: 33 %
```

```
Clustered Index Seek (Clustered)
      [CJ].[cj]
       开销:
```

Clustered Index Seek (Clustered)	
扫描聚集索引中特定范围的行。	
物理运算	Clustered Index Seek
Logical Operation	Clustered Index Seek
估计的执行模式	Row
存储	RowStore
Estimated I/O Cost	0.003125
Estimated Operator Cost	0.006375 (63%)
Estimated Subtree Cost	0.006375
Estimated CPU Cost	0.0001625
Estimated Number of Executions	20
Estimated Number of Rows	5
Estimated Row Size	25 字节
Ordered	True
节点 ID	2

对象
[xsgl].[dbo].[CJ].[cj_pk] [B]
Output List
[xsgl].[dbo].[CJ].学号, [xsgl].[dbo].[CJ].课程号, [xsgl].[dbo].[CJ].成绩
Seek Predicates
Seek Keys[1]: 前缀: [xsgl].[dbo].[CJ].学号 = 标量运算符([xsgl].[dbo].[XS].[学号] as [A].[学号])

图 8.12　扫描表聚集索引的说明

设置是否显示查询计划的命令如下：

```
SET SHOWPLAN_ALL ON|OFF
```

或

```
SET SHOWPLAN_TEXT ON|OFF
```

SHOWPLAN_ALL 和 **SHOWPLAN_TEXT** 两个命令类似，只是后者的输出格式更简洁。设置了要显示执行计划后，查询语句并不实际执行，只是返回查询树形式的查询计划。查询树在结果集中用一行表示树上的一个节点，每个节点表示一个逻辑或物理运算符。

【例 8.7】　执行学生成绩的查询，以表格的方式显示执行计划。

```
SET SHOWPLAN_TEXT ON        --打开计划显示
GO
SELECT * FROM xs A INNER JOIN cj B ON A.学号=B.学号
GO
```

显示执行计划如图 8.13 所示。

2) 数据 I/O 统计

数据检索语句所花费的磁盘活动量也是用户比较关心的性能之一。通过设置 STATISTICS IO 选项，可以使 SQL Server 显示磁盘 I/O 信息。

设置是否显示磁盘 I/O 统计的命令如下：

```
SET STATISTICS  IO ON|OFF
```

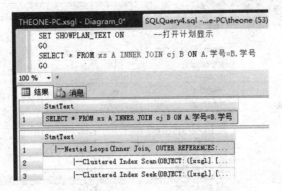

图 8.13　显示查询计划分析索引

【例 8.8】 给出执行学生成绩查询的 I/O 统计。

在查询分析器中运行如下命令。

```
SET STATISTICS  IO ON        --打开 I/O 统计
GO
SELECT * FROM xs A INNER JOIN cj B ON A.学号=B.学号
GO
SET STATISTICS IO OFF      --关闭 I/O 统计
```

在运行结果窗口中选择"结果"页，显示结果。

2. 索引的维护

在创建索引后，为了得到最佳的性能，必须对索引进行维护。因为随着时间的推移，用户需要在数据库上进行插入、更新和删除等一系列操作，这将使数据变得支离破碎，从而造成索引性能的下降。

SQL Server 提供了多种工具帮助用户进行索引维护，下面介绍几种常用的方式。

1) 统计信息更新

在创建索引时，SQL Server 会自动存储有关的统计信息。查询优化器会利用索引统计信息估算使用该索引进行查询的成本。然而，随着数据的不断变化，索引和列的统计信息可能已经过时，从而导致查询优化器选择的查询处理方法并不是最佳的。因此，有必要对数据库中的这些统计信息进行更新。

【例 8.9】 在 SQL Server Management Studio 的"对象资源管理器"窗格中，通过设置数据库的属性决定是否实现统计的自动更新。

具体操作步骤如下。

(1) 在 SQL Server Management Studio 的"对象资源管理器"窗格中，依次展开各节点到数据库 xsgl。

(2) 用鼠标右击 xsgl 数据库，在弹出的快捷菜单中选择"属性"命令。

(3) 在"属性"对话框中选择"选项"选择页，设置"自动创建统计信息"的值为 True，表示实现统计的自动更新，如图 8.14 所示。

(4) 单击"确定"按钮完成。

图 8.14 设置数据库统计的自动更新

> **注意**：用户应避免频繁地进行索引统计的自动更新，特别是在数据库操作比较集中的时间
> 段内。

【例 8.10】 使用 UPDATE STATISTICS 语句更新 xs 表主键索引的统计信息。
运行如下命令：

```
UPDATE STATISTICS xs PK_xs
GO
```

2) 使用 DBCC SHOWCONTIG 语句扫描表

对表进行数据操作可能会导致表碎片，而表碎片会导致额外的页读取，从而造成数据库查询性能的下降。此时用户可以用 DBCC SHOWCONTIG 语句扫描表，并通过其返回值确定该表的索引页是否已经严重不连续。

【例 8.11】 利用 DBCC SHOWCONTIG 语句获取 xs 表主键索引的碎片信息。
运行如下命令：

```
DBCC SHOWCONTIG (xs,PK_xs)
GO
```

3) 使用 DBCC INDEXDEFRAG 语句对 xs 表的主键索引进行碎片整理
运行如下命令：

```
DBCC INDEXDEFRAG (xsgl,xs,PK_xs)
GO
```

本章实训　索引的应用

1．实训目的

(1) 掌握创建索引的方法。

(2) 掌握删除索引的方法。

(3) 掌握修改索引的方法。

(4) 掌握显示执行计划的方法。

2．实训内容

(1) 使用 SQL Server Management Studio 的"对象资源管理器"和命令创建索引。

(2) 使用 SQL Server Management Studio 的"对象资源管理器"和命令删除索引。

(3) 使用 SQL Server Management Studio 的"对象资源管理器"修改索引。

(4) 用图形方式和表格方式显示执行计划。

3．实训过程

1) 使用存储过程 sp_helpindex 查看"订单信息"表的索引情况

```
EXEC sp_helpindex 订单信息
```

2) 在"客户信息"表中查找姓名为吴小丽，电话为 13902017387 的记录

(1) 使用 CREATE INDEX 语句，在"客户信息"表上创建名为 IX_xmdh 的非聚集、复合索引，该索引基于"姓名"列和"电话"列创建。

```
CREATE NONCLUSTERED INDEX IX_xmdh
    ON 客户信息(姓名，电话)
GO
EXEC sp_helpindex 客户信息
```

(2) 查找记录。

```
SELECT * FROM 客户信息
        WHERE 姓名='吴小丽' and 电话='13902017387'
```

3) 在"客户信息"表中查找地址为"北京"的记录

(1) 为"客户信息"表的"地址"列创建非唯一的非聚集索引，索引名为 IX_dz。

① 在 SQL Server Management Studio 的"对象资源管理器"窗格中，依次展开各节点到数据库 marketing，单击"表"节点。

② 展开"客户信息"表，在"索引"项上右击，在弹出的快捷菜单中选择"新建索引"命令，弹出"新建索引"对话框。

③ 在"索引名称"文本框中，输入索引的名称 IX_dz，在"索引类型"列表框中选择"非聚集"，选中"唯一"复选框表示创建唯一索引，这里我们不选。

④ 单击"添加"按钮，弹出"选择列"对话框，选择"地址"列，单击"确定"按钮，返回到"新建索引"对话框，"排序顺序" 默认为"升序"，再次单击"确定"按钮，完

成索引的创建过程。

(2) 查找记录。

```
SELECT * FROM 客户信息 WHERE 地址 LIKE '北京%'
```

4) 在 SQL Server Management Studio 的"对象资源管理器"窗格中，删除"客户信息"表的 IX_xmdh 索引

(1) 在 SQL Server Management Studio 的"对象资源管理器"窗格中，依次展开各节点到数据库 marketing，单击"表"节点。

(2) 选择要删除的索引，在右键快捷菜单中选择"删除"命令。在弹出的"删除对象"窗口中单击"确定"按钮。

5) 用 DROP INDEX 命令删除"客户信息"表的 IX_dz 索引

```
DROP INDEX 客户信息.IX_dz
GO
```

6) 执行客户订单信息的查询，显示执行计划

```
SELECT * FROM 客户信息 A INNER JOIN 订单信息 B
    ON A.编号=B.客户编号
```

7) 将 6)题的执行计划以表格的方式显示

```
SET SHOWPLAN_TEXT ON
GO
SELECT * FROM 客户信息 A INNER JOIN 订单信息 B
    ON A.编号=B.客户编号
```

4．实训总结

通过本章上机实训，应当掌握用命令和菜单方式创建各种索引、维护和删除索引的操作，以及用图形方式和表格方式显示执行计划的方法。

本 章 小 结

索引是一个列表，这个列表是数据表中一列或者若干列的集合，以及这些列值在数据表中的物理地址。在数据库表中查询符合某种条件的记录时，可以通过索引快速地实现。

读者通过本章的学习，应掌握索引的定义、修改、删除的方法，了解索引的分析与维护。

习 题

1．创建索引的好处有哪些？

2．索引可以分为哪几类？各有什么特点？

3. 聚集索引和非聚集索引的主要区别是什么?

4. 对表执行什么操作时,SQL 会自动重建此表所有现存的非聚集索引?

5. 建立唯一索引时有哪些限制因素?

6. 复合索引适用于哪些情况?

7. 使用哪个存储过程可以查看索引信息?

8. 有几种方法可以删除索引? 各是什么?

9. 在 cj 表中查找有 J003 课程成绩的学号。

10. 在 xs 表中查找 "网络工程" 专业的学生的学号和姓名。

11. 在 cj 表中查找学号为 2013010109 的学生的各科考试成绩。

第 9 章 T-SQL 语言

SQL Server 中的编程语言 T-SQL 是一种非过程化的语言，用户或应用程序都是通过它来操作数据库的。当要执行的任务不能由单个 SQL 语句来完成时，也可以通过某种方式将多条 SQL 语句组织到一起，来共同完成一项任务。本章主要介绍 T-SQL 语言编程。

通过学习本章，读者应掌握以下内容：

- 批处理的概念；
- 数据类型与常量的表示方法；
- 全局变量与局部变量的使用；
- 运算符与表达式的使用；
- 流程控制语句的使用；
- 系统函数与自定义函数；
- 游标的使用。

9.1 批处理、脚本和注释

9.1.1 批处理

建立批处理如同编写 SQL 语句，区别在于它是多条语句同时执行，用 GO 语句表示一个批处理的结束。

> **注意：** GO 语句行必须单独存在，不能含有其他的 SQL 语句，也不能有注释。

如果在一个批处理中有语法错误，如某条命令拼写错误，则整个批处理就不能成功地编译，也就无法执行。如果在批处理中某条语句执行错误，如违反了规则，则只影响该语句的执行，而不影响其他语句的执行。

在 SQL Server 中，可以利用 ISQL、OSQL 及 ISQLW 实用程序执行批处理。前两个实用程序是在命令界面下运行的，例如在 DOS 命令提示符下运行；ISQLW 是一个图形界面下的查询工具，本书的实例均是在该实用程序下运行的。

有些 SQL 语句不可以放在一个批处理中进行处理，它们需要遵守以下规则。

(1) 大多数 CREATE 命令可以在单个批处理命令中执行，但 CREATE DATABASE、CREATE TABLE 和 CREATE INDEX 例外。

(2) 调用存储过程时，如果它不是批处理中的第一个语句，则必须在其前面加上 EXECUTE，或简写为 EXEC。

(3) 不能在把规则和默认值绑定到表的字段或用户定义数据类型上之后，只在同一个批处理中使用它们。

(4) 不能在给表字段定义了一个 CHECK 约束后，又在同一个批处理中使用该约束。

(5) 不能在修改表的字段名后，又在同一个批处理中引用该新字段名。

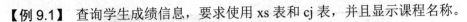

【例 9.1】 查询学生成绩信息，要求使用 xs 表和 cj 表，并且显示课程名称。

```
--新建视图"学生成绩视图"
CREATE VIEW 学生成绩视图
  AS
  SELECT A.学号,A.姓名,A.专业,B.课程号,B.成绩
    FROM xs A INNER JOIN cj B ON A.学号=B.学号
GO
--查询学生成绩信息
SELECT A.姓名,A.专业,B.课程名,A.成绩 FROM 学生成绩视图 A
    INNER JOIN kc B ON A.课程号=B.课程号
GO
```

命令执行结果如图 9.1 所示。

	姓名	专业	课程名	成绩
1	耿娇	电子商务	英语	92
2	耿娇	电子商务	哲学	45
3	耿娇	电子商务	计算机基础	74
4	耿娇	电子商务	数据结构	71
5	耿娇	电子商务	操作系统	89
6	耿明	网络工程	数学	69
7	耿明	网络工程	哲学	81
8	耿明	网络工程	计算机基础	76
9	耿明	网络工程	操作系统	67
10	耿明	网络工程	数据库SQL Server	63
11	郭波	网络工程	数学	67
12	郭波	网络工程	哲学	78
13	郭波	网络工程	计算机基础	38
14	郭波	网络工程	操作系统	65
15	郭波	网络工程	数据库SQL Server	76
16	贾志强	网络工程	数学	92
17	贾志强	网络工程	哲学	91
18	贾志强	网络工程	计算机基础	98
19	贾志强	网络工程	操作系统	95
20	贾志强	网络工程	数据库SQL Server	89
21	李楠楠	电子商务	英语	52

图 9.1 学生成绩查询结果

因为建立视图语句 CREATE VIEW 不能与使用视图的语句在一个批处理中，所以需要用 GO 命令将 CREATE VIEW 语句与其下面的 SELECT 语句分成两个批处理，否则 SQL Server 将会报告语法错误。

9.1.2 脚本

脚本是批处理的存在方式，将一个或多个批处理组织到一起就是一个脚本，例如执行命令的各个实例都可以称为一个脚本。将脚本保存到磁盘文件上就称为脚本文件，其扩展名为.sql。使用脚本文件对重复操作或几台计算机之间交换 SQL 语句是非常有用的。

例 9.1 的脚本文件如图 9.2 所示。

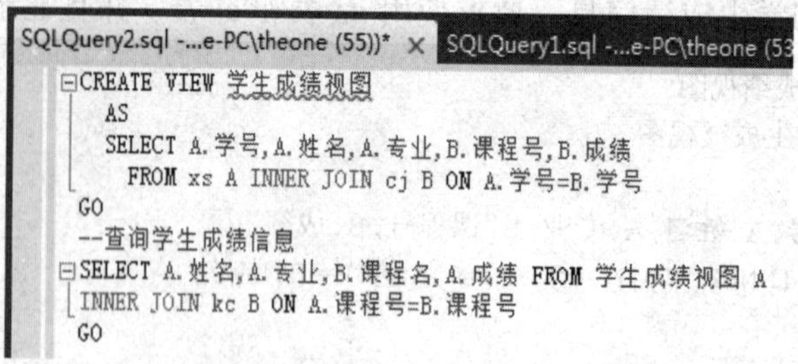

图 9.2 脚本文件

9.1.3 注释

注释也称为注解，是程序代码中的说明性文字，用于对程序的结构及功能进行说明。注释内容既不会被系统编译，也不会被程序执行。使用注释对代码进行说明，不仅能使程序易读易懂，而且有助于日后的管理和维护。注释通常用于记录程序名称、作者姓名和主要代码更改的日期。注释还可用于描述复杂的计算或者解释编程的方法。

1. 行内注释

行内注释的语法格式如下：

--注释文本

从双连字符"--"开始到行尾均为注释，但前面可以有执行的代码。对于多行注释，必须在每个注释行的开始都用双连字符。

2. 块注释

块注释的语法格式如下：

/*注释文本*/

或

/*
注释文本
*/

这些注释文本可以与执行代码处于同一行，也可以另起一行，甚至可以放在可执行代码内。从开始注释字符"/*"到结束注释字符"*/"之间的全部内容均视为注释部分。

9.2 常量、变量和表达式

常量、变量和表达式是程序设计中不可缺少的元素。始终保持不变的数据称为"常量"，存放数据的存储单元称为"变量"，表达式用来表示某个求值规则，每个表达式都产生唯一的值。

9.2.1　常量

常量是一个固定的数据值、一个标量值或是一个代表特定数据值的符号，常量的格式按其所代表数据值的数据类型而有所不同。常量的值在程序运行过程中不会改变。

1)　字符串常量

字符串常量包含在单引号内，由字母、数字和符号(如!、@和#)组成。例如：'处理中，请稍后……'。如果字符串常量中含有一个单引号，则要用两个单引号表示这个字符串常量内的单引号，即表示为'It''s legs are long'。

在字符串常量前面加上字符 N，则表明该字符串常量是 Unicode 字符串常量，如 N 'Mary'是 Unicode 字符串常量，而'Mary'是字符串常量。Unicode 数据中的每个字符都使用两个字节存储，而字符数据中的每个字符都使用一个字节存储。

2)　数值常量

数值常量分为二进制常量、bit 常量、int 常量、decimal 常量、float 常量、real 常量、money 常量、指定正数和负数等。数值常量不需要使用引号。

(1)　二进制常量：具有前缀 0X，并且是十六进制数值常量，例如 0X156A、0X9BF 等。

(2) bit 常量：使用 0 或 1 表示，如果使用一个大于 1 的数字，它将被转换为 1。

(3) int 常量：整数常量，不能包含小数点，例如 2008、365、10 等。

(4) decimal 常量：可以包含小数点的数值常量，例如 3.22、17.8 等。

(5) float 常量和 real 常量：使用科学计数法表示，例如 120.6E5、0.8E-4 等。

(6) money 常量：货币常量，以$作为前缀，可以包含小数点，例如$4989.5、$675.45 等。

(7)　指定负数和正数：在数字前面添加正号(+)或负号(–)，可以指明一个数是正数还是负数；如果未在数字前加正号或负号，则默认为正值，例如+25846、–6.37E8、+$196、234 等。

3)　日期时间常量

日期时间常量必须包含在一对单引号中，可以只包含日期、只包含时间或日期时间都有，例如'1988-10-20'、'2014/8/8'、'1997.9.10'、'Oct 15,2008'、'9:25:30'、'2:30PM'等。

用 SET DATEFORMAT 命令可以设置日期数据中的年份、月份和日期数值的先后顺序。例如执行完 SET DATEFORMAT MDY 命令，日期常量'8/11/2008'采用"月/日/年"格式，代表 2008 年 8 月 11 日。如果 SQL Server 的语言设置成 us_english，则日期格式的默认顺序是 MM/DD/YY。

在 SQL Server 中设置两位数年份输入的方法：

(1)　在 SQL Server Management Studio 的"对象资源管理器"窗格中，依次展开到"本地服务器"，在"本地服务器"的右键快捷菜单中选择"属性"命令，如图 9.3 所示。

(2)　在弹出的"属性"对话框中，切换到"高级"选择页，在"两位数年份截止"项设置相应的年份，默认值为 2049，如图 9.4 所示。可以指定 1753～9999 之间的整数，该整数表示将两位数年份解释为四位数年份的截止年份。

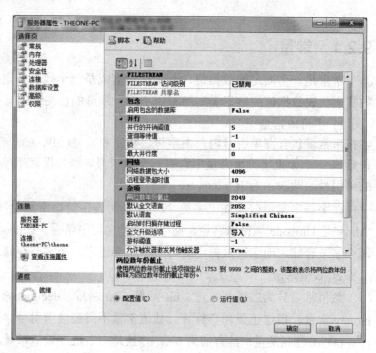

图 9.3 "本地服务器"属性菜单　　　　图 9.4 设置两位数年份

9.2.2 变量

变量又分为局部变量和全局变量两种，局部变量是一个能够保存特定数据类型实例的对象，是程序中各种数据类型的临时存储单元，在批处理的 SQL 语句之间用于传递数据。全局变量是系统给定的特殊变量。

1. 局部变量

局部变量是用户在程序中定义的变量，一次只能保存一个值，仅作用于声明它的批处理、存储过程或触发器。批处理结束后，存储在局部变量中的信息将丢失。

局部变量的定义遵守 SQL Server 标识符的命名规则，前缀必须使用@符号，最长为 128 个字符。

1) 局部变量的定义

局部变量必须用 DECLARE 命令定义后才可以使用，定义局部变量的语法形式如下。

```
DECLARE {@变量名 数据类型}[,…N]
```

其中，变量的数据类型，可以是任何由系统提供的数据类型，或由用户定义的数据类型。但是，局部变量不能是 text、ntext 或 image 数据类型。一次可以定义多个局部变量。

2) 局部变量的赋值方法

使用 DECLARE 命令声明并创建局部变量之后，系统将其初始值设为 NULL，如果想要设定局部变量的值，必须使用 SET 命令或者 SELECT 命令。其语法格式如下。

```
SET {@变量名=表达式}
```

或者

```
SELECT {@变量名=表达式}[,...N]
```

SET 语句一次只能给一个局部变量赋值，SELECT 语句可以给一个或同时给多个变量赋值。如果 SELECT 语句返回了多个值，则这个局部变量将取得该语句返回的最后一个值。另外，使用 SELECT 语句赋值时，如果省略了赋值号及后面的表达式，则可以将已赋值的局部变量值显示出来，起到与 PRINT 语句同样的作用。

【例 9.2】 局部变量的定义与赋值。

```
DECLARE @MY_VAR1 VARCHAR(5),@MY_VAR2 CHAR(8)
SELECT @MY_VAR1='你好!',@MY_VAR2='happy'
PRINT @MY_VAR1+@MY_VAR2
SELECT @MY_VAR1+@MY_VAR2
```

PRINT 结果显示在"消息"提示框中，SELECT 结果显示在"结果"提示框中，运行结果如图 9.5 和图 9.6 所示。

图 9.5 "消息"提示框   图 9.6 "结果"提示框

【例 9.3】 创建局部变量@C，然后为@C 赋值，最后显示@C 的值。

```
--声明局部变量@C
DECLARE @C CHAR(14)
--给局部变量@C 赋值
SET @C='中华人民共和国'
--显示局部变量@C 的值
SELECT @C
GO
```

程序执行结果如图 9.7 所示。

【例 9.4】 查询 xs 表，将返回的记录数赋给局部变量@NUM。

```
USE xsgl                              --打开 xsgl 数据库
GO
DECLARE @NUM INT                      --声明局部变量
SET @NUM=(SELECT COUNT(*) FROM xs)    --给局部变量赋值
--上面的语句也可以写成
SELECT @NUM=COUNT(*) FROM xs
SELECT @NUM AS '总人数'               --显示局部变量的值
GO
```

程序执行结果如图 9.8 所示。

图 9.7　显示局部变量

图 9.8　显示查询结果

【例9.5】查询 xs 表中女同学的记录(在 SELECT 语句中使用由 SET 赋值的局部变量)。

```
USE xsgl                          --打开 xsgl 数据库
GO
DECLARE @S CHAR(2)                --声明局部变量
SET @S='女'                       --给局部变量赋值
--根据局部变量的值进行查询
SELECT 学号,姓名,性别,出生时间,专业
     FROM xs WHERE 性别=@S
GO
```

程序执行结果如图 9.9 所示。

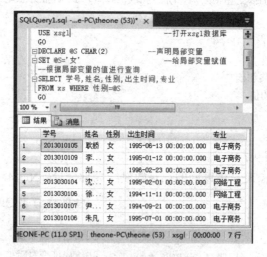

图 9.9　显示女同学的记录

2. 全局变量

全局变量是 SQL Server 系统提供并赋值的变量。用户不能定义全局变量,也不能用 SET 语句来修改全局变量。通常将全局变量的值赋给局部变量,以便保存和处理。事实上,在 SQL Server 中,全局变量是一组特定的函数,它们的名称以@@开头,而且不需要任何参数,在调用时无须在函数名后面加圆括号,这些函数也称为无参数函数。

SQL Server 提供了 30 多个全局变量,表 9.1 列出了几个常用的全局变量。

表 9.1 SQL 常用的全局变量

名　称	说　明
@@CONNECTIONS	返回当前服务器的连接的数目
@@ROWCOUNT	返回上一条 T-SQL 语句影响的数据行数
@@ERROR	返回上一条 T-SQL 语句执行后的错误号
@@PROCID	返回当前存储过程的 ID 号
@@SERVICENAME	返回正在运行 SQL Server 服务器的注册名
@@SERVERNAME	返回运行 SQL Server 的本地服务器名称
@@VERSION	返回当前 SQL Server 服务器的版本和处理器类型
@@LANGUAGE	返回当前 SQL Server 服务器的语言
@@MAX_CONNECTIONS	返回 SQL Server 上允许同时连接的最大用户数

【例 9.6】 利用全局变量查看 SQL Server 的版本和当前所使用的语言。

```
SELECT @@VERSION AS 版本
SELECT @@LANGUAGE AS 语言
GO
```

程序执行结果如图 9.10 所示。

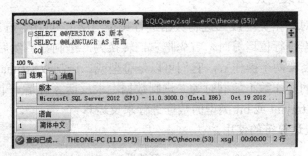

图 9.10 全局变量的使用

9.2.3 运算符与表达式

运算符是一些符号,能够用来执行算术运算、字符串连接、赋值操作以及在字段、常量和变量之间进行比较。表达式用来表示某个求值规则,它由运算符和配对的圆括号将常量、变量、函数等操作数以合理的形式组合而成。每个表达式都产生唯一的值。表达式的类型由运算符的类型决定。在 SQL Server 中,运算符和表达式主要有 6 大类。

1. 算术运算符与算术表达式

算术运算符包括加(+)、减(−)、乘(*)、除(/)和取模(%)。对于加、减、乘、除这 4 种算术运算符,计算的两个表达式可以是任何数值型数据;对于取模运算符,要求操作数的数据类型为 int、smallint 和 tinyint。

如果在一个表达式中,出现多个算术运算符,则运算符的优先级顺序为:乘、除、取模运算为同一优先级,加、减运算为次级运算。

【例9.7】 算术运算符的使用。

```
SELECT 5/4,5.0/4,10%3          --运算结果为：1   1.250000   1
SELECT 25/(3*6), 25%(3*6)      --运算结果为：1   7
```

2. 字符串连接运算符与字符串表达式

字符串连接运算符用加号(+)表示，可以实现字符串的连接。其他的字符操作都是通过函数，如 SUBSTRING 来操作的。

字符串连接运算符可以操作的数据类型有 char、varchar、text、nchar、nvarchar 和 ntext。在 INSERT 语句或者赋值语句中，如果字符串为空，那么就作为空的字符串来处理。

【例9.8】 字符串连接运算符的使用。

```
SELECT 'abc'+''+'def'          --运算结果为：abcdef
```

但是，如果 sp_dbcmptlevel 兼容性的级别设置为 90，空的字符串就被当作空格处理。

【例9.9】 修改兼容性的级别后，字符串连接运算符的使用。

```
sp_dbcmptlevel 'xsgl',90
SELECT 'abc'+''+'def'          --运算结果为：abc def
```

3. 位运算符与位表达式

位运算符可以对整型类型或二进制数据进行按位与(&)、或(|)、异或(^)、求反(~)等逻辑运算。对整型数据进行位运算时，首先把它们转换为二进制数，然后再进行计算。其中与、或、异或运算需要两个操作数，它们可以是整型或二进制数据(image 数据类型除外)，但运算符左右两侧的操作数不能同时为二进制数据。求反运算符是一个单目运算符，它只能对 int、smallint、tinyint 或 bit 类型的数据进行求反运算。

【例9.10】 位运算符的使用。

```
SELECT 10&20,10|20,10^20,~20  --运算结果为：0  30  30  -21
```

4. 比较运算符与比较表达式

比较运算符用来对多个表达式进行比较。比较运算符可以比较除 text、ntext 和 image 数据类型以外的所有数据类型。在 SQL Server 中，比较运算符包括等于(=)、大于(>)、大于或等于(>=)、小于(<)、小于或等于(<=)、不等于(<>或!=)、不小于(!<)、不大于(!>)。

比较运算符的结果是布尔值 TRUE(表示两个表达式相同)、FALSE(表示两个表达式不同)或 UNKNOWN，返回布尔数据类型的表达式称为布尔表达式。

当 SET ANSI_NULLS 设置成 ON，而且被比较的表达式中有一个或两个 NULL 时，布尔表达式将返回 UNKNOWN；当 SET ANSI_NULLS 设置成 OFF，只有两个表达式都是 NULL，而且运算符为等号时，返回值为 TRUE，其他情况与 SET ANSI_NULLS 设置成 ON 相同。

比较表达式用于 WHERE 子句以及流程控制语句(例如 IF 和 WHILE)中，过滤符合搜索条件的行。

【例9.11】 比较运算符的使用。

```
DECLARE @M CHAR(3),@N CHAR(2)
SELECT @M='ABC',@N='EF'
IF @M>@N
  PRINT 'A 的 ASCII 码大于 E 的 ASCII 码。'
ELSE
  PRINT 'A 的 ASCII 码小于 E 的 ASCII 码。'
```

程序执行结果为：A 的 ASCII 码小于 E 的 ASCII 码。

5. 逻辑运算符与逻辑表达式

逻辑运算符用于检测特定的条件是否为真。逻辑运算符如表 9.2 所示。逻辑运算符与比较运算符相似，返回值为 TRUE 或者 FALSE 的布尔数据类型。

表 9.2　SQL 逻辑运算符

运 算 符	含 义
AND	如果两个布尔表达式都为 TRUE，那么就为 TRUE
OR	如果两个布尔表达式中的一个为 TRUE，那么就为 TRUE
NOT	对任何布尔运算符的值取反
IN	如果操作数等于表达式列表中的一个，那么就为 TRUE
LIKE	如果操作数与一种模式相匹配，那么就为 TRUE
BETWEEN	如果操作数在某个范围之间，那么就为 TRUE
EXISTS	如果子查询包含一些行，那么就为 TRUE
ALL	如果一系列的比较都为 TRUE，那么就为 TRUE
ANY	如果一系列的比较中任何一个为 TRUE，那么就为 TRUE
SOME	如果在一系列比较中，有些为 TRUE，那么就为 TRUE

【例 9.12】 逻辑运算符的使用。

```
SELECT 姓名,性别,专业 FROM xs
    WHERE 性别='女' AND
    (专业='信息管理' OR 专业='网络工程')
```

程序执行结果如图 9.11 所示。

图 9.11　查询结果

6. 赋值运算符

T-SQL 中有一个赋值运算符，即等号(=)。赋值运算符能够将数据值指派给特定的对象。另外，还可以使用赋值运算符在列标题和为列定义值的表达式之间建立关系。

7. 运算符的优先级

当一个复杂的表达式中包含多种运算符时，运算符的优先顺序将决定表达式的计算和比较顺序。在 SQL Server 中，运算符的优先等级从高到低的顺序如下。

(1) +(正)、−(负)、~(位求反)

(2) *(乘)、/(除)、%(求余)

(3) +(加)、+(连接)、−(减)

(4) =、>、<、>=、<=、<>、!=、!>、!<比较运算符

(5) ^(位异或)、&(位与)、|(位或)

(6) NOT

(7) AND、ANY、BETWEEN、IN、LIKE、OR、SOME

(8) =(赋值)

如果表达式中有两个相同等级的运算符，将按它们在表达式中的位置由左到右计算。在表达式中还可以使用括号改变运算符的优先级。

9.3 流程控制语句

流程控制语句是组织较复杂的 T-SQL 语句的语法元素，在批处理、存储过程、脚本和特定的检索中使用，包括条件控制语句、无条件转移语句和循环语句等。

9.3.1 BEGIN…END 语句块

BEGIN…END 语句用于将多条 T-SQL 语句组合成一个语句块，并将它们视为一个单一语句。在条件语句和循环语句等控制流程语句中，当符合特定条件需要执行两个或者多个语句时，就可以使用 BEGIN…END 语句将这些语句组合在一起。其语法格式如下。

```
BEGIN
    {语句或语句块}
END
```

9.3.2 IF…ELSE 语句

IF…ELSE 语句用来实现选择结构。其语法格式如下。

```
IF 逻辑表达式
    {语句 1 或语句块 1}
[ELSE
    {语句 2 或语句块 2}]
```

如果逻辑表达式的条件成立(为 TRUE)，则执行语句 1 或语句块 1；否则(为 FALSE)，执行语句 2 或语句块 2，语句块要用 BEGIN 和 END 定义。如果没有 ELSE 部分，则当逻辑表达式不成立时，什么都不执行。

IF…ELSE 语句可以嵌套使用，而且嵌套层数没有限制。

【例 9.13】 在 cj 表中查询是否开过“数据库 SQL Server”课程，如果开过，计算该课程的平均分。

```
IF EXISTS(SELECT 课程号 FROM cj WHERE 课程号='J005')
  BEGIN
    DECLARE @AVG FLOAT
    SET @AVG=(SELECT AVG(成绩) FROM cj
                    WHERE 课程号='J005')
    SELECT '已开过"数据库 SQL Server"课。',@AVG AS 平均分
```

```
        END
ELSE
    PRINT '没有开过"数据库 SQL Server"课。'
```

程序执行结果如图 9.12 所示。

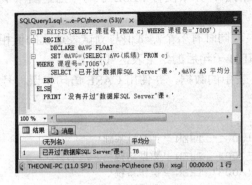

图 9.12 例 9.13 执行结果

【例 9.14】 比较两个数的大小。

```
DECLARE @VAR1 INT,@VAR2 INT
SET @VAR1=50
SET @VAR2=80
IF @VAR1!=@VAR2
 IF @VAR1>@VAR2
    PRINT '第一个数比第二个数大。'
 ELSE
    PRINT '第一个数比第二个数小。'
ELSE
  PRINT '两个数字相同。'
```

程序执行结果为：第一个数比第二个数小。

9.3.3 CASE 表达式

利用 CASE 表达式可以进行多分支选择。在 SQL Server 中，CASE 表达式分为简单表达式和搜索表达式两种。

1. 简单表达式

简单 CASE 表达式就是将一个测试表达式与一组简单表达式进行比较，如果某个简单表达式与测试表达式的值相等，则返回相应结果表达式的值。其语法格式如下。

```
CASE 测试表达式
    WHEN 测试值 1 THEN 结果表达式 1
    WHEN 测试值 2 THEN 结果表达式 2
    …
    [ELSE 结果表达式 N]
END
```

其中，测试表达式的值必须与测试值的数据类型相同，测试表达式可以是局部变量，也可以是表中的字段变量名，还可以是用运算符连接起来的表达式。

执行 CASE 表达式时，会按顺序将测试表达式的值与测试值逐个进行比较，只要发现一个相等，则返回相应结果表达式的值，CASE 表达式执行结束。否则，如果有 ELSE 子句则返回相应结果表达式的值；如果没有 ELSE 子句，则返回一个 NULL 值，CASE 表达式执行结束。

在 CASE 表达式中，若同时有多个测试值与测试表达式的值相同，则只返回第一个与测试表达式值相同的 WHEN 子句后的结果表达式的值。

【例 9.15】 显示 cj 表中的数据，并使用 CASE 语句将课程号替换为课程名。

```
SELECT 学号,
    课程名=CASE 课程号
            WHEN 'J001' THEN '计算机基础'
            WHEN 'J002' THEN '数据结构'
            WHEN 'J003' THEN '操作系统'
            WHEN 'J005' THEN '数据库SQL Server'
            WHEN 'A001' THEN '英语'
            WHEN 'A002' THEN '数学'
            WHEN 'A005' THEN '哲学'
        END
        , 成绩
    FROM cj
```

程序执行的部分结果如图 9.13 所示。

图 9.13 成绩查询结果

2. 搜索表达式

与简单表达式不同的是，在搜索表达式中，CASE 关键字后面不跟任何表达式，在 WHEN 关键字后面跟的都是逻辑表达式。其语法格式如下。

```
CASE
    WHEN 逻辑表达式1 THEN 结果表达式1
    WHEN 逻辑表达式2 THEN 结果表达式2
    …
```

```
    [ELSE 结果表达式 N]
END
```

执行 CASE 搜索表达式时，会按顺序测试每个 WHEN 子句后面的逻辑表达式，只要发现一个为 TRUE，则返回相应结果表达式的值，CASE 表达式执行结束。否则，如果有 ELSE 子句则返回相应结果表达式的值；如果没有 ELSE 子句，则返回一个 NULL 值，CASE 表达式执行结束。

在 CASE 表达式中，若同时有多个逻辑表达式的值为 TRUE，则只有第一个为 TRUE 的 WHEN 子句后的结果表达式值返回。

【例 9.16】 显示 cj 表中的数据，并根据成绩输出考试等级。成绩大于等于 90 分，输出 "优"；成绩为[80，90)之间，输出 "良"；成绩为[70，80)之间，输出 "中"；成绩为 [60，70)，输出 "及格"；成绩在 60 分以下，输出 "不及格"。

```
SELECT 学号,
    课程名=CASE 课程号
            WHEN 'J001' THEN '计算机基础'
            WHEN 'J002' THEN '数据结构'
            WHEN 'J003' THEN '操作系统'
            WHEN 'J005' THEN '数据库 SQL Server'
            WHEN 'A001' THEN '英语'
            WHEN 'A002' THEN '数学'
            WHEN 'A005' THEN '体育'
        END
    ,    成绩=CASE
        WHEN 成绩>=90 THEN '优'
        WHEN 成绩>=80 THEN '良'
        WHEN 成绩>=70 THEN '中'
        WHEN 成绩>=60 THEN '及格'
        ELSE    '不及格'
        END
    FROM cj
```

程序执行的部分结果如图 9.14 所示。

图 9.14　成绩等级查询结果

9.3.4　无条件转移语句 GOTO

GOTO 语句可以使程序直接跳到指定的标识符位置处继续执行，而位于 GOTO 语句和标识符之间的程序将不会被执行。标识符后面带有冒号(:)。GOTO 语句可以用在语句块、批处理和存储过程中。GOTO 语句也可以嵌套使用。其语法格式如下。

```
GOTO 标号
```

【例 9.17】　使用 GOTO 语句求 5 的阶乘。

```
DECLARE @I INT,@T INT
SET @I=1
SET @T=1
LABEL:
  SET @T=@T*@I
  SET @I=@I+1
IF @I<=5
  GOTO LABEL
SELECT @T
```

程序执行结果为：120

9.3.5　WAITFOR 语句

WAITFOR 语句是延迟执行语句，可以指定在某个时间或者过一定的时间后，执行语句块或存储过程。其语法格式如下。

```
WAITFOR{DELAY 'time'|TIME 'time'}
```

其中，DELAY 指等待指定的时间间隔，最长可达 24h。TIME 指等待到所指定的时间。

【例 9.18】　等待 10s，再显示 xs 表的内容。

```
WAITFOR DELAY '00:00:10'
SELECT * FROM xs
```

【例 9.19】　上午 10:00，显示 xs 表的内容。

```
WAITFOR TIME '10:00:00'
SELECT * FROM xs
```

9.3.6　WHILE 语句

利用循环语句 WHILE 可以有条件地重复执行一条 T-SQL 语句或语句块。其语法格式如下。

```
WHILE 逻辑表达式
 BEGIN
    {语句 1 或语句块 1}
    [CONTINUE]
    {语句 2 或语句块 2}
```

```
    [BREAK]
    {语句 3 或语句块 3}
END
```

当 WHILE 后的逻辑表达式为真时，重复执行 BEGIN…END 之间的语句；当逻辑表达式为假时，循环停止执行，直接执行 BEGIN…END 后面的语句。其中，CONTINUE 语句可以使程序跳过其后面的语句，重新回到 WHILE 命令行，进入下一次的循环判断。BREAK 语句则使程序跳出循环，结束 WHILE 语句的执行。WHILE 语句可以嵌套使用。

【例 9.20】 用 WHILE 语句计算 2 的 10 次方。

```
DECLARE @MY_VAR INT,@MY_RESULT INT
SET @MY_VAR=10
SET @MY_RESULT=1
WHILE @MY_VAR>0
 BEGIN
   SET @MY_RESULT=@MY_RESULT*2
   SET @MY_VAR=@MY_VAR-1
 END
PRINT @MY_RESULT
```

程序执行结果为：1024。

【例 9.21】 改写例 9.20，要求使用 CONTINUE 和 BREAK 语句。

```
DECLARE @MY_VAR INT,@MY_RESULT INT
SET @MY_VAR=10
SET @MY_RESULT=1
WHILE 1=1
 BEGIN
   SET @MY_RESULT=@MY_RESULT*2
   SET @MY_VAR=@MY_VAR-1
   IF @MY_VAR<=0
     BREAK
   ELSE
     CONTINUE
 END
PRINT @MY_RESULT
```

程序执行结果为：1024。

> **注意：** 如果 WHILE 语句嵌套使用，BREAK 语句将终止本层循环退出到上一层的循环，而不是退出整个循环。

9.3.7　RETURN 语句

RETURN 语句可以实现无条件退出执行的批处理命令、存储过程或触发器。RETURN 语句可以返回一个整数给调用它的过程或应用程序，返回值 0 表明成功返回，系统保留值 -1～-99 代表不同的出错原因，如 -1 是指"丢失对象"，-2 是指"发生数据类型错误"等。如果未提供用户定义的返回值，则使用 SQL Server 系统定义值。用户定义的返回状态值不能与 SQL Server 的保留值冲突，系统当前使用的保留值是 0～-14。其语法格式如下：

```
RETURN [整型表达式]
```

【例 9.22】 在 cj 表中查询某学生的某科成绩是否及格。

```
--创建存储过程 MY_TEST
CREATE PROCEDURE MY_TEST
    @XH CHAR(10),@KCH CHAR(4)
AS
IF(SELECT 成绩 FROM cj
        WHERE 学号=@XH AND 课程号=@KCH)>=60
   RETURN 1
ELSE
   RETURN 2
--调用存储过程 MY_TEST,通过返回值判断是否及格
DECLARE @I INT
EXEC @I=MY_TEST '2013030104','A002'
IF @I=1
 PRINT '及格'
ELSE
 PRINT '不及格'
```

程序执行结果：及格。

9.4 系统内置函数

SQL Server 提供了许多内置函数，可以在 T-SQL 程序中使用这些内置函数方便地完成一些特殊的运算和操作。函数用函数名来标识，在函数名称之后有一对小括号，如 GETTIME()。大部分函数需要给出一个或多个参数。

SQL Server 按用途将函数分为行集函数、聚合函数和标量函数。

9.4.1 行集函数

行集函数返回的对象可以像表一样被 T-SQL 语句所引用。行集函数的返回值是不确定的，若使用行集函数对同一个输入值执行多次操作，每次返回的数值不一定相同。表 9.3 给出了常用的行集函数。

表 9.3 行集函数

行集函数	功　　能
CONTAINSTABLE(table,{column|*},'<contains_search_condition>'[,top_n_by_rank])	返回具有零行、一行或多行的表格，列中的字符串数据用精确或模糊方式匹配单词或短语，让单词相互近似或进行加权匹配
FREETEXTTABLE(table,{column|*},'freetext_string'[,top_n_by_rank])	返回具有零行、一行或多行的表格，匹配 freetext_string 中文本的含义。table 是进行全文查询的表，column 是包含字符串数据的列

续表

行集函数	功　能
OPENDATASOURCE(provider_name,init_string)	将特殊的连接信息作为对象名的第一部分，代替连接的服务器名，只能引用 OLE DB 数据源
OPENQUERY(linked_server,'query')	在给定的连接服务器(一个 OLE DB 数据源)上执行指定的直接传递查询
OPENROWSET('provider_name',{'datasource';'user_id';'password'|'provider_string'},{[catalog.][schema.]object|'query'})	返回访问 OLE DB 数据源中的远程数据所需的全部连接信息
OPENXML(idoc int[in],rowpattern nvarchar[in],[flags byte[in]]) [WITH(SchemaDeclaration|TableName)]	OPENXML 通过 XML 文档提供行集视图

【例 9.23】 行集函数的使用。

```
SELECT * FROM OPENDATASOURCE
      ('SQLOLEDB',
       'DATASOURCE=THEONE-PC;USER ID=sa;PWD=123').xsgl.DBO.xs
```

程序执行结果返回 xs 表的所有记录。

9.4.2 聚合函数

聚合函数对集合中的数值进行计算，并返回单个计算结果。聚合函数都具有确定性，任何时候用一组给定的输入值调用它们时，都返回相同的值。聚合函数通常和 SELECT 语句中的 GROUP BY 子句一起使用。表 9.4 给出了常用的聚合函数。

表 9.4　常用的聚合函数

聚合函数	功　能
AVG([ALL|DISTINCT]表达式)	计算表达式中各项的平均值
SUM([ALL|DISTINCT]表达式)	计算表达式中所有项的和
MAX([ALL|DISTINCT]表达式)	返回表达式中的最大值
MIN([ALL|DISTINCT]表达式)	返回表达式中的最小值
COUNT({[ALL|DISTINCT]表达式}|*)	返回一个集合中的项数，返回值为整型
COUNT_BIG({[ALL|DISTINCT]表达式}|*)	返回一个集合中的项数，返回值为长整型

【例 9.24】 聚合函数的使用。

```
SELECT '平均分'=AVG(成绩),'最高分'=MAX(成绩),
       '最低分'=MIN(成绩)  FROM cj WHERE 课程号
='J001'
```

程序执行结果如图 9.15 所示。

图 9.15　聚合函数显示结果

9.4.3 标量函数

标量函数返回一个确定类型的标量值。由于标量函数较多，下面按类型介绍一些常用的函数。

1. 字符串函数

字符串函数用于对字符串进行连接、截取等操作。表 9.5 给出了常用的字符串函数。

表 9.5 字符串函数

字符串函数	功　能
ASCII(字符表达式)	返回字符表达式最左边字符的 ASCII 码
CHAR(整型表达式)	将一个 ASCII 码转换为字符，ASCII 码应在 0～255 之间
SPACE(n)	返回 n 个空格组成的字符串，n 是整型表达式的值
LEN(字符表达式)	返回字符表达式的字符(而不是字节)个数，不计算尾部的空格
LEFT(字符表达式,整型表达式)	从字符表达式中返回最左边的 n 个字符，n 是整型表达式的值
RIGHT(字符表达式,整型表达式)	从字符表达式中返回最右边的 n 个字符，n 是整型表达式的值
SUBSTRING(字符表达式,起始点,n)	返回字符串表达式中从"起始点"开始的 n 个字符
STR(浮点表达式[,长度[,小数]])	将浮点表达式转换为给定长度的字符串，小数点后的位数由所给出的"小数"决定
LTRIM(字符表达式)	去掉字符表达式的前导空格
RTRIM(字符表达式)	去掉字符表达式的尾部空格
LOWER(字符表达式)	将字符表达式的字母转换为小写字母
UPPER(字符表达式)	将字符表达式的字母转换为大写字母
REVERSE(字符表达式)	返回字符表达式的逆序
CHARINDEX(字符表达式 1,字符表达式 2,[开始位置])	返回字符表达式 1 在字符表达式 2 中的开始位置，可从所给出的"开始位置"进行查找，如果未指定开始位置，或者指定为负数或 0，则默认从字符表达式 2 的开始位置查找
DIFFERENCE(字符表达式 1,字符表达式 2)	返回两个字符表达式发音的相似程度(0～4)，4 表示发音最相似
PATINDEX PRINT PATINDEX("%模式%",表达式)	返回指定模式在表达式中的起始位置，找不到时为 0
REPLICATE(字符表达式,整型表达式)	将字符表达式重复多次，整数表达式给出重复的次数
SOUNDEX(字符表达式)	返回字符表达式所对应的 4 个字符的代码
STUFF(字符表达式 1,整型表达式 1,整型表达式 2,字符表达式 2)	用字符表达式 2 替换字符表达式 1 中从整型表达式 1 开始到整型表达式 2 的字符

续表

字符串函数	功　能
NCHAR(整型表达式)	返回 Unicode 的字符
UNICODE(字符表达式)	返回字符表达式最左侧字符的 Unicode 代码

【例9.25】 CHAR 和 STR 函数的使用。

```
PRINT 'B对应的ASCII码值为：'+CHAR(13)+STR(ASCII('B'),2,0)
```

程序执行结果如图 9.16 所示。

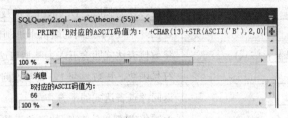

图 9.16　CHAR 和 STR 函数的执行结果

【例9.26】 其他常用的字符串函数的使用。

```
PRINT CHARINDEX('人民','中华人民共和国')       --运算结果为：3
PRINT UPPER('Hello China!')                 --运算结果为：HELLO CHINA!
PRINT LOWER('Hello China!')                 --运算结果为：hello china!
PRINT STUFF('ABCDEF',2,4,'mnh')             --运算结果为：AmnhEF
PRINT REPLICATE('*',5)+SPACE(2)+REPLICATE('$',2)
                                            --运算结果为：*****  $$
```

2. 数学函数

数学函数用来对数值型数据进行数学运算。表 9.6 给出了常用的数学函数。

表 9.6　数学函数

数学函数	功　能
ABS(数值表达式)	返回表达式的绝对值(正值)
ACOS(浮点表达式)	返回浮点表达式的反余弦值(值为弧度)
ASIN(浮点表达式)	返回浮点表达式的反正弦值(值为弧度)
ATAN(浮点表达式)	返回浮点表达式的反正切值(值为弧度)
ATN2(浮点表达式 1,浮点表达式 2)	返回以弧度为单位的角度,此角度的正切值在所给的浮点表达式 1 和浮点表达式 2 之间
COS(浮点表达式)	返回浮点表达式的三角余弦
COT(浮点表达式)	返回浮点表达式的三角余切
CEILING(数值表达式)	返回大于或等于数值表达式值的最小整数
DEGREES(数值表达式)	将弧度转换为度
EXP(浮点表达式)	返回数值的指数形式

数学函数	功　　能
FLOOR(数值表达式)	返回小于或等于数值表达式值的最大整数，CEILING 的反函数
LOG(浮点表达式)	返回数值的自然对数值
LOG10(浮点表达式)	返回以 10 为底的浮点数的对数
PI()	返回 π 的值 3.1415926535897931
POWER(数值表达式,幂)	返回数值表达式的指定次幂的值
RADIANS(数值表达式)	将度转换为弧度，DEGREES 的反函数
RAND([整型表达式])	返回一个 0～1 之间的随机十进制数
ROUND(数值表达式,整型表达式)	将数值表达式四舍五入为整型表达式所给定的精度
SIGN(数值表达式)	符号函数，正数返回 1，负数返回-1，0 返回 0
SQUARE(浮点表达式)	返回浮点表达式的平方
SIN(浮点表达式)	返回角(以弧度为单位)的三角正弦
SQRT(浮点表达式)	返回一个浮点表达式的平方根
TAN(浮点表达式)	返回角(以弧度为单位)的三角正切

【例 9.27】 数学函数的使用。

```
SELECT e 的 1 次幂= EXP(1),约等于=ROUND(EXP(1),2,3)
```

程序执行结果请读者自行验证。

3. 日期时间函数

日期时间函数用来显示日期和时间的信息。它们可以处理 datatime 和 smalldatatime 类型的值，并对其进行算术运算。表 9.7 给出了常用的日期时间函数。

表 9.7　日期时间函数

日期函数	功　　能
GETDATE()	返回服务器的当前系统日期和时间
DATENAME(日期元素,日期)	返回指定日期的名字，返回字符串
DATEPART(日期元素,日期)	返回指定日期的一部分，用整数返回
DATEDIFF(日期元素,日期 1,日期 2)	返回两个日期间的差值并转换为指定日期元素的形式
DATEADD(日期元素,数值,日期)	将日期元素加上日期产生新的日期
YEAR(日期)	返回年份(整数)
MONTH(日期)	返回月份(整数)
DAY(日期)	返回日(整数)
GETUTCDATE()	返回表示当前 UTC 时间(世界时间坐标或格林尼治标准时间)的日期值

表 9.8 给出了日期元素及其缩写和取值范围。

表9.8 日期元素及其缩写和取值范围

日期元素	缩 写	取 值	日期元素	缩 写	取 值
year	yy	1753~9999	hour	hh	0~23
month	mm	1~12	minute	mi	0~59
day	dd	1~31	quarter	qq	1~4
day of year	dy	1~366	second	ss	0~59
week	wk	0~52	millisecond	ms	0~999
weekday	dw	1~7			

【例9.28】 日期函数的使用。

```
DECLARE @VAR1 DATETIME
SET @VAR1='1990/5/3'
SELECT 当前日期=GETDATE(),
'30 天后的日期'=DATEADD(DAYOFYEAR,30,GETDATE()),
距离现在年数=DATEDIFF(YY,@VAR1,GETDATE()),
距离现在月数=DATEDIFF(MM,@VAR1,GETDATE()),
距离现在天数=DATEDIFF(DD,@VAR1,GETDATE())
```

程序执行结果如图9.17所示。

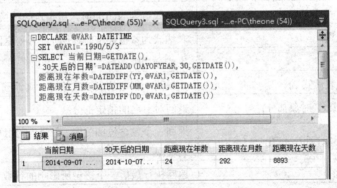

图9.17 日期函数的执行结果

4. 系统综合函数

系统综合函数用来获得 SQL Server 的有关信息。表9.9给出了常用的系统综合函数。

表9.9 常用的系统综合函数

系统综合函数	功 能
APP_NAME()	返回当前会话的应用程序名(如果应用程序进行了设置)
CASE 表达式	计算条件列表，并返回表达式的多个可能结果之一
CAST (表达式 AS 数据类型)	将表达式显示转换为另一种数据类型
CONVERT(数据类型[(长度)],表达式[,style])	将表达式显示转换为另一种数据类型，并指定转换后的数据样式

系统综合函数	功　能
COALESCE(表达式[,...n])	返回列表清单中的第一个非空表达式
CURRENT_TIMESTAMP	返回当前日期和时间,此函数等价于 GETDATE()
CURRENT_USER	返回当前的用户,此函数等价于 USER_NAME()
DATALENGTH(表达式)	返回表达式所占用的字节数
GETANSINULL(['数据库'])	返回数据库中列值是否为空值设置的默认特性(简称默认认为空性)
HOST_ID()	返回主机标识
HOST_NAME()	返回主机名称
IDENT_CURRENT('表名')	任何会话和任何范围中对指定的表生成的最后标识值
IDENT_INCR('表或视图')	返回表的标识列的标识增量
IDENT_SEED('表或视图')	返回种子值,该值是在带有标识列的表或视图中创建标识列时指定的值
IDENTITY(数据类型[,种子,增量])AS 列名	在 SELECT INTO 中生成新表时,指定标识列
ISDATE(表达式)	表达式为有效日期格式时返回 1,否则返回 0
ISNULL(被测表达式,替换值)	表达式值为 NULL 时,用指定的替换值进行替换
ISNUMERIC(表达式)	表达式为数值类型时返回 1,否则返回 0
NEWID()	生成全局唯一标识符
NULLIF(表达式 1,表达式 2)	如果两个指定的表达式相等,则返回空值
PARSENAME('对象名',对象部分)	返回对象名的指定部分
PERMISSIONS([对象标识[,'列']])	返回一个包含位图的值,表明当前用户的语句、对象或列权限
ROWCOUNT_BIG()	返回执行最后一个语句所影响的行数
SCOPE_IDENTITY()	插入当前范围 IDENTITY 列中的最后一个标识值
SERVERPROPERTY(属性名)	返回服务器属性的信息
SESSIONPROPERTY(选项)	会话的 SET 选项
STATS_DATE(table_id,index_id)	对 table_id 的 index_id 更新分配页的日期
USER_NAME([id])	返回给定标识号的用户数据库的用户名

【例 9.29】 改写例 9.28,以消息的方式输出结果。

```
DECLARE @VAR1 DATETIME
SET @VAR1='1990/5/3'
PRINT '当前日期是:'+CAST(GETDATE() AS CHAR(21))+CHAR(13)+
  '30 天后的日期: '+
  CAST(DATEADD(DAYOFYEAR,30,GETDATE())
  AS CHAR(21))+CHAR(13)+
  '距离现在年数:'+
```

```
CAST(DATEDIFF(YY,@VAR1,GETDATE()) AS CHAR(2))+'年'+
'距离现在月数:'+
CAST(DATEDIFF(MM,@VAR1,GETDATE()) AS CHAR(3))+'月'+
'距离现在天数:'+
CAST(DATEDIFF(DD,@VAR1,GETDATE()) AS CHAR(4))+'天'
```

程序执行结果如图 9.18 所示。

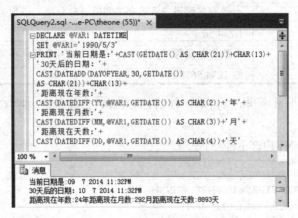

图 9.18　CAST 函数的使用

注意：CAST 函数中的表达式可以是任何有效的 SQL Server 表达式，而数据类型只能是系统数据类型，不能是用户自定义数据类型。

如果希望指定类型转换后数据的样式，则应使用 CONVERT 函数进行数据类型转换。长度是可选参数，用于指定 nchar、nvarchar、char、varchar 等字符串数据的长度；style 也是可选参数，用于指定将 datetime 或 smalldatetime 转换为字符串数据时所返回的日期字符串的日期格式，也用于指定 float、real 转换成字符串数据时所返回的字符串数据格式，或者用于指定将 money、smallmoney 转换为字符串数据所返回的字符串的货币格式。表 9.10 给出了 style 参数的典型取值。

表 9.10　style 参数的典型取值

日期 style 取值		返回字符串的日期时间格式
两位数年份	四位数年份	
2	102	yy-mm-dd　返回年月日
8	108	hh:mm:ss　只返回时间
11	111	yy/mm/dd
–	120	yy-mm-dd hh:mm:ss　返回年月日和时间
实数 style 取值		返回数字字符串的格式
0(默认值)		最大为 6 位数，根据需要使用科学记数法
1		始终为 8 位值，始终使用科学记数法
2		始终为 16 位值，始终使用科学记数法

日期 style 取值	返回字符串的日期时间格式
货币 style 取值	返回货币字符串的格式
0(默认值)	小数点左侧每三位数字之间不以逗号分隔，小数点右侧取两位数，例如 1234.56
1	小数点左侧每三位数字之间以逗号分隔，小数点右侧取两位数，例如 1,234.56
2	小数点左侧每三位数字之间不以逗号分隔，小数点右侧取四位数，例如 1234.5678

下面结合 9.2.1 小节中讲过的 SET DATEFORMAT 命令，说明 CONVERT 函数的使用方法。

【例 9.30】 CONVERT 函数的使用。

```
SET DATEFORMAT mdy
DECLARE @DT DATETIME,@R REAL,@MN MONEY
SET @DT='1/29/2008 10:30:50AM'
SET @R=9834572.4578
SET @MN=3750186.6963
SELECT 默认格式=@DT,
  日期 1=CONVERT(VARCHAR(10),@DT,102),
  日期 2=CONVERT(VARCHAR(10),@DT,111),
  时间=CONVERT(VARCHAR(10),@DT,108),
  日期和时间=CONVERT(VARCHAR(10),@DT,120)
SELECT 实数 6 位=CONVERT(VARCHAR(20),@R,0),
  实数 8 位=CONVERT(VARCHAR(20),@R,1),
  实数 16 位=CONVERT(VARCHAR(22),@R,2)
SELECT 货币默认=CONVERT(VARCHAR(20),@MN,0),
  货币 1=CONVERT(VARCHAR(20),@MN,1),
  货币 2=CONVERT(VARCHAR(20),@MN,2)
```

程序执行结果如图 9.19 所示。

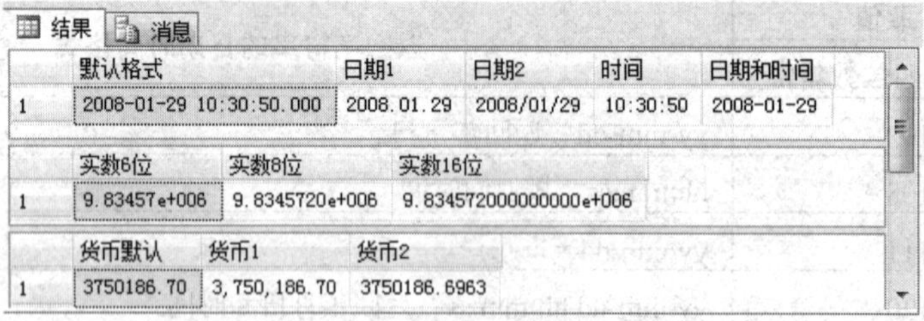

图 9.19　CONVERT 函数演示结果

5. 元数据函数

元数据函数用于返回有关数据库和数据库对象的信息，是一种查询系统表的快捷方法。表 9.11 给出了常用的元数据函数。

表 9.11 常用的元数据函数

元数据函数	功　能
COL_LENGTH('表名','列名')	返回列的长度(以字节为单位)
COL_NAME('table_id','column_id')	返回数据库列的名称
DB_ID(['database_name'])	返回数据库标识(ID)
DB_NAME(database_id)	返回数据库名
FILE_ID('文件名')	返回当前数据库中逻辑文件名所对应的文件标识(ID)
FILE_NAME(文件标识)	返回文件标识(ID)号所对应的逻辑文件名
FILEGROUP_ID('文件组名')	返回文件组名称所对应的文件组标识(ID)
FILEGROUP_NAME(文件组标识)	返回给定文件组标识(ID)号的文件组名
INDEX_COL('table',index_id,key_id)	返回索引列名称
OBJECT_ID('object')	返回数据库对象标识
OBJECT_NAME(object_id)	返回数据库对象名
COLUMNPROPERTY(id,column,property)	返回列的属性值
DATABASEPROPERTY(database, property)	返回数据库属性值
DATABASEPROPERTYEX(database, property)	返回数据库选项或属性的当前设置
FILEGROUPPROPERTY(filegroup_name, property)	返回文件组属性值
INDEXPROPERTY(table_ID,index,property)	返回索引属性值
OBJECTPROPERTY(id,property)	返回当前数据库的对象信息
TYPEPROPERTY(type,property)	返回有关数据类型的信息
SQL_VARIANT_PROPERTY(expression,property)	返回有关 sql_variant 值的基本数据类型和其他信息
INDEXKEY_PROPERTY(table_ID,index_ID,key_ID, property)	返回有关索引键的信息
FULLTEXTCATALOGPROPERTY(catalog_name,property)	返回有关全文目录属性的信息
FULLTEXTSERVICEPROPERTY(property)	返回有关全文服务级别属性的信息
FN_LISTEXTENDEDPROPERTY	返回数据库对象的扩展属性值

【例 9.31】 元数据函数的使用。
```
SELECT COL_NAME(OBJECT_ID('xs'),2)
```
程序执行结果为：姓名。

6. 安全函数

表 9.12 给出了常用的安全函数。

表 9.12　常用的安全函数

安全函数	功　能
USER	返回当前用户的数据库用户名
USER_ID(['user'])	返回用户标识(ID)
SUSER_SID(['login'])	返回登录账户的安全标识(SID)
SUSER_SNAME([server_user_sid])	根据用户的安全标识(SID)返回登录账户名
IS_MEMBER({'group'|'role'})	返回当前用户是否为所给定的 Microsoft Windows NT 组或 Microsoft SQL Server 角色的成员，1 为是，0 为不是，参数无效则返回 NULL
IS_SRVROLEMEMBER('role'[,'login'])	指明当前的用户登录是否为所给定的服务器角色的成员，1 为是，0 为不是，参数无效则返回 NULL
HAS_DBACCESS('database_name')	返回用户是否可以访问所给定的数据库，1 为可以，0 为不可以，数据库名无效则返回 NULL
FN_TRACE_GETTABLE([@filename=]filename, [@numfiles=]number_files)	以表格格式返回跟踪文件的信息
FN_TRACE_GETINFO([@traceid=]trace_id)	返回给定的跟踪或现有跟踪的信息。所给出的 trace_id 为跟踪的 ID，Property 为跟踪的属性
FN_TRACE_GETFILTERINFO([@traceid=]trace_id)	返回有关应用于指定跟踪的筛选的信息
FN_TRACE_GETEVENTINFO([@traceid=]trace_id)	返回有关跟踪的事件信息

【例 9.32】　返回当前用户的数据库用户名、用户 ID、SA 的登录 ID。

```
SELECT 数据库用户=USER,用户的 ID=USER_ID(USER),
        SA 的登录 ID=SUSER_SID('SA')
```

程序执行结果如图 9.20 所示。

图 9.20　安全函数的使用

7. 游标函数

表 9.13 给出了常用的游标函数。

表 9.13　常用的游标函数

游标函数	功　能
CURSOR_STATUS({'local','cursor_name'}|{'global','cursor_name'}|{'variable','cursor_variable'})	一个标量函数，显示过程是否已为给定的参数返回游标或结果集
@@CURSOR_ROWS	返回所打开游标的符合条件的记录的行数

游标函数	功　能
@@FETCH_STATUS	返回被 FETCH 语句执行的最后游标的状态,0 为 FETCH 成功, -1 为 FETCH 失败, -2 为要提取的行不存在

9.6 节会给出游标函数的应用实例。

8. 配置函数

配置函数可以给出系统当前的参数,它是全局变量的一部分,表 9.14 给出了常用的配置函数。

表 9.14　常用的配置函数

配置函数	功　能
@@DATEFIRST	返回 SET DATEFIRST 参数的当前值。SET DATEFIRST 设置每周哪一天为第一天,其中 1 对应星期一,2 对应星期二,以此类推
@@DBTS	返回 timestamp 数据类型的当前值
@@LANGID	返回当前使用语言的 ID
@@LANGUAGE	返回当前使用语言的名称
@@LOCK_TIMEOUT	返回当前会话锁定的超时设置,单位为毫秒
@@MAX_CONNECTIONS	返回允许用户同时连接的最大数
@@MAX_PRECISION	返回 decimal 和 numeric 数据类型的精度
@@NESTLEVEL	返回当前存储过程执行的嵌套层次(初始值为 0)
@@OPTIONS	返回当前 SET 选项的信息
@@REMSERVER	返回远程 SQL Server 数据库服务器的名称
@@SERVERNAME	返回运行 SQL Server 的本地服务器名称
@@SERVICENAME	返回 SQL Server 所用的注册表的键值的名称。若当前实例为默认实例,则返回 MSSQLServer;若当前实例是命名实例,则返回实例名
@@SPID	返回当前用户进程的 ID
@@TEXTSIZE	返回 SET 语句 TEXTSIZE 选项的当前值
@@VERSION	返回 SQL Server 当前安装的日期、版本和处理器类型

9. 文本和图像函数

文本和图像函数用于对 text 和 image 数据进行操作,返回有关这些值的信息,表 9.15 给出了常用的文本和图像函数。

表 9.15　常用的文本和图像函数

文本和图像函数	功　能
PATINDEX("%模式%",表达式)	返回指定模式的开始位置, 若无则返回 0
TEXTPTR(列名)	以二进制形式返回对应于 text、image 列的 16 个字节

文本和图像函数	功　能
TEXTVALID("表名.列名",textptr)	检查 text 或 image 指针对表列的有效性，有效返回 1，否则返回 0

9.5　用户自定义函数

SQL Server 不但提供了系统内置函数，还允许用户自定义函数。用户自定义的函数是由一个或多个 T-SQL 语句组成的子程序，一般也是为了方便重用而创建的。

9.5.1　用户自定义函数的创建与调用

用户自定义函数可以有输入参数并返回值，但没有输出参数。若函数的参数有默认值，则调用该函数时必须明确指定 DEFAULT 关键字才能获取默认值。

SQL Server 支持 3 种类型的用户自定义函数：标量函数、内嵌表值函数和多语句表值函数。所谓标量，就是系统数据类型中定义的值，例如，整型值、字符串型值等。标量函数返回在 RETURNS 子句中定义的单个数据值。内嵌表值函数和多语句表值函数返回的是一个表，两者不同的是内嵌表值函数，没有函数主体，是以单个 SELECT 语句的结果集作为返回的表，而多语句表值函数则是通过 BEGIN...END 块中定义的函数主体，由 SQL 语句生成一个临时表返回。

1. 创建标量用户自定义函数

创建标量用户自定义函数的语法格式如下。

```
CREATE FUNCTION[所有者名称.]函数名称
[({{@参数名称[AS]标量数据类型=[默认值]}[...n])]
    RETURNS 标量数据类型
    [AS]
    BEGIN
        函数体
        RETURN 标量表达式
    END
```

其中，参数名必须是以@开始的标识符，每个参数必须指定一种标量数据类型，还可以根据需要设置一个默认值。

【例 9.33】　在 xsgl 数据库中，创建一个计算学生年龄的函数。该函数接收学生的学号，通过查询 xs 表返回该学生的年龄。

```
--如果存在同名函数则删除
IF EXISTS(SELECT NAME FROM SYSOBJECTS
        WHERE NAME='nl' AND TYPE='FN')
  DROP FUNCTION dbo.nl
GO
--建立新的函数
```

```
CREATE FUNCTION dbo.nl(@XH AS CHAR(10),
                      @CURRENTDATE AS DATETIME)
  RETURNS INT
  AS
  BEGIN
    DECLARE @CSSJ DATETIME
    SELECT @CSSJ=出生时间 FROM xs WHERE 学号=@XH
    RETURN DATEDIFF(YY,@CSSJ,@CURRENTDATE)
  END
GO
--调用函数显示年龄
SELECT 学号,姓名,年龄=dbo.nl(学号,GETDATE()),专业 FROM xs
GO
```

程序执行部分结果如图 9.21 所示。

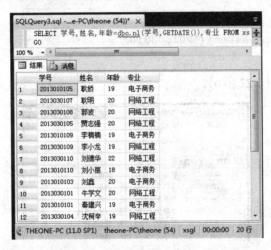

图 9.21　显示学生的年龄

在用户自定义函数中不能调用不确定函数。函数是确定的是指，如果任何时候用一组相同的输入参数值调用该函数，都能得到同样的函数值；否则，就是不确定的。例如，这里使用的 GETDATE()函数就是不确定的函数，它不能出现在自定义函数中，而是用在查询语句中。

2. 创建内嵌表值函数

创建内嵌表值函数的语法格式如下。

```
CREATE FUNCTION [所有者名称.]函数名称
              [({@参数名称[AS]标量数据类型=[默认值]}[…n])]
RETURNS TABLE
[AS]
RETURN[(SELECT 语句)]
```

其中，TABLE 表示函数的返回值是一个表，SELECT 语句给出内嵌表值函数返回的表。

【例 9.34】　在 xsgl 数据库中创建内嵌表值函数。该函数接收学生的学号，给出该学生的考试科目及成绩。

```
--如果存在同名函数则删除
IF EXISTS(SELECT NAME FROM SYSOBJECTS
        WHERE NAME='kskmcj' AND TYPE='IF')
  DROP FUNCTION dbo.kskmcj
GO
--建立新的函数
CREATE FUNCTION dbo.kskmcj(@XH AS CHAR(10))
  RETURNS TABLE
  AS
  RETURN(SELECT A.学号,A.姓名,A.专业,C.课程名,B.成绩
        FROM xs A INNER JOIN cj B ON A.学号=B.学号
        INNER JOIN kc C ON B.课程号=C.课程号
        WHERE A.学号=@XH
        )
GO
--调用函数显示课程名和成绩
SELECT * FROM dbo.kskmcj('2013030101')
GO
```

程序执行结果如图 9.22 所示。

图 9.22　显示学生的考试科目及成绩

3. 创建多语句表值函数

创建多语句表值函数的语法格式如下。

```
CREATE FUNCTION [所有者名称.]函数名称
        [({@参数名称[AS]标量数据类型=[默认值]}[...n])]
RETURNS @表名变量 TABLE 表的定义
[AS]
BEGIN
    函数体
    RETURN
END
```

其中，"@表名变量"在函数体中使用，相当于返回表的名字，函数体中使用它对返回表进行操作。"表的定义"给出返回表的字段或约束的定义。

【例 9.35】　在 xsgl 数据库中，创建多语句表值函数。该函数接收专业名称，给出该专业所有学生的考试科目数。

```
--如果存在同名函数则删除
IF EXISTS(SELECT NAME FROM SYSOBJECTS
          WHERE NAME='zy' AND TYPE='TF')
  DROP FUNCTION dbo.zy
GO
--建立新的函数
CREATE FUNCTION dbo.zy(@ZY AS CHAR(8))
  RETURNS @zykm TABLE(
        学号 CHAR(10) PRIMARY KEY,
        姓名 CHAR(6),
        科数 INT
        )
  AS
  BEGIN
    DECLARE @ks TABLE(
            学号 CHAR(10),
            科数 INT
            )
    INSERT @ks
     SELECT 学号,科数=COUNT(学号) FROM cj GROUP BY 学号
    INSERT @zykm
     SELECT A.学号,A.姓名,B.科数 FROM xs A LEFT JOIN @ks B
      ON A.学号=B.学号 WHERE 专业=@ZY
    RETURN
  END
GO
--调用函数显示某一专业的学生的考试科数
SELECT * FROM zy('网络工程')
GO
```

程序执行结果如图 9.23 所示。

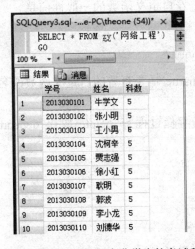

图 9.23 显示网络工程专业学生的考试科数

9.5.2　查看与修改用户自定义函数

1.用户自定义函数的查看

用户自定义函数既可以通过对象资源管理器查看，也可以通过系统存储过程查看。利用对象资源管理器查看的过程是：在对象资源管理器中展开数据库，在数据库文件夹下展开"可编程性"文件夹，在"可编程性"中展开"函数"，找到相应的函数类型，在选定的函数上右击，在弹出快捷菜单中选择相应选项即可。

下面详细介绍利用系统存储过程查看自定义函数的方法。在查询分析器中可以利用系统存储过程 sp_helptext、sp_depends 和 sp_help 等查看自定义函数的不同信息。

1) sp_helptext

利用该存储过程，可以查看自定义函数的定义文本信息。要求在创建该函数时不带 WITH ENCRYPTION 子句。

语法格式：

```
sp_helptext [objname=] 'name'
```

参数说明：[objname=] 'name'是要查看的自定义函数的名称。要求该函数必须在当前数据库中。

2) sp_depends

利用该存储过程，可以查看自定义函数的相关性信息。

语法格式：

```
sp_depends [objname=] 'name'
```

参数说明：[objname=] 'name'是要查看的自定义函数的名称。要求该函数必须在当前数据库中。

3) sp_help

利用该存储过程，可以查看自定义函数的一般性信息。

语法格式：

```
sp_help [objname=] 'name'
```

参数说明：[objname=] 'name'是要查看的自定义函数的名称。要求该函数必须在当前数据库中。

【例 9.36】分别利用系统存储过程 sp_helptext、sp_depends 和 sp_help 查看自定义函数 kskmcj 的信息。

代码如下：

```
USE xsgl
GO
EXEC sp_helptext kskmcj
```

以上代码的执行结果如图 9.24 所示。

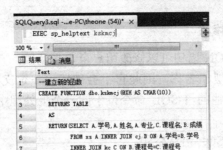

图 9.24   函数 kskmcj 的定义文本信息

```
USE xsgl
GO
EXEC sp_depends kskmcj
```

以上代码的执行结果如图 9.25 所示。

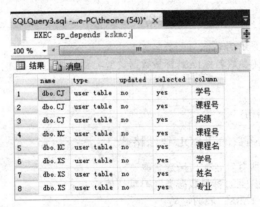

图 9.25   函数 kskmcj 的相关性信息

```
USE xsgl
GO
EXEC sp_help kskmcj
```

以上代码的执行结果如图 9.26 所示。

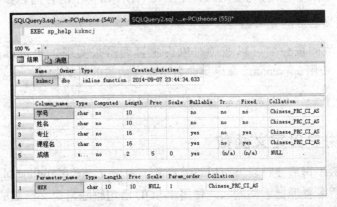

图 9.26   函数 kskmcj 的一般性信息

2. 用户自定义函数的修改

使用 ALTER FUNCTION 语句可以修改用户自定义函数，其格式与定义函数相同。修改函数不能更改函数的类型和名称，因此它不会破坏用户定义函数的依附关系。ALTER FUNCTION 命令不能与其他的 T-SQL 命令位于同一个批处理中。这里只给出修改函数的 T-SQL 命令格式。

1) 修改标量函数的 T-SQL 语法格式

```
ALTER FUNCTION[所有者名称.]函数名称
[({@参数名称[AS]标量数据类型=[默认值]}[...n])]
    RETURNS 标量数据类型
    [AS]
    BEGIN
        函数体
        RETURN 标量表达式
    END
```

2) 修改内嵌表值函数的 T-SQL 语法格式

```
ALTER FUNCTION [所有者名称.]函数名称
                [({@参数名称[AS]标量数据类型=[默认值]}[...n])]
RETURNS TABLE
[AS]
RETURN[(SELECT 语句)]
```

3) 修改多语句表值函数的 T-SQL 语法格式

```
ALTER FUNCTION [所有者名称.]函数名称
        [({@参数名称[AS]标量数据类型=[默认值]}[...n])]
RETURNS @表名变量 TABLE 表的定义
[AS]
BEGIN
    函数体
    RETURN
END
```

修改函数语句中的各参数与 CREATE FUNCTION 语句中的各同名参数的含义相同。

3. 用户自定义函数的重命名

用户定义函数的重命名可以通过对象资源管理器来实现，也可以由系统存储过程 sp_rename 实现。使用 sp_rename 命令重命名自定义函数的格式如下：

```
EXEC sp_rename 'objname', 'new_objname'
```

9.5.3 删除用户自定义函数

当自定义函数不再需要时，就可以将其删除。自定义函数既可以通过 SQL 语句删除，也可以通过对象资源管理器手动删除。使用 T-SQL 语句删除自定义函数的语法格式如下：

```
DROP FUNCTION [schema_name.]function_name [,...n]
```

9.6 游标及其使用

在数据库中，游标是一个十分重要的概念，游标提供了一种对从表中检索出的数据进行操作的灵活手段。就本质而言，游标实际上是一种能从包括多条数据记录的结果集中每次提取一条记录的机制。

9.6.1 游标概述

游标允许应用程序对查询语句 SELECT 返回的行结果集中的每一行进行相同或不同的操作，而不是一次对整个结果集进行同一种操作。基于游标位置可以对表中的数据进行删除或更新。正是游标把作为面向集合的数据库管理系统和面向行的程序设计两者联系起来，才使得两种数据处理方式能够进行沟通。游标支持以下功能。

(1) 定位在结果集的特定行。

(2) 从结果集的当前位置检索一行或多行。

(3) 支持对结果集中当前位置的行进行数据修改。

(4) 为其他用户对显示在结果集中的数据库数据进行更改提供不同级别的可见性支持。

(5) 提供脚本、存储过程和触发器中使用的访问结果集中的数据的 T-SQL 语句。

根据游标的用途不同，将游标分成三种类型。

1. T-SQL 游标

T-SQL 游标是由 DECLARE CURSOR 语法定义的，主要用在服务器上，由从客户端发送给服务器的 T-SQL 语句或批处理、存储过程、触发器中的 T-SQL 语句进行管理。T-SQL 游标不支持提取数据块或多行数据。

2. API 游标

API 游标支持在 OLE DB、ODBC 以及 DB_library 中使用游标函数，主要用在服务器上。每一次客户端应用程序调用 API 游标函数，SQL Server 的 OLE DB 提供者、ODBC 驱动器或 DB_library 的动态链接库(DLL)都会将这些客户请求传送给服务器以对 API 游标进行处理。

3. 客户游标

在客户游标中，有一个默认的结果集被用来在客户机上缓存整个结果集。客户游标仅支持静态游标而非动态游标。由于服务器游标并不支持所有的 T-SQL 语句或批处理，所以客户游标常常仅被用作服务器游标的辅助。因为在一般情况下，服务器游标能支持绝大多数的游标操作。

由于 API 游标和 T-SQL 游标使用在服务器端，所以被称为服务器游标，也被称为后台游标，而客户端游标被称为前台游标。在本节中主要讲述服务器游标。

根据 T-SQL 服务器游标的处理特性，SQL Server 将游标分为四种。

1) 静态游标

静态游标是在打开游标时在 tempdb 中建立 SELECT 结果集的快照。静态游标总是按照打开游标时的原样显示结果集，并不反映其他在数据库中对任何结果集成员所做的更新。

2) 动态游标

动态游标与静态游标相对。当滚动游标时，动态游标反映结果集中的所有更改。结果集中的行数据值、顺序和成员在每次提取时都会改变，所有用户做的全部 UPDATE、INSERT 和 DELETE 语句均通过游标可见。

3) 只进游标

只进游标不支持滚动，它只支持游标从头到尾顺序提取数据。游标从数据库中提取一条记录并进行操作，操作完毕后，再提取下一条记录。

4) 键集游标

键集游标中各行的成员身份和顺序是固定的。键集驱动游标由一组唯一标识符(键)控制，这组键称为键集。键是根据以唯一方式标识结果集中各行的一组列生成的。键集是打开游标时来自符合 SELECT 语句要求的所有行中的一组键值。键集驱动的游标对应的键集是打开游标时在数据库 tempdb 中生成的。

9.6.2　游标的定义与使用

在 SQL Server 中使用游标，基本有定义游标，打开游标，读取游标区中的当前元组，利用游标修改数据，关闭游标，删除游标几个步骤。下面详细介绍各步骤。

1. 定义游标(DECLARE)

在内存中创建游标结构，是游标语句的核心。

DECLARE 定义了一个游标的标识名，并把游标标识名和一个查询语句关联起来，但尚未产生结果集。

定义游标使用 DECLARE CURSOR 语句，这里简单介绍 T-SQL 扩展的语法，具体可参考联机帮助。T-SQL 扩展的语法格式如下。

```
DECLARE cursor_name CURSOR                      /*指定游标名*/
[LOCAL|GLOBAL]                                  /*游标作用域*/
[FORWARD_ONLY|SCROLL]                           /*游标移动方向*/
[STATIC|KEYSET|DYNAMIC|FAST_FORWARD]            /*游标类型*/
[READ_ONLY|SCROLL_LOCKS|OPTIMISTIC]             /*访问属性*/
[TYPE_WARNING]                                  /*类型转换警告信息*/
FOR SELECT_statement
[FOR UPDATE[OF column_name[,…n]]]               /*可修改的列*/
```

各参数说明如下。

(1) LOCAL|GLOBAL：LOCAL 说明游标只适合用在建立游标的存储过程、触发器或批处理文件内。当建立它的存储过程等结果执行时，即自动解除(Deallocate)。GLOBAL 适用于 session 的所有存储过程、触发器或批处理文件内。结束连接时，即自动解除。

(2) FORWARD_ONLY：读取游标中的数据只能由第一行数据向前读至最后一行，默认为此选项。

(3) SCROLL 参数允许用户查看前后行的数据，具体取值如表 9.16 所示。

表 9.16　定义游标命令中 SCROLL 的取值

SCROLL 参数	含　义
FIRST	提取游标中的第一行数据
LAST	提取游标中的最后一行数据
PRIOR	提取游标当前位置的上一行数据
NEXT	提取游标当前位置的下一行数据
RELATIVE n	提取游标当前位置之前或之后的第 n 行数据(n 为正数表示向下，n 为负数表示向上)
ABSULUTE n	提取游标中的第 n 行数据

(4) STATIC：表示游标为静态游标，即游标内的数据不能被修改。

(5) KEYSET：指定当游标打开时，系统在 tempdb 内部建立一个 keyset，keyset 的键值可唯一识别游标的数据。当用户更改非键值时，能反映出其变动。当新增一行符合游标范围的数据时，无法由此游标读到；当删除游标中的一行数据时，由此游标读取该行数据，会得到一个@@FETCH_status 值为-2 的返回值。

(6) DYNIMIC：当游标在流动时能反映游标内最新的数据。

(7) FAST_FORWARD：当设定 FOR READ_ONLY 或 READ_ONLY 时，设置这一选项可启动系统的效能最佳化。

(8) READ_ONLY：内容不能更改；SCROLL_LOCKS：当数据读入游标时，系统将这些数据锁定，可确保成功更新或删除游标内的数据，与选项 FAST_FORWARD 冲突；OPTIMISTIC：用 WHERE CURRENT OF 方式修改或删除游标内的某行数据时，如果该行数据已被其他用户变动过，则 WHERE CURRENT OF 的更新方式将不会成功。

(9) TYPE_WARNING：若游标的类型被内部更改为和用户要求说明的类型不同时，发送一个警告信息给客户。

2. 打开游标

打开游标语句执行游标定义中的查询语句，查询结果位于游标缓冲区，并使游标指针指向游标缓冲区中的第一个元组，作为游标的默认访问位置。查询结果的内容取决于查询语句的设置和查询条件。打开游标的语句格式如下：

```
OPEN {{[GLOBAL] cursor_name}|@cursor_variable_name}
```

其中，GLOBAL 参数表示要打开的是全局游标；cursor_name 为游标名称；@cursor_variable_name 为游标变量名称，该变量引用一个游标。要判断打开游标是否成功，可以通过判断全局变量@@ERROR 是否为 0 来确定，值为 0 表示成功，否则表示失败。游标打开成功之后，可以通过全局变量@@CURSOR_ROWS 来获取游标中的记录行数。@@CURSOR_ROWS 变量有以下几种取值。

(1) -m：游标采用异步方式填充，m 为当前键集中已填充的行数。

(2) -1：游标为动态游标，游标中的行数是动态变化的，因此不能确定。

(3) 0：指定的游标没有被打开，或是打开的游标已被关闭或释放。

(4) n：游标已完全填充，返回值为游标中的行数。

可见只有静态游标或扩展语法的 KEYSET 游标才能知道游标中记录的行数。

注意：只能打开已经声明但还没有打开的游标。

【例 9.37】使用游标的@@CURSOR_ROWS 变量，统计 xs 表中的人数，假定每个学生有一个唯一的记录。

要通过@@CURSOR_ROWS 变量得到记录的个数，需要声明不敏感游标或扩展语法格式的静态游标或键集游标，语句如下：

```
DECLARE rs INSENSITIVE CURSOR FOR SELECT * FROM xs
OPEN rs          --打开游标
IF @@ERROR=0
   BEGIN
    PRINT '游标打开成功。'
    PRINT '学生总数为：'+
      CONVERT(VARCHAR(3),@@CURSOR_ROWS)
   END
CLOSE rs         --关闭游标
DEALLOCATE rs            --释放游标
GO
```

程序执行结果如图 9.27 所示。

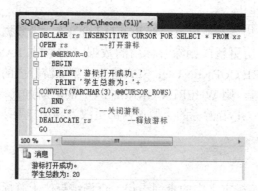

图 9.27   游标的打开

3. 获取数据

游标被打开后，可以用 FETCH 语句从结果集中检索单独的行。其语法格式如下：

```
FETCH [NEXT|PRIOR|FIRST|LAST|ABSOLUTE{n|@nvar}|RELATIVE{n|@nvar}]
FROM {{{[GLOBAL]cursor_name}|@cursor_variable_name}
[INTO @variable_name][,…n]}
```

各参数含义如下。

(1) NEXT：返回紧跟当前行之后的结果行。如果 FETCH NEXT 是对游标的第一次提取操作，则返回结果集中的第一行。NEXT 为默认的游标提取选项。

(2) PRIOR：返回紧临当前行前面的结果行，并且当前行递减为结果行。如果 FETCH PRIOR 是对游标的第一次提取操作，则没有行返回并且游标置于第一行之前。

(3) FIRST：返回游标中的第一行并将其作为当前行。

（4）LAST：返回游标中的最后一行并将其作为当前行。

（5）ABSOLUTE{n|@nvar}：如果 n 或@nvar 为正数，返回从游标头开始的第 n 行，并将返回的行变成新的当前行。如果 n 或@nvar 为负数，返回游标尾之前的第 n 行，并将返回的行变成新的当前行。如果 n 或@nvar 为 0，则没有行返回。n 必须为整型常量且@nvar 必须为 smallint、tinyint 或 int。

（6）RELATIVE{n|@nvar}：如果 n 或@nvar 为正数，返回当前行之后的第 n 行并将返回的行变成新的当前行。如果 n 或@nvar 为负数，返回当前行之前的第 n 行并将返回的行变成新的当前行。如果 n 或@nvar 为 0，返回当前行。如果对游标进行第一次提取操作时将 FETCH RELATIVE 的 n 或@nvar 指定为负数或 0，则没有行返回。n 必须为整型常量且@nvar 必须为 smallint、tinyint 或 int。

（7）INTO@variable_name [,…n]：存入变量。允许将提取操作的列数据放到局部变量中。列表中的各个变量从左到右与游标结果集中的相应列关联。各变量的数据类型必须与相应的结果列的数据类型匹配。变量的数目必须与游标选择列表中的列的数目一致。

注意：游标位置决定了结果集中哪一行的数据可以被提取，如果游标方式为 FOR UPDATE，则可决定哪一行数据可以更新或者删除。

可以用@@FETCH_STATUS 返回由 FETCH 语句执行的游标的最终状态。返回类型为 integer。

返回值的含义如下。

（1）0：FETCH 语句成功。

（2）-1：FETCH 语句失败或此行不在结果集中。

（3）-2：被提取的行不存在。

在提取操作出现之前，@@FETCH_STATUS 的值没有含义。

注意：由于@@FETCH_STATUS 对于在一个连接上的所有游标是全局性的，因此要注意@@FETCH_STATUS 值的状态。在执行一条 FETCH 语句后，必须在对另一游标执行另一 FETCH 语句前测试@@FETCH_STATUS 值的状态点，以保证操作的正确。

【例 9.38】使用游标从 xs 表中逐行获取总学分小于 18 的记录。

```
SELECT * FROM xs WHERE 总学分<18
DECLARE xf CURSOR FOR
        SELECT * FROM xs WHERE 总学分<18
OPEN xf
FETCH NEXT FROM xf
WHILE @@FETCH_STATUS=0
  FETCH NEXT FROM xf
CLOSE xf
DEALLOCATE xf
```

程序执行结果如图 9.28 所示。

图 9.28 游标获取数据的顺序

4．关闭游标

使用 CLOSE 语句可以关闭游标，游标关闭后，数据不可再读。该过程可以结束动态游标的操作并释放资源，在 CLOSE 语句之后还可以使用 OPEN 语句重新打开。

语法格式：

```
CLOSE cursor_name
```

5．释放游标

使用 DEALLOCATE 语句可以从当前的会话中移除游标的引用，该过程可以完全释放分配给游标的所有资源。游标释放之后不能用 OPEN 语句重新打开，必须使用 DECLARE 语句重建游标。

语法格式：

```
DEALLOCATE cursor_name
```

6．利用游标修改数据

SQL Server 中的 UPDATE 和 DELETE 语句也支持游标操作，它们可以通过游标修改或删除游标基表中的当前数据行。

UPDATE 的语句格式如下：

```
UPDATE table_name SET 列名=表达式[,…n] WHERE CURRENT OF cursor_name
```

DELETE 的语句格式如下：

```
DELETE FROM table_name WHERE CURRENT OF cursor_name
```

说明：CURRENT OF cursor_name 表示当前游标指针所指的当前行数据。CURRENT OF 只能在 UPDATE 和 DELETE 语句中使用。

注意：使用游标修改基表数据的前提是声明的游标是可更新的，对相应的数据库对象(游标的基表)有修改和删除的权限。

【例 9.39】 使用游标更新 xs1 表中专业为"电子商务"的第 2 条记录，将其专业修改为"网络工程"。

```
SELECT * INTO xs1 FROM xs                          --由 xs 表建立表 xs1
DECLARE xgzy CURSOR FOR SELECT * FROM xs1          --声明游标
WHERE 专业='电子商务'
OPEN xgzy                        --打开游标
FETCH NEXT FROM xgzy             --提取游标
FETCH NEXT FROM xgzy
UPDATE xs1 SET 专业='网络工程' WHERE CURRENT OF xgzy
CLOSE xgzy                       --关闭游标
DEALLOCATE xgzy                  --释放游标
SELECT * FROM xs1 WHERE 专业='网络工程'
```

程序执行结果如图 9.29 所示。

	学号	姓名	性别	出生时间	专业	总学分	照片	备注	电话
1	2013010105	耿娇	女	1995-06-13 00:00:00.000	电子商务	18	NULL	NULL	NULL

	学号	姓名	性别	出生时间	专业	总学分	照片	备注	电话
1	2013010109	李楠楠	女	1995-01-12 00:00:00.000	电子商务	16	NULL	NULL	NULL

	学号	姓名	性别	出生时间	专业	总学分	照片	备注	电话
1	2013030107	耿明	男	1994-09-09 00:00:00.000	网络工程	19	NULL	NULL	NULL
2	2013030108	郭波	男	1994-12-23 00:00:00.000	网络工程	15	NULL	NULL	NULL
3	2013030105	贾志强	男	1994-10-22 00:00:00.000	网络工程	19	NULL	NULL	NULL
4	2013010109	李楠楠	女	1995-01-12 00:00:00.000	网络工程	16	NULL	NULL	NULL
5	2013030109	李小龙	男	1995-12-01 00:00:00.000	网络工程	19	NULL	NULL	NULL
6	2013030110	刘德华	男	1992-12-31 00:00:00.000	网络工程	19	NULL	NULL	NULL
7	2013030101	牛学文	男	1994-12-14 00:00:00.000	网络工程	19	NULL	NULL	NULL
8	2013030104	沈柯辛	男	1995-02-01 00:00:00.000	网络工程	17	NULL	NULL	NULL
9	2013030103	王小男	男	1995-09-23 00:00:00.000	网络工程	12	NULL	NULL	NULL
10	2013030106	徐小红	女	1994-11-11 00:00:00.000	网络工程	19	NULL	NULL	NULL
11	2013030102	张小明	男	1995-09-23 00:00:00.000	网络工程	19	NULL	NULL	NULL

图 9.29 用游标修改专业

【例 9.40】 使用游标将 cj1 表中小于 60 分的成绩改成 60 分。

```
--显示 cj 表中成绩小于分的记录
SELECT * FROM cj WHERE 成绩< 60
--将 cj 表复制到 cj1 中
SELECT * INTO cj1 FROM cj
--声明和打开游标
DECLARE @xh CHAR(10),@kc CHAR(4)
DECLARE xgcj CURSOR FOR SELECT 学号,课程号
    FROM cj1 WHERE 成绩<60
OPEN xgcj
FETCH NEXT FROM xgcj INTO @xh,@kc
WHILE @@FETCH_STATUS=0
BEGIN
--修改成绩
UPDATE cj1 SET 成绩=60 WHERE 学号= @xh AND 课程号= @kc
--显示修改后的记录
SELECT * FROM cj1 WHERE 学号= @xh AND 课程号= @kc
FETCH NEXT FROM xgcj  INTO @xh,@kc
```

```
END
CLOSE xgcj
DEALLOCATE xgcj
```

程序执行结果如图 9.30 所示。

	学号	课程号	成绩
1	2013010105	A005	45
2	2013010108	J001	56
3	2013010109	A001	52
4	2013030103	A005	57
5	2013030103	J003	45
6	2013030104	A005	54
7	2013030108	J001	38

	学号	课程号	成绩
1	2013010105	A005	60

	学号	课程号	成绩
1	2013010108	J001	60

	学号	课程号	成绩
1	2013010109	A001	60

	学号	课程号	成绩
1	2013030103	A005	60

	学号	课程号	成绩
1	2013030103	J003	60

	学号	课程号	成绩
1	2013030104	A005	60

	学号	课程号	成绩
1	2013030108	J001	60

图 9.30 用游标修改成绩

7. 删除数据

在删除数据语句 DELETE 中使用子句"WHERE CURRENT OF 游标名",可以删除游标名指定的当前行数据。

【例 9.41】 使用游标删除 xs1 表中第 2 条总学分小于 18 的记录。

```
SELECT * INTO xs1 FROM xs
SELECT * FROM xs1 WHERE 总学分<18
DECLARE scxf CURSOR FOR SELECT * FROM xs1
                    WHERE 总学分<18
OPEN scxf
FETCH NEXT FROM scxf
FETCH NEXT FROM scxf
DELETE FROM xs1 WHERE CURRENT OF scxf
CLOSE scxf
DEALLOCATE scxf
SELECT * FROM xs1 WHERE 总学分<18
```

程序执行结果如图 9.31 所示。

	学号	姓名	性别	出生时间	专业	总学分	照片	备注	电话
1	2013030108	郭波	男	1994-12-23 00:00:00.000	网络工程	15	NULL	NULL	NULL
2	2013010109	李楠楠	女	1995-01-12 00:00:00.000	电子商务	16	NULL	NULL	NULL
3	2013030104	沈柯辛	女	1995-02-01 00:00:00.000	网络工程	17	NULL	NULL	NULL
4	2013010108	王东东	男	1995-01-12 00:00:00.000	电子商务	16	NULL	NULL	NULL
5	2013030103	王小男	男	1995-09-23 00:00:00.000	网络工程	12	NULL	NULL	NULL

	学号	姓名	性别	出生时间	专业	总学分	照片	备注	电话
1	2013030108	郭波	男	1994-12-23 00:00:00.000	网络工程	15	NULL	NULL	NULL

	学号	姓名	性别	出生时间	专业	总学分	照片	备注	电话
1	2013010109	李楠楠	女	1995-01-12 00:00:00.000	电子商务	16	NULL	NULL	NULL

	学号	姓名	性别	出生时间	专业	总学分	照片	备注	电话
1	2013030108	郭波	男	1994-12-23 00:00:00.000	网络工程	15	NULL	NULL	NULL
2	2013030104	沈柯辛	女	1995-02-01 00:00:00.000	网络工程	17	NULL	NULL	NULL
3	2013010108	王东东	男	1995-01-12 00:00:00.000	电子商务	16	NULL	NULL	NULL
4	2013030103	王小男	男	1995-09-23 00:00:00.000	网络工程	12	NULL	NULL	NULL

图 9.31　用游标删除数据

本章实训　T-SQL 语言的使用

1．实训目的

(1) 掌握局部变量和全局变量的使用方法。

(2) 掌握常用的系统函数。

(3) 掌握流程控制语句的使用方法。

(4) 掌握自定义函数的使用方法。

(5) 掌握游标的使用方法。

2．实训内容

(1) 练习使用局部变量和全局变量。

(2) 练习使用系统函数。

(3) 练习使用流程控制语句。

(4) 练习使用自定义函数。

(5) 练习使用游标。

3．实训过程

(1) 查询销售信息表，将返回的记录数赋给局部变量，并显示。

```
USE marketing
GO
DECLARE @NUM INT
SET @NUM=(SELECT COUNT(*) FROM 销售人员)
SELECT @NUM AS '总人数'
GO
```

(2) 利用全局变量查看 SQL Server 的版本、当前所用的语言、服务器及服务的名称、SQL Server 上允许同时连接的最大用户数。

```
SELECT @@VERSION AS 版本
SELECT @@LANGUAGE AS 语言
```

```
SELECT @@SERVERNAME AS 服务器
SELECT @@SERVICENAME AS 服务
SELECT @@MAX_CONNECTIONS AS 最大连接数
```

(3) 刘丽丽的生日为 1988/8/28，使用日期函数计算刘丽丽的年龄和天数，并以消息的方式输出。

```
DECLARE @VAR1 DATETIME
SET @VAR1='1988/8/28'
PRINT '年龄:'+
    CAST(DATEDIFF(YY,@VAR1,GETDATE()) AS CHAR(2))
PRI NT '天数:'+
    CAST(DATEDIFF(DD,@VAR1,GETDATE()) AS CHAR(5))+'天'
```

(4) 使用 DATEADD 函数编写查询从今天开始 200 天后日期的语句。

```
SELECT DATEADD(DD,200,GETDATE())
```

(5) 使用 CASE 语句编写程序实现将货品信息表中的"供应商编码"转换为"供应商名称"。

```
SELECT 名称,
    供应商=CASE 供应商编码
            WHEN '1' THEN '哈尔滨市开发区'
            WHEN '2' THEN '上海市浦东开发区'
            WHEN '3' THEN '深圳市龙港区'
            WHEN '4' THEN '重庆市长安路'
            WHEN '5' THEN '天津市南开区'
            WHEN '6' THEN '深圳市福田区'
        END
    FROM 货品信息
```

(6) 用 WHILE 循环控制语句编程求 10 的阶乘，并由 PRINT 语句输出。

```
DECLARE @MY_VAR INT,@MY_RESULT INT
SET @MY_VAR=1
SET @MY_RESULT=1
WHILE @MY_VAR<=10
 BEGIN
   SET @MY_RESULT=@MY_RESULT*@MY_VAR
   SET @MY_VAR=@MY_VAR+1
 END
PRINT @MY_RESULT
```

(7) 在 marketing 数据库中，创建一个计算货品订单数函数，该函数接收输入的货品编码，通过查询"订单信息"表返回该货品的数量。

```
--如果存在同名函数则删除
IF EXISTS(SELECT NAME FROM SYSOBJECTS
        WHERE NAME='sl' AND TYPE='FN')
  DROP FUNCTION dbo.sl
GO
```

```
--建立新的函数
CREATE FUNCTION dbo.sl(@HPBM AS INT)
RETURNS INT AS
BEGIN
DECLARE @A INTEGER
  SELECT @A=数量 FROM 订单信息 WHERE 货品编码=@HPBM
  RETURN @A
END
GO
--调用函数显示货品的数量
SELECT dbo.sl(6)
```

(8) 在 marketing 数据库中，创建内嵌表值函数，该函数将给出指定客户的订单信息，即客户的编号作为输入参数。

```
--如果存在同名函数则删除
IF EXISTS(SELECT NAME FROM SYSOBJECTS
                 WHERE NAME='dd' AND TYPE='IF')
  DROP FUNCTION dbo.dd
GO
--建立新的函数
CREATE FUNCTION dbo.dd(@BH AS INT)
  RETURNS TABLE
  AS
  RETURN(SELECT A.编号,A.姓名,A.地址,C.名称
         FROM 客户信息 A INNER JOIN 订单信息 B
         ON A.编号=B.客户编号
         INNER JOIN 货品信息 C ON B.货品编码=C.货品编码
         WHERE A.编号=@BH
         )
GO
--调用函数显示货品的数量
SELECT * FROM dbo.dd(4)
```

(9) 使用游标操作，统计"货品信息"表中指定供应商提供的货品种类有多少，用货品的供应商编码信息进行检索。

```
DECLARE sl INSENSITIVE CURSOR FOR
    SELECT 名称,供应商编码 FROM 货品信息
    WHERE 供应商编码=5          --声明游标
OPEN sl           --打开游标
IF @@ERROR=0
    PRINT '供应商提供的商品种类为：'+
          CONVERT(VARCHAR(5),@@CURSOR_ROWS)
CLOSE sl          --关闭游标
DEALLOCATE sl          --释放游标
GO
```

4．实训总结

通过本章上机实训，掌握使用局部变量和全局变量的方法，常用系统函数的使用方法，

流程控制语句与自定义函数的创建和调用方法，以及游标的使用方法。

本 章 小 结

　　本章讲述了 T-SQL 的数据类型、T-SQL 的常量与变量、运算符与表达式、流程控制语句、系统函数与自定义函数以及游标的使用方法。本章是读者学习 T-SQL 语言的基础，只有理解和掌握它们的用法，才能深入理解 SQL 语言和正确编写 SQL 程序。

习　　题

1. 什么是批处理？批处理的结束标志是什么？
2. SQL Server 的数据类型有哪些？
3. 什么是局部变量？什么是全局变量？
4. 写出 T-SQL 语言中运算符的优先顺序。
5. 使用游标访问数据需要哪几步？

第 10 章　存储过程和触发器

存储过程是在服务器上执行的一段 T-SQL 语句程序，它在服务器端对数据库记录进行处理，对于 C/S 模式的应用系统，只要将结果发给客户端即可，这样既减少了网络上数据的传输量，同时也提高了客户端的工作效率。

通过学习本章，读者应掌握以下内容：
- 存储过程的概念、分类及优点；
- 使用对象资源管理器创建和调用存储过程的方法；
- 使用 T-SQL 语句创建和调用存储过程的方法；
- 存储过程的查看、修改、删除和重命名等常用操作；
- 触发器的创建、修改和删除方法；
- 使用触发器实现完整性的方法。

10.1　存储过程概述

存储过程是指封装了服务器中的 T-SQL 语句集合的数据库对象。对这些语句进行封装的目的是便于以后的重复使用。这些语句集合经过编译后存储在数据库中。以后，用户可以通过指定存储过程的名字并给出相应的参数(如果该存储过程带有参数)来执行它。存储过程作为一个单元进行处理，并由一个名称进行标识。利用它，可以向用户返回数据，向数据表中插入、删除和修改数据，还可以执行系统函数并完成某些管理工作。用户在编程过程中，只要给出存储过程的名称和提供所需的参数，就可以非常方便地调用存储过程。尽管存储过程中使用了大量的非过程的 T-SQL 语句，但其本质上仍然是面向过程的，因为在编写过程中体现了要完成指定的功能需要如何执行的算法。

SQL Server 中的存储过程与其他编程语言中的过程类似，体现在如下几方面：
(1) 接受输入参数并以输出参数的形式向调用过程或批处理返回多个值。
(2) 包含用于在数据库中执行操作(包括调用其他过程)的编程语句。
(3) 向调用过程或批处理返回状态值，以指明成功或失败(以及失败的原因)。
(4) 可以使用 T-SQL 的 EXECUTE 语句来运行存储过程。

在编写存储过程时，数据库开发人员可以使用 SQL Server 中所有主要的编程结构，如变量、数据类型、输入/输出参数、返回值、选择结构、循环结构、函数和注释等。

10.1.1　存储过程的分类

存储过程是指封装了可重用代码的模块或例程。存储过程可以接受输入参数、向客户端返回表格或标量结果和消息、调用数据定义语言(DDL)和数据操作语言(DML)语句，然后返回输出参数。

根据编写语句的不同，存储过程有 T-SQL 或 CLR 两种类型。T-SQL 存储过程是指保存的 T-SQL 语句集合,可以接受和返回用户提供的参数。CLR 存储过程是指对 Microsoft .NET Framework 公共语言运行时,CLR 的方法引用可以接受返回用户提供的参数。本章只讨论 T-SQL 存储过程。

从功能上看,SQL Server 支持五种类型的存储过程。在不同情况下,需要执行不同的存储过程。

1．系统存储过程

SQL Server 中的许多管理活动都是通过一种特殊的存储过程执行的,这种存储过程称为系统存储过程。系统存储过程主要存储在 master 数据库中,并且带有 sp_前缀。系统存储过程主要从系统表中获取信息,从而为 DBA 管理 SQL Server 提供支持。尽管这些系统存储过程存储于 master 数据库中,但仍可以在其他数据库中对其进行调用。在调用时,不用在存储过程名前加上数据库名的前缀。另外,当创建一个新数据库时,一些系统存储过程会在新数据库中自动创建。

系统存储过程能完成很多操作。如提供帮助的存储过程有:sp_help,提供关于存储过程或其他数据库对象的信息;sp_helptext,显示存储过程或其他对象的文本信息;sp_depends,列举引用或依赖指定对象的所有相关信息。

如果某一存储过程以 sp_开头,又在当前数据库中找不到,则 SQL Server 就到 master 数据库中寻找。另外,以 sp_前缀命名的过程中所引用的数据表如果不在当前数据库中,SQL Server 也会到 master 数据库中查找。

2．用户自定义存储过程

用户自定义存储过程也称为本地存储过程,是由用户自行创建,并存储在用户数据库中的存储过程。本章所涉及的存储过程主要是指用户自定义存储过程。

3．临时存储过程

临时存储过程可分为以下两种:

(1) 本地临时存储过程。在创建存储过程时,若以"#"作为其名称的第一个字符,则该存储过程将成为一个存放在数据库 tempdb 中的本地临时存储过程。这种存储过程只有创建它的连接用户才可以执行,而且用户一旦断开与服务器的连接,该存储过程会自动删除。所以,本地临时存储过程的适用范围仅限于本次连接。

(2) 全局临时存储过程。在创建存储过程时,若以"##"作为其名称的开始字符,则该存储过程将成为一个存放在数据库 tempdb 中的全局临时存储过程。全局临时存储过程一旦创建,以后连接到服务器的任意用户都可执行,不需要特定权限。

当创建全局临时存储过程的用户断开与服务器的连接时,SQL Server 会检查是否有其他用户正在执行,如果没有,便将全局临时存储过程删除;如果有,SQL Server 会让这些正在执行中的操作继续执行,但不允许任何用户再次执行全局临时存储过程,等所有未完成操作执行完成后,全局临时存储过程被自动删除。

4．远程存储过程

在 SQL Server 中,远程存储过程位于远程服务器上,通常可以使用分布式查询和 EXECUTE 命令执行远程存储过程。

5．扩展存储过程

扩展存储过程允许使用编程语言创建自己的外部例程。扩展存储过程命名通常以 xp_开头，并且存储在系统数据库 master 中。扩展存储过程是可以由 SQL Server 的实例动态加载和运行的 DLL。在执行方式上，扩展存储过程与本地存储过程相同，直接在 SQL Server 实例的地址空间中运行。显然，通过扩展存储过程可以弥补 SQL Server 的不足，并按需要自行扩展其功能。可以将参数传递给扩展存储过程，扩展存储过程也能返回结果和状态值。

10.1.2　存储过程的优点

基于 SQL Server 开发数据库应用程序时，T-SQL 是一种主要的数据处理工具，若用 T-SQL 来进行编程，有两种方法：

(1) 在客户端程序中编写用于数据处理的 T-SQL 语句，需要完成某个功能时，由客户端程序向 SQL Server 发送命令对结果进行处理。

(2) 可以把部分用 T-SQL 编写的程序作为存储过程存储在 SQL Server 中，并创建应用程序来调用存储过程，对数据结果进行处理。

在实际的数据库应用程序开发中，一般使用后者，原因如下：

(1) 存储过程允许标准组件编程。存储过程在创建以后可以在程序中被多次调用，而不必重新编写该存储过程的 SQL 语句。数据库专业人员可以随时对存储过程进行修改，并且对应用程序源代码毫无影响，从而极大地提高了程序的可移植性。

(2) 存储过程有较快的执行速度。如果某一操作包含大量的 T-SQL 代码或将被多次执行，那么存储过程要比批处理的执行速度快很多。因为存储过程是预编译的，在首次运行一个存储过程时，查询优化器对其进行分析、优化，并给出最终被存在系统表中的执行计划。而批处理的 T-SQL 语句在每次运行时都要进行编译和优化，因此速度相对要慢一些。

(3) 存储过程能够减少网络流量。一个需要数百行 T-SQL 代码的操作可以通过一条执行过程代码的语句来执行，而不需要在网络中发送数百行代码。这样便可以大大增加网络流量，降低网络负载。

(4) 存储过程可以作为一种安全机制被充分利用。系统管理员通过对执行某一存储过程的权限进行限制，能够实现对相应的数据访问权限的限制，以避免非授权用户对数据的访问，保证数据的安全。可以不授权用户直接访问应用程序中的一些表，而是授权用户执行访问这些表的存储过程。另外参数化存储过程有助于保护应用程序不受 SQL 注入式攻击。

(5) 存储过程允许进行模块化程序设计。在编写存储过程时，除了可以使用执行数据处理的 T-SQL 语句外，还可以使用几乎所有的 T-SQL 程序设计要素。这样，便可以使存储过程具有更强的灵活性和更加强大的功能。

(6) 存储过程可以自动完成需要预先执行的任务。有些过程可以在系统启动时自动执行，而不必在系统启动后人工调用。这样，就大大方便了用户的使用。

10.2　建立和执行存储过程

简单的存储过程类似于给一组 SQL 语句起一个名字，然后就可以在需要时反复调用，复杂一些的则要有输入和输出参数。

10.2.1　系统表 sysobjects

在 SQL Server 中，关于 SQL Server 数据库的一切信息都保存在它的系统表中，通常把这样的表称为元数据表。例如，在数据中创建的表、视图、用户自定义函数、存储过程、触发器等对象，都要在 sysobjects 中记录。如果该数据库对象已经存在，再对其进行创建，则会出现错误。因此，在创建一个数据库对象之前，最好在系统表 sysobjects 中检测该对象是否已存在，若存在，可先删除，然后再定义新的对象。当然，也可根据需要采取其他措施，比如，若该对象已经存在，则不再创建。

下面介绍系统表 sysobjects 的主要字段。

Name：数据库对象的名称。

Id：数据库对象的标识符。

Type：数据库对象的类型。type 可以取的值如下。

C——check 约束	D——默认值或 default 约束
F——foreign key 约束	FN——标量函数
IF——内嵌表函数	K——primary key 或 Unique 约束
L——日志	P——存储过程
PK——主键约束	R——规则
RF——复制筛选器存储过程	S——系统表
TR——触发器	U——用户表
V——视图	X——扩展存储过程

可以用下面的命令列出感兴趣的所有对象：

SELECT * FROM sysobjects WHERE type=<type of interest>

10.2.2　创建存储过程

1. 组成

从逻辑上来说，存储过程由以下两部分构成。

(1) 头部：头部定义了存储过程的名称、输入参数和输出参数以及其他一些各种各样的处理选项，可以将头部当作存储过程的应用编程接口或声明。

(2) 主体：主体包含一个或多个运行时要执行的 T-SQL 语句，即 AS 语句之后的部分。

2. 语法

格式如下：

```
CREATE  {PROCEDURE|PROC} [schema-name.] procedure_name [;number]
[{@parameter [type_schema_name.] data_type}]
[VARYING] [=default] [[OUT[PUT]] [,…n]
[WITH <procedure_option>[,,…n]
[FOR  RECOMPILE]
AS {<sql_statement>}[;][,…n]|<method_specifier>}
```

在上面的存储过程语法中，procedure_option、sql_statement 和 method_specifier 的定义

如下：

```
<procedure_option>::=[ENCRYPTION][RECOMPILE][EXECUTE_AS_Clause]
<sql_statement>::={[BEGIN] statements [END]}
<method_specifier>::=EXTERNAL NAME assembly_name.class_name.method_name
```

其中各参数介绍如下。

(1) schema-name：存储过程所属架构名。

(2) procedure_name：新存储过程的名称。过程名称必须遵循有关标识符的规则，并且在架构中必须唯一。强烈建议不要在过程名称中使用前缀 sp_。此前缀由 SQL Server 使用，以指定系统存储过程。

(3) number：用于对同名过程进行分组的可选整数。使用 DROP PROCEDURE 语句可将这些分组过程一起删除。例如，名称为 orders 的应用程序可能会使用名为"orderproc；1"、"orderproc；2"等的过程。DROP PROCEDURE orderproc 语句将删除整个组。

(4) @parameter ：过程中的参数。在 CREATE PROCEDURE 语句中可以声明一个或多个参数。除非定义了参数的默认值或者将参数设置为等于另一个参数，否则用户必须在调用过程时为每个声明的参数提供值。SQL Server 存储过程最多可以有 2100 个参数。参数名称必须符合有关标识符规则，参数名称的第一个字符为@。每个过程的参数仅用于该过程本身；其他过程中可以使用相同的参数名称。默认情况下，参数只能代替常量表达式，而不能用于代替表名、列名或其他数据库对象的名称。但是，如果指定了 FOR REPLICATION，则无法声明参数。

(5) [type_schema_name.] data_type：过程中的参数以及所属架构的数据类型。除 table 之外的其他所有数据类型均可以用作存储过程的参数。但是，cursor 数据类型只能用于 OUTPUT 参数。如果指定了 cursor 数据类型，则还必须指定 VARYING 和 OUTPUT 关键字。可以为 cursor 数据类型指定多个输出参数。

(6) VARYING：指定作为输出参数支持的结果集。该参数由存储过程动态构造，其内容可以发生改变。仅适用于 cursor 参数。

(7) default：参数的默认值。如果定义了 default 值，则不用指定此参数的值即可执行过程。默认值必须是常量或 NULL。如果过程使用带 LIKE 关键字的参数，则可包含通配符%、_、[]、[^]。

(8) OUTPUT：指示参数是输出参数。此选项的值可以返回给调用 EXECUTE 的语句。使用 OUTPUT 参数将值返回给过程的调用方。

(9) RECOMPILE：指示数据库引擎不再缓存该过程的计划，该过程在运行时重新编译。如果指定了 FOR REPLICATION，则不能使用此选项。若要指示数据库引擎放弃存储过程内单个查询的计划，请使用 RECOMPILE 关键字。

(10) ENCRYPTION：指示 SQL Server 将 CREATE PROCEDURE 语句的原始文本转换为密文格式。该格式的代码输出在 SQL Server 的任何目录视图中都不能直接显示。

(11) EXECUTE_AS_Clause：指定在其中执行存储过程的安全上下文。

(12) FOR REPLICATION：使用 FOR REPLICATION 选项创建的存储过程可用作存储过程筛选器，且只能在复制过程中执行。如果指定了 FOR REPLICATION，则无法声明参数。对于使用 FOR REPLICATION 创建的过程，忽略 RECOMPILE 选项。

(13) <sql_statement>：要包含在过程中的一个或多个 T-SQL 语句。

(14) <method_specifier>：用于创建 CLR 存储过程，本书不再论述。

> **注意**：SQL Server 中的最大存储过程为 128MB。只能在当前数据库中创建用户定义的存储过程。如果未指定架构名称，则使用创建过程的用户默认架构。

在 SQL Server 中创建存储过程有两种方法：

(1) 在对象资源管理器中，找到要创建存储过程的数据库，选择"可编程性"→"存储过程"，在右键快捷菜单中选择"新建存储过程"命令，会在右侧的查询编辑器中自动生成一个创建存储过程的模板，如图 10.1 所示，编写自己的源代码后，单击工具栏中的"执行"按钮即可。

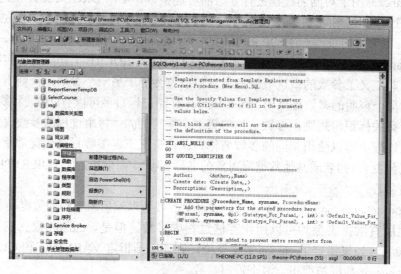

图 10.1 对象资源管理器创建存储过程

(2) 在查询编辑器界面中使用 T-SQL 语句编写相应的代码，然后单击工具栏中的"执行"按钮。

10.2.3 创建不带参数的存储过程

创建简单存储过程的基本语法如下。

```
CREATE  PROCEDURE 存储过程名
[WITH  ENCRYPTION]
[WITH  RECOMPILE]
AS
SQL  语句
```

【例 10.1】 从 xsgl 数据库的三个表中查询，返回学生的学号、姓名、课程名和成绩。该存储过程实际上只返回一个查询信息。

```
--建立存储过程
USE xsgl
GO
```

```
CREATE  PROCEDURE  stu_cj
AS
SELECT  xs.学号,姓名,课程名,成绩
  FROM  xs INNER  JOIN  cj
ON  xs.学号=cj.学号 INNER  JOIN  kc
ON  cj.课程号=kc.课程号
GO
--调用存储过程
EXECUTE  stu_cj
```

存储过程的执行结果如图 10.2 所示。

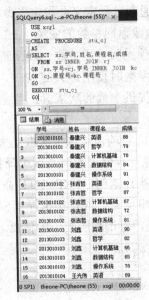

图 10.2　例 10.1 的执行结果

10.2.4　存储过程的执行

存储过程创建成功后，用户可以执行存储过程来检查存储过程的返回结果。执行存储过程的基本语法如下。

```
EXEC[UTE]
{
[@return_status=]
{procedure_name [ ;number]|@procedure_name_var}
[
[@parmater=] {value|@variable [output][default]}][,…n]
[with recompile]}[ ;]
```

参数说明如下。

(1) @return_status：可选的整型变量，用于保存存储过程的返回状态。

(2) procedure_name：调用存储过程的完全或不完全名称。过程名的定义必须符合标识符规则。

(3) number：可选的整数，用来对同名的存储过程进行分组。可以用 DROP PROCEDURE

语句将同组的过程全部删除。

(4) @procedure_name_var：局部定义变量名，代表存储过程名称。

(5) @parmater=：过程参数，在 CREATE PROCEDURE 语句中定义。

(6) value：过程中参数的值。若没有指定参数名称，参数值必须严格与创建过程时参数的定义顺序相同。若参数值是一个对象名、字符串或通过数据库名或所有者名进行限制，则整个名称必须用单引号引起来。如果参数值是一个关键字，则该关键字必须用双引号括起来。如果在 CREATE PROCEDURE 语句中定义了默认值，在执行过程时可以不指定参数。若过程使用了带 LIKE 的参数名称，则默认值必须是常量，并且可以包含%、_、[]及[^]通配符。默认值可以为 NULL，通常过程定义会指定当参数值为 NULL 时应执行的操作。

(7) @variable：用来保证参数或返回参数的变量。

(8) output：指定存储过程必须返回一个参数。该存储过程的匹配参数也必须由关键字 OUTPUT 创建。使用游标变量作参数时使用该关键字。

(9) default：根据过程定义，提供参数的默认值。当过程需要的参数值没有事先定义好的默认值，或缺少参数就会出错。

(10) n：占位符，表示在它前面的项目可以多次重复执行。

(11) with recompile：指定在执行存储过程时重新编译执行计划。

例 10.1 中使用了存储过程的执行语句。EXECUTE 命令除了可以执行存储过程外，还可以执行存放 T-SQL 语句的字符串变量，或直接执行 T-SQL 语句字符串。

【例 10.2】 建立一个批处理，查询相应表中的信息。

```
DECLARE  @tab_name varchar(20)
SET @tab_name='xs'
EXECUTE('SELECT * FROM '+@tab_name)
GO
```

运行结果如图 10.3 所示。

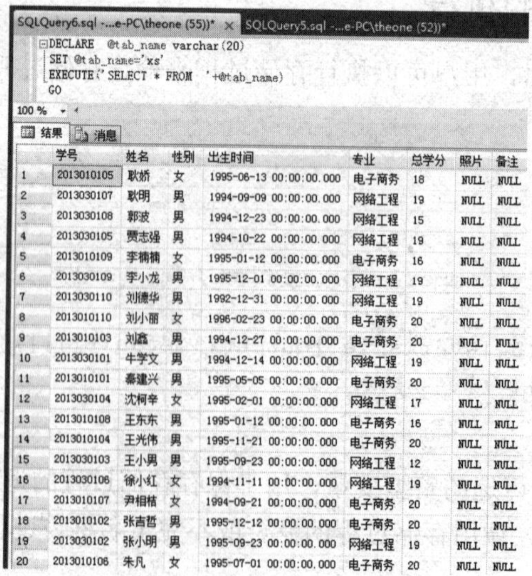

图 10.3 例 10.2 的运行结果

10.2.5　带输入参数的存储过程

前面使用的存储过程没有提供参数，灵活性不大，而带参数的存储过程，可以大大提高系统开发的灵活性。向存储过程指定输入、输出参数的主要目的是通过参数向存储过程输入和输出信息来扩展存储过程的功能。通过指定参数，可以多次使用同一存储过程并按用户要求查找所需要的结果。这里我们首先介绍带输入参数的存储过程。

1．建立带输入参数的存储过程

一个存储过程可以带一个或多个参数，输入参数是指由调用程序向存储过程传递的参数，它们在创建存储过程语句中被定义，在执行存储过程中给出相应的参数值。

声明带输入参数的存储过程的语法格式如下。

```
CREATE  PROCEDURE 存储过程名
@参数名   数据类型[=默认值]  [,…n]
[WITH  ENCRYPTION]
[WITH  RECOMPILE]
AS
SQL 语句
```

其中，"@参数名"和定义局部变量一样，必须以符号@为前缀，要指定数据类型，尤其要注意数据类型及长度的定义，应与引用表的字段定义保持一致或可转换，否则可能会出现错误，多个参数定义要用","隔开。在执行存储过程时，所定义的参数将由指定的参数值来代替，如果执行时未提供参数值，则使用时须定义默认值(默认值可以是常量或空值null)，否则将产生错误。

【例 10.3】　从 xsgl 数据库的三个表中查询某人指定课程的成绩。

```
USE xsgl
GO
IF EXISTS (SELECT  name  FROM  SYSOBJECTS
          WHERE  name='stu_cj1'  AND  type='P')
   DROP  PROCEDURE  stu_cj1
GO
```

以上操作的目的是为了避免创建存储过程时产生"数据库对象已经存在"的错误，因此在建立存储过程之前应先将同名存储过程删除。下面创建存储过程。

```
CREATE  PROCEDURE  stu_cj1
  @name char(10),@cname char(16)
AS
SELECT xs.学号,姓名,课程名,成绩
  FROM xs INNER  JOIN  cj
    ON  xs.学号=cj.学号 INNER  JOIN  kc
    ON  cj.课程号=kc.课程号
  WHERE xs.姓名=@name  AND  kc.课程名=@cname
GO
```

2. 执行带输入参数的存储过程

在执行存储过程的语句中,有两种传递参数值的方式,分别是使用参数名传递参数值和按参数位置传递参数值。

使用参数名传递参数值,是通过语句 "@参数名=参数值" 给参数传递值。当存储过程含有多个输入参数时,对数值可以按任意顺序给出,对于允许空值和具有默认值的输入参数可以不给参数值,其语法格式如下:

```
EXECUTE 存储过程名 [@参数名=参数值] [,…n]
```

按参数位置传递参数值,不显式地给出 "@参数名",而是按照参数定义的顺序给出参数值。按位置传递参数时,也可以忽略允许为空值和有默认值的参数,但不能因此破坏输入参数的指定顺序。必要时使用关键字 DEFAULT 作为参数值的占位。

例 10.3 中的存储过程可以有下列几种执行方式。

```
EXECUTE stu_cj1 @name='李小龙',@cname='计算机基础'
```

或

```
EXECUTE stu_cj1 '李小龙','计算机基础'
```

【例 10.4】 从三个表的连接中返回指定学生的学号、姓名、所选课程名称及课程的成绩。如果没有提供参数,则使用预设置的默认值。

```
USE xsgl
GO
CREATE  PROCEDURE stu_cj2
  @name char(10)='秦建兴'
AS
SELECT xs.学号,姓名,课程名,成绩
  FROM  xs INNER  JOIN  cj
    ON  xs.学号=cj.学号 INNER  JOIN  kc
    ON  cj.课程号=kc.课程号
  WHERE 姓名= @name
GO
```

上面的存储过程有多种执行形式,下面给出了两种:

```
EXECUTE stu_cj2                    /*参数使用默认值*/
```

或

```
EXECUTE stu_cj2 '张吉哲'      /*参数不使用默认值*/
```

从以上语句可以看出,按参数位置传递参数值比按参数名传递参数值简洁,比较适合参数值较少的情况。而按参数名传递可以增强程序的可读性,特别是参数数量较多时,建议使用按参数名称传递参数的方法,这样的程序可读性、可维护性都要好些。

10.2.6 带输出参数的存储过程

如果需要从存储过程中返回一个或多个值,可以通过在创建存储过程的语句中定义输

出参数来实现。为了使用输出参数，需要在创建存储过程的命令中使用 OUTPUT 关键字。

声明带输出参数的存储过程的语法格式如下。

```
CREATE  PROCEDURE 存储过程名
@参数名  数据类型[VARYING][=默认值] OUTPUT [,…n]
[WITH  ENCRYPTION]
[WITH  RECOMPILE]
AS
SQL 语句
```

【例 10.5】 创建一个存储过程用于计算指定学生各科成绩的总分，存储过程中使用了一个输入参数和一个输出参数。

```
USE xsgl
GO
CREATE  PROCEDURE  stu_sum
  @name char(10),@total int OUTPUT
AS
SELECT @total=SUM(成绩)
  FROM xs,cj
  WHERE 姓名=@name  AND xs.学号=cj.学号
  GROUP  BY  xs.学号
GO
```

注意：OUTPUT 变量必须在定义存储过程和使用该变量时都进行定义。定义时的参数名和调用时的变量名不一定相同，不过数据类型和参数的位置必须匹配。

例 10.5 中存储过程的执行方法如下，运行结果如图 10.4 所示。

```
USE xsgl
DECLARE  @total int
EXECUTE  stu_sum '张吉哲', @total  OUTPUT
SELECT '张吉哲',@total
GO
```

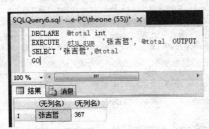

图 10.4 例 10.5 中带输出参数的存储过程的执行结果

游标可以作为输出参数，在存储过程中返回产生的结果集，但是不能作为输入参数。其中关键字 VARYING 指定的参数是结果集，专门用于游标作为输出参数的情况。

【例 10.6】 使用存储过程在 xsgl 数据库的 xs 表上声明并打开一个游标。

```
USE xsgl
GO
```

```
CREATE  PROCEDURE stu_cursor
  @stu_cursor CURSOR  VARYING  OUTPUT      --以游标作为输出参数
AS
  SET @stu_cursor=CURSOR  FORWARD_ONLY  STATIC  FOR
  SELECT *  FROM xs         --声明游标
  OPEN  @stu_cursor          --打开游标
GO
```

下面通过一个批处理来运行上面的存储过程。在批处理中，声明一个局部变量，执行上述存储过程并将游标赋值给局部游标变量，然后通过该游标变量读取记录。

```
USE xsgl
GO
DECLARE @MyCursor CURSOR        --声明输出参数
EXECUTE stu_cursor @stu_cursor=@MyCursor OUTPUT      --执行存储过程
WHILE(@@FETCH_STATUS=0)        --提取游标
 BEGIN
   FETCH NEXT FROM @MyCursor
 END
CLOSE @MyCursor                  --关闭游标
DEALLOCATE @MyCursor             --释放游标
GO
```

执行该存储过程的结果如图 10.5 所示。

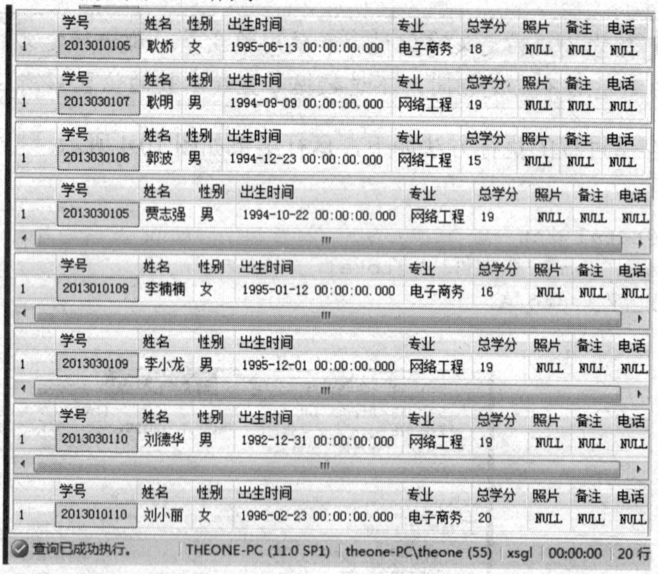

	学号	姓名	性别	出生时间	专业	总学分	照片	备注	电话
1	2013010105	耿娇	女	1995-06-13 00:00:00.000	电子商务	18	NULL	NULL	NULL
1	2013030107	耿明	男	1994-09-09 00:00:00.000	网络工程	19	NULL	NULL	NULL
1	2013030108	郭波	男	1994-12-23 00:00:00.000	网络工程	15	NULL	NULL	NULL
1	2013030105	贾志强	男	1994-10-22 00:00:00.000	网络工程	19	NULL	NULL	NULL
1	2013010109	李楠楠	女	1995-01-12 00:00:00.000	电子商务	16	NULL	NULL	NULL
1	2013030109	李小龙	男	1995-12-01 00:00:00.000	网络工程	19	NULL	NULL	NULL
1	2013030110	刘德华	男	1992-12-31 00:00:00.000	网络工程	19	NULL	NULL	NULL
1	2013010110	刘小丽	女	1996-02-23 00:00:00.000	电子商务	20	NULL	NULL	NULL

图 10.5　例 10.6 中带游标输出参数的存储过程的执行结果

【例 10.7】编写一个存储过程 insert_stu，在插入学生数据前，先判断学号是否存在，如果存在，输出“要插入的学生的学号已经存在”的消息；否则，插入该学生数据，并返回“数据插入成功”的消息。

```
CREATE PROCEDURE insert_stu
@sid char(10),@sname varchar(10),@ssex char(2),
@sbirth smalldatetime,@sdept char(16),@credit smallint
```

```
AS
BEGIN
IF EXISTS(SELECT * FROM XS WHERE 学号=@sid)
    PRINT('要插入的学生的学号已经存在')
ELSE
BEGIN
INSERT INTO XS(学号,姓名,性别,出生时间,专业,总学分)
VALUES(@sid,@sname,@ssex,@sbirth,@sdept,@credit)
PRINT('数据插入成功！')
END
END
```

调用存储过程的代码如下：

```
USE xsgl
GO
EXEC insert_stu @sid='9999',@sname='周华健',@ssex='男',
@sbirth='1995/12/31', @sdept='信息管理与技术',@credit=20
```

以上代码的执行结果如图 10.6 所示。

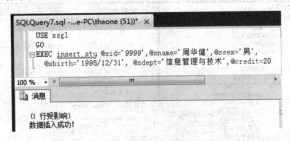

图 10.6　例 10.7 中存储过程 insert_stu 的执行结果

10.3　存储过程的管理与维护

存储过程建立完成后，如果希望了解存储过程的实现细节则需要查看其定义信息。有时要根据需要修改存储过程，数据环境变换后要重新编译存储过程，这些就是对存储过程的管理与维护工作。

10.3.1　查看存储过程的定义信息

在 SQL Server Management Studio 的"对象资源管理器"窗格中，选择要查看信息的存储过程并右击，在弹出的快捷菜单中选择"属性"命令，弹出"存储过程属性"对话框，如图 10.7 所示，可以查看存储过程的常规、权限和扩展属性。在快捷菜单以及其级联菜单中，也可以对存储过程进行修改、删除等操作，如图 10.8 所示。

存储过程创建成功后，也可以查看存储过程的定义代码。存储过程的查看可以通过 sys.sql_modules、object_definition 和 sp_helptext 等系统存储过程或视图查看。

图 10.7　"存储过程属性"对话框

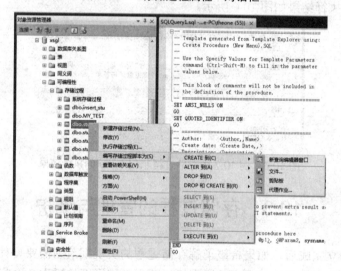

图 10.8　存储过程的其他操作

1. Sys.sql_modules

sys.sql_modulesj 是 SQL Server 中的系统视图。通过该视图,可以查看数据库中的存储过程,查看方法如下:

(1) 在"对象资源管理器"窗格中选中要操作的数据库并右击,在弹出的快捷菜单中选择"新建查询"命令。

(2) 在打开的查询编辑器中输入代码：SELECT * FROM sys.sql_modules。

(3) 执行该代码,在查询结果中的 definition 字段内就是每个存储过程的详细定义代码。

2. object_definition

object_definition 用来返回指定对象的 SQL 源文本,即定义该存储过程的 SQL 代码。

语法如下：

```
object_definition(id)
```

其中，id 为要查看的存储过程的 id，为 int 类型。如要查看 id 为 110623437 的存储过程的定义代码，可使用如下语句：

```
SELECT object_definition(110623437)
```

3. sp_helptext

sp_helptext 为系统存储过程，利用它可以显示规则、默认值、未加密的存储过程、用户定义函数、触发器或视图的文本。

其语法如下：

```
sp_helptext [@objname=] 'name'
```

参数说明：[@objname=] 'name' 为对象的名称，将显示该对象的定义信息。对象必须在当前数据库中。sp_helptext 在多个行中显示用来创建对象的文本。这些定义只驻留在当前数据库的 syscomments 表的文本中。

【例 10.8】 在 SQL Server Management Studio 服务器中新建查询，使用系统存储过程查看存储过程 insert_stu 的定义、参数和相关性。

运行如下 SQL 语句。

```
EXECUTE sp_helptext insert_stu
EXECUTE sp_help insert_stu
EXECUTE sp_depends insert_stu
```

运行后得到存储过程的定义、参数和依赖信息，如图 10.9 所示。

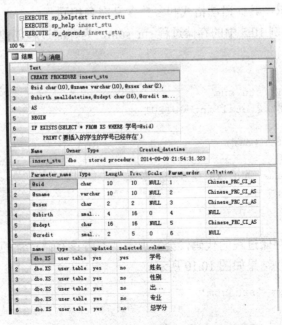

图 10.9　查询存储过程的定义及相关信息

10.3.2　存储过程的修改

存储过程创建后，当不能满足需要时可以进行修改。修改时可以修改其中的参数，也可以修改定义语句。当然也可以先删除存储过程，再重新创建，但那样会丢失与该存储过程相关联的所有权限。

修改存储过程有两种方法：

(1) 在"对象资源管理器"窗格中找到要修改的存储过程，右击并在弹出的快捷菜单中选择"修改"命令。这样便会在查询编辑器中显示出相应的 ALTER PROCEDURE 语句以及存储过程原来定义的文本，这样便可以非常方便地进行修改。修改完成后，单击"执行"按钮即可。

(2) 在查询编辑器中直接输入相应的 ALTER PROCEDURE 语句，然后单击"执行"按钮。

ALTER PROCEDURE 语句用来修改通过执行 CREATE PROCEDURE 语句创建的存储过程，该语句不会影响存储过程的权限，也不会影响与之相关的存储过程或触发器。其语法格式如下：

```
ALTER {PROCEDURE|PROC} [schema—name.] procedure_name [;number]
[{@parameter [type_schema_name.] data_type}
[VARYING] [=default] [[OUT[PUT]] [,…n]
[WITH <procedure_option>[,,…n]
[FOR  RECOMPILE]
AS {<sql_statement>}[;][,…n]|<method_specifier>}
```

与 CREATE PROCEDURE 语句对比可以看出，存储过程的修改与创建只是将原来的 CRAETE 换成 ALTER，其他语法格式和参数含义完全相同。

【例 10.9】修改例 10.5 中的存储过程 stu_sum，为存储过程创建文本加密。

```
USE xsgl
GO
ALTER PROCEDURE  stu_sum
  @name char(10),@total int OUTPUT
AS
SELECT @total=SUM(成绩)
  FROM xs,cj
  WHERE 姓名=@name  AND xs.学号=cj.学号
  GROUP  BY  xs.学号
GO
```

这时，再来查看存储过程的代码，会发现无法查看该存储过程的定义文本。

执行下面的代码，结果如图 10.10 所示。

```
EXEC sp_helptext 'stu_sum'
```

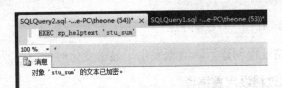

图 10.10 存储过程定义查看

10.3.3 存储过程的重编译

存储过程所采用的执行计划，只在编译时优化生成，以后便驻留在高速缓存中。当用户对数据库进行新增索引或其他影响数据库逻辑结构的更改时，已编译的存储过程执行计划可能会失去作用。通过对存储过程进行重新编译，可以重新优化存储过程的执行计划。

SQL Server 为用户提供了三种重新编译的方法。

1. 在创建存储过程时设定

在创建存储过程时，使用 WITH RECOMPILE 子句，SQL Server 不会将该存储过程的查询计划保存在缓存中，而是在每次运行时重新编译和优化，并创建新的执行计划。

【例 10.10】重新创建例 10.3 中的存储过程，使其每次运行时重新编译和优化。

```
USE xsgl
GO
IF EXISTS(SELECT  name  FROM  SYSOBJECTS
WHERE  name='stu_cj1'  AND  type='P')
      DROP  PROCEDURE  stu_cj1
GO
CREATE  PROCEDURE  stu_cj1
  @name char(10),@cname char(16)
WITH  RECOMPILE
AS
SELECT xs.学号,姓名,课程名,成绩
  FROM  xs INNER  JOIN  cj
ON  xs.学号=cj.学号 INNER  JOIN  kc
ON  cj.课程号=kc.课程号
  WHERE xs.姓名=@name  AND kc.课程名=@cname
GO
```

这种方法并不常用，因为每次执行存储过程时都要重新编译，在整体上降低了存储过程的执行速度。除非存储过程本身进行的是一个比较复杂、耗时的操作，编译的时间相对执行存储过程的时间而言较少，否则这种编译方法显然是低效的。

2. 在执行存储过程时设定

在执行存储过程时设定重新编译，可以让 SQL Server 在执行存储过程时重新编译该存储过程，这一次执行完成后，新的执行计划又被保存在缓存中。这样用户就可以根据需要进行重新编译。

【例 10.11】保留例 10.3 中原有的存储过程，然后以重新编译的方式执行一次该存储过程，实现执行计划的更新。

```
EXECUTE stu_cj1 WITH  RECOMPILE
```

此方法一般在存储过程创建后、数据发生了显著变化时使用。

3. 通过系统存储过程设定重编译

通过系统存储过程 sp_recompile 设定重新编译标记，可以使存储过程在下次运行时重新编译。其语法格式如下。

```
EXECUTE sp_recompile 数据库对象
```

其中，"数据库对象"为当前数据库中的存储过程、表或视图的名称。如果是存储过程或触发器的名称，那么该存储过程或触发器将在下次运行时重新编译。如果数据库对象是表或视图名，那么所有引用该表或视图的存储过程都将在下次运行时重新编译。

10.3.4 删除存储过程

当数据库中某些存储过程不再需要时，就可以将其删除，这样可以节省数据库空间。存储过程的删除可以通过手动方式，也可以通过 DROP PROCEDURE 语句来实现。

1. 手动删除存储过程

(1) 在"对象资源管理器"窗格中，找到将要删除的存储过程所在的数据库。

(2) 从该数据库的子节点中找到需要删除的存储过程并右击，在弹出的快捷菜单中选择"删除"命令，然后在随后出现的"删除对象"窗口中单击"确定"按钮即可。

2. 使用 T-SQL 语句删除存储过程

利用 DROP PROCEDURE 语句可以从当前数据库中删除一个或多个存储过程，也可以删除一个存储过程组。

语法格式如下：

```
DROP {[schema_name.]  PROCEDURE} [,…n]
```

参数说明如下。

(1) schema_name：过程所属架构的名称。不能指定服务器名称或数据库名称。

(2) PROCEDURE：要删除的存储过程或存储过程组的名称。过程名称必须遵循有关标识符的规则。

10.4　触发器概述

触发器是一种特殊类型的存储过程。灵活运用触发器可以大大增强应用程序的健壮性、数据库的可恢复性和数据库的可靠性。另外，通过触发器可以帮助开发人员和数据库管理员实现一些复杂的功能，简化应用程序的开发步骤，降低开发成本，提高开发效率。

与存储过程相比，触发器与表关系密切，可用于维护表中的数据。触发器在插入、删除或修改特定表中的数据时触发执行，通常用于强制执行一定的业务规则，以保持数据完整性、检查数据有效性、实现数据库管理任务和一些附加的功能。

在 SQL Server 中可以为一张表创建多个触发器。根据触发器的触发时机，可以将触发器分为 INSERT、UPDATE 和 DELETE 三类。与实现完整性的各种约束相比，触发器可以包含复杂的 T-SQL 语句。与存储过程相比，触发器不能通过名称调用，更不允许设置参数。

10.4.1　触发器的优点

触发器是一类特殊的存储过程，它在某些操作发生时由系统自动触发执行。触发器的优点如下。

(1) 触发器自动执行。修改表中数据后，触发器立即被激活，不用调用。

(2) 可以调用存储过程。为了实现一些复杂的数据操作，触发器可以调用一个或多个存储过程来完成相应的操作。

(3) 可以强化数据约束条件。与 CHECK 约束相比，触发器能实现一些更加复杂的完整性约束。例如，CHECK 约束不允许引用其他表中的列来完成数据完整性检查，而触发器可以引用其他表中的列，更适用于实现一些复杂的数据完整性。

(4) 触发器可以禁止或回滚违反引用完整性的更改。触发器可以检测数据库内的操作，可以取消未经许可的更新操作，使数据库的修改、更新更加安全。

(5) 级联、并行运行。触发器能够对数据库中的相关表进行级联更改。尽管触发器是基于一个表创建的，但是，它可以对多个表进行操作，从而实现数据库中相关表的级联更改。

(6) 触发器可以嵌套。触发器的嵌套，也被称为触发器的递归调用。一个触发器被激活而修改触发表中的内容时，就会激活建立在该表上的另一个触发器；另一个触发器又类似地在修改其他触发表时激活第三个触发器，如此，一层层地传递下去。

10.4.2　触发器的种类

在 SQL Server 中，根据激活触发器执行的 T-SQL 语句类型，可以把触发器分为两类：一类是 DML 触发器；另一类是 DDL 触发器。

1. DML 触发器

DML 触发器是在执行数据操纵语句时被调用的触发器。数据操作的事件包含 INSERT、UPDATE、DELETE 操作。触发器中可以包含复杂的 T-SQL 语句。触发器在整体上被看成是一个事务，可以回滚。

DML 触发器根据事件的不同可以分为以下几类：

(1) AFTER 触发器。在事件发生前就会触发，并且这种触发器只能定义在数据表上。

(2) INSTEAD OF 触发器。该类触发器可以在表或视图上定义，在事件发生前就会触发。该类触发器可以使一些不能更新的视图支持更新。基于多个表的视图必须使用 INSTEAD OF 触发器来支持引用和多个表数据的插入、删除和更新操作。而且 INSTEAD OF 触发器允许在批处理一部分成功执行的同时，拒绝某些部分的执行。也就是说，INSTEAD OF 触发器可以忽略批处理中的某些部分，具有不处理批处理中的某些部分，并记录有问题的行，如果遇到错误情况可以采取可以备用操作。

(3) CLR 触发器。该类触发器既可以是 AFTER 触发器,也可以是 INSTEAD OF 触发器,该类触发器不是用 T-SQL 语言编写的,而是由.NET Framework 创建后上传到 SQL Server 中的。

2. DDL 触发器

与 DML 触发器类似,这种触发器也是一种特殊的存储过程,由相应事件触发后执行。但是,引起触发的不是数据操作语句的执行,而是数据定义语句的执行,包括 CREATE、ALTER、DROP 等语句。该类触发器只能是 AFTER 类型的,只能在事件发生后才能触发。该类触发器可用于执行一些数据库管理任务,如审核和规范数据库操作,防止数据库表结构被修改等。

10.4.3   使用触发器的限制

使用触发器有如下限制:

(1) CREATE TRIGGER 必须是批处理中的第一条语句,并且只能应用到一个表中。

(2) 触发器只能在当前数据库中创建,但触发器可以引用当前数据库的外部对象。

(3) 如果指定触发器所有者名限制触发器,则要以相同的方式限定表名。

(4) 在同一个 CREATE TRIGGER 语句中,可以为多种操作(如 INSERT、UPDATE 或 DELETE)定义相同的触发器操作。

(5) 如果一个表的外键在 DELETE、UPDATE 操作上定义了级联,则不能在该表上定义 Instead of Delete、Instead of Update 触发器。

(6) 触发器中不允许包含以下 T-SQL 语句:CREATE DATABASE、ALTER DATABASE、LOAD DATABASE、RESTORE DATABASE、DROP DATABASE、LOAD LOG、RESTORE LOG、DISK INIT、DISK RESIZE 和 RECONFIGURE。

(7) 触发器不能返回任何结果,为了阻止从触发器返回结果,不要在触发器定义中包含 SELECT 语句或变量赋值。如果必须在触发器中进行变量赋值,则应该在触发器的开头使用 SET NOCOUNT 语句以避免返回任何结果集。

10.5   触发器的创建

10.5.1   DML 触发器的工作原理

在 SQL Server 中,系统为每个 DML 触发器定义了两个特殊的临时表,一个是 inserted 表,一个是 deleted 表。这两个表建在数据库服务器的内存中,是由系统管理的逻辑表,而不是真正存储在数据库中的物理表。对于这两个表,用户只有读取的权限,没有修改的权限。

这两个表的结构与触发器定义所在数据表的结构完全一致,当触发器的工作完成之后,这两个表也将自动从内存中删除。

inserted 表里存放的是更新后的记录。对于插入记录操作来说,inserted 表里存储的是要插入的数据;对于更新记录的操作来说,inserted 表里存放的是更新后的记录。

deleted 表里存放的是更新前的记录。对于更新记录操作来说，deleted 表里存放的是更新前的记录；对于删除记录操作来说，deleted 表里存储的是被删除的旧记录。

下面我们来看一下两种 DML 触发器的工作原理。

1. AFTER 触发器的工作原理

AFTER 触发器是在记录变更之后才被激活执行的。以删除记录为例，当 SQL Server 接收到一个要执行删除操作的 SQL 语句时，系统首先执行该删除操作，同时激活基于该表的删除操作建立的触发器，并将删除的记录存放在 deleted 表里，再执行 AFTER 触发器里的 SQL 语句。执行完毕后，删除内存中的 deleted 表，退出操作。

2. INSTEAD OF 触发器的工作原理

INSTEAD OF 触发器与 AFTER 触发器不同。AFTER 触发器是在 INSERT、UPDATE 和 DELETE 操作完成后才激活的；而 INSTEAD OF 触发器是在这些操作进行之前就激活执行的，并且不再去执行原来的 SQL 语句，而去运行 INSTEAD OF 触发器本身所定义的 SQL 语句。

10.5.2　创建 DML 触发器

1. 使用"对象资源管理器"创建 DML 触发器

在"对象资源管理器"中创建 DML 触发器的步骤如下。

(1) 打开"对象资源管理器"，找到要创建触发器的表，在其展开后的子节点中单击"触发器"节点并右击，在弹出的快捷菜单中选择"新建触发器"命令，会在右侧弹出查询分析器窗口。

(2) 在查询分析器中编辑创建触发器的 SQL 代码。

(3) 代码编辑完成后，单击"执行"按钮，编译所创建的触发器。

实际上，在"对象资源管理器"中创建触发器最终还是要编写 SQL 代码，因此我们重点学习使用 SQL 语句创建触发器。

2. 使用 T-SQL 语句创建 DML 触发器

在创建触发器时，需要指定触发器的名称、包含触发器的表、引发触发器的条件以及当触发器启动后要执行的语句等内容。创建触发器的语法格式如下。

```
CREATE  TRIGGER [schema_name.] trigger_name ON {TABLE|VIEW}
[WITH <dml_trigger_option> [,…n]]
{FOR|AFTER|INSTEAD OF} {[INSERT][,][UPDATE][,][DELETE]}
[WITH APPEND] [NOT FOR REPLICATION]
AS
[{IF UPDATE(column_name)[{AND|OR} UPDATE(column_name)][,…n]}}
|IF (columns_update() {bitwise_operator} update_bitmask)
{comparison_operator} column_bitmask [,…n]
}]
{sql_statement [;][,…n]|external name <method specifier [;]>}
<dml_trigger_option>::=[encryption][execute as clause]
<method_specifier>::=assembly_name.class_name.method_name
```

各参数的含义如下。

(1) schema_name：DML 触发器所属架构的名称。DML 触发器的作用域是为其创建该触发器的表或视图的架构。

(2) trigger_name：要创建的触发器名称。触发器的命名须符合标识规则，但不能以"#"或"##"开头。

(3) TABLE|VIEW：执行 DML 触发器的表或视图，有时也称为触发器表或触发器视图。

(4) <dml_trigger_option>：DML 触发器的参数选项。其中，encryption 选项是对 CREATE TRIGGER 语句的文本进行加密，使用该选项后禁止触发器作为 SQL Server 复制的一部分进行发布，不能为 CLR 触发器指定该选项。EXECUTE AS 指定用于执行该触发器的安全上下文。使用该选项后，允许控制 SQL Server 实例用于验证被触发器引用的任意数据库对象的权限的用户账户。

(5) FOR|AFTER|INSTEAD OF：用于指定触发器的类型，FOR 和 AFTER 等价，都是用于创建后触发的触发器。AFTER 是默认设置，不能在视图上定义 AFTER 触发器。INSTEAD OF 指定用触发器中的操作替代触发语句的操作。在表或视图上，每个 INSERT、UPDATE 或 DELETE 语句只能定义一个 INSTEAD OF 触发器，即替代触发。如果触发器存在约束，则在 INSTEAD OF 触发器执行之后和 AFTER 触发器执行之前检查这些约束。如果违反这些约束，则回滚 INSTAED OF 触发器操作且不执行 AFTER 触发器。

> **注意：** INSTAED OF 触发器不能在 WITH CHECK OPTION 可更新视图上定义。

(6) [INSERT][,][UPDATE][,][DELETE]：指定在表上执行哪些数据操作语句时将激活触发器的关键字，必须至少指定一个选项。在触发器定义中允许按任意顺序组合这些关键字。当进行触发条件的操作时(INSERT、UPDATE 或 DELETE)，将执行 SQL 语句中指定的触发器操作。

(7) WITH APPEND：指定应该再添加一个现有类型的触发器。该关键字只与 FOR 触发器一起使用。

(8) NOT FOR REPLICATION：表示当复制进程更改触发器所涉及的表时，不执行该触发器。

(9) IF UPDATE(column_name)：测试在指定的列上进行的 INSERT 或 UPDATE 操作，不能用于 DELETE 操作，可以指定多列。因为已经在 ON 子句中指定了表名，所以在 IF UPDATE 子句中的列名前不要包含表名。若要测试在多个列上进行的 INSERT 或 UPDATE 操作，要分别单独指定 UPDATE(column_name)子句。在 INSERT 操作中，IF UPDATE 将返回 TRUE 值。

> **注意：** 创建触发器时使用 AFTER 或 FOR 关键字，创建的是后触发，即当引起触发器执行的修改语句完成后，并通过了各种约束检查后，才执行触发器中的语句。后触发只能建立在表上，不能建立在视图上。创建触发器时使用 INSTEAD OF 关键字，创建的是替代触发。

(10) IF (columns_update())：用于测试是否插入或更新了指定的列，返回二进制数据表示插入或更新了表中的哪些列。若某列对应位为 0，表示该列没有插入或更新；为 1 表示对该列进行了插入或更新。按从左到右的顺序，最右边的位表示表中的第一列，下一位表示第二列，以此类推。如果在表上创建的触发器包含 8 列以上，则 columns_update 返回多个字节。在 INSERT 操作中，columns_update 将对所有列返回 TRUE，IF (columns_update()) 仅用于 INSERT 或 UPDATE 触发器。

(11) bitwise_operator：位运算符。

(12) update_bitmask：整型屏蔽码，与实际更新或插入的列对应。例如，表中有列 c0、c1、c2、c3、c4(0~4 指创建列时的顺序)，假定该表上有 UPDATE 触发器，若要检查列 c0、c3 和 c4 是否都有更新，可指定 update_bitmask 的值为 00011001=ox19。

(13) comparison_operator：比较运算符。

(14) sql_statement：触发条件和操作。触发器条件指定触发标准，用于确定尝试的 DML 或 DDL 语句是否导致执行触发器操作。当用户尝试激活触发器的 DML 或 DDL 操作时，将执行 sql_statement 中指定的触发器操作。触发器可以包含任意数量和种类的 T-SQL 语句，也可包含流程控制语句。触发器的用途是根据数据修改或定义语句来检查或更改数据；它不应向用户返回数据。

(15) method_specifier：对于 CLR 触发器，指定程序集与触发器绑定的方法。该方法不能带有任何参数，并且必须返回空值。

3. DML 触发器举例

1) INSERT 触发器

【例 10.12】在数据库 xsgl 中创建一个触发器，当向 cj 表插入一条记录时，检查该记录的学号在 xs 表中是否存在，检查课程号在 kc 表中是否存在，若有一项为否，则不允许插入。

```
USE xsgl
GO
CREATE  TRIGGER check_trig
ON  cj
FOR  INSERT
AS
IF EXISTS(SELECT * FROM  inserted a
        WHERE a.学号 NOT  IN (SELECT b.学号 FROM xs b)
        OR a.课程号  NOT  IN(SELECT c.课程号 FROM kc c))
BEGIN
  RAISERROR('违背数据的一致性',16,1)
  ROLLBACK  TRANSACTION
END
GO
```

2) UPDATE 触发器

对于 UPDATE 触发器，当在表上执行 UPDATE 操作时，则产生触发。在触发器程序中，若只关心某些列的变化，则可以使用 IF UPDATE(列名)，仅对指定列的修改做出反应，这点是其他两种触发器没有的。

【例 10.13】在 xsgl 数据库的 cj 表上创建一个触发器，若对学号和课程号修改，则给出提示信息，并取消修改操作。

```
CREATE  TRIGGER  update_trig
 ON  cj
   FOR  UPDATE
AS
IF  UPDATE(学号)  OR UPDATE(课程号)
BEGIN
    RAISERROR('学号或课程号不能进行修改!',7,2)
    ROLLBACK  TRANSACTION
END
GO
```

3) DELETE 触发器

当对表执行 DELETE 操作时，激发该表的 DELETE 触发器。

【例 10.14】当从 xs 表中删除一个学生的记录时，相应地从 cj 表中删除该学生对应的所有记录。

```
CREATE  TRIGGER  delete_trig
ON xs
AFTER  DELETE
AS
DELETE  FROM cj
  WHERE 学号=(SELECT 学号 FROM  deleted)
GO
```

4. INSTEAD OF 触发器

如果视图的数据来自于多个基表，则必须使用 INSTEAD OF 触发器支持引用表中的数据的插入、更新和删除操作。

例如，若在一个多视图上定义了 INSTEAD OF INSERT 触发器(视图各列的值可以允许为空，也可以不允许为空)，而且视图某列的值不允许为空，则 INSERT 语句为该列提供相应的值。

如果视图的列为基表中的计算列、基表中的标识列或具有 timestamp 数据类型的基表列时，该视图的 INSERT 语句必须为这些列指定值，INSTEAD OF 触发器在构成将值插入基表的 INSERT 语句时，会忽略指定的值。下面通过一个例子来说明。

【例 10.15】 基于 xs 表、kc 表和 cj 表创建一个视图，为视图创建一个 INSTEAD OF 触发器。若 kc 表中没有要插入的课程，则在 kc 表中插入该课程；若 xs 表中无此学生，则在 xs 表中插入此学生；最后在 cj 表中插入该学生的成绩记录。

```
USE xsgl
GO
--创建一个视图
CREATE VIEW v_stu_score(学号,姓名,课程号,课程名,成绩)
AS
SELECT a.学号,姓名,b.课程号,课程名,成绩
  FROM xs a,kc b,cj c
```

```
    WHERE a.学号=c.学号 AND b.课程号=c.课程号
--为视图创建一个 INSTEAD OF 触发器
CREATE TRIGGER ins_stu_score ON v_stu_score
INSTEAD OF INSERT
AS
BEGIN
  IF NOT EXISTS(SELECT * FROM inserted a WHERE a.学号 IN
      (SELECT 学号 FROM xs))
  BEGIN
    INSERT INTO xs(学号,姓名)
      SELECT 学号,姓名 FROM inserted
  END
  IF NOT EXISTS(SELECT * FROM inserted a WHERE a.课程号 IN
      (SELECT 课程号 FROM kc))
  BEGIN
    INSERT INTO kc(课程号,课程名)
      SELECT 课程号,课程名 FROM inserted
  END
INSERT INTO cj (学号,课程号,成绩)
  SELECT 学号,课程号,成绩 FROM inserted
END
GO
```

以上操作可以通过向视图插入数据进行验证，如图 10.11 所示。结果显示在向视图插入数据时，取而代之的是分别向 xs 表、kc 表和 cj 表插入了相应的数据。

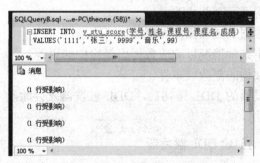

图 10.11 验证 INSTEAD OF 触发器

5. 使用触发器实现数据一致性

触发器作为一种更为有效地实现数据完整性和一致性的方法，在实际应用中更多地被用户用来实现数据的一致性操作，而且这种操作是其他操作无法替代的。下面通过一个实例来说明用触发器实现数据一致性的方法。

我们知道在学生信息表中有总学分(credit)列，而总学分列值的来源应该是当学生选修了一门课程并且成绩达到合格标准以上时，为其累加该课程的相应学分值。因此，总学分值的生成应当与成绩表中学生成绩的输入有着紧密的关系。

【例 10.16】当向 cj 表中添加某学生某课程的成绩时，判断如果成绩在 60 分以上，则将该课程的学分值累加到该学生的总学分值上。建立一个触发器实现上面的操作。

```
CREATE   TRIGGER  update_总学分
ON cj
FOR INSERT
AS
DECLARE @xf int,@cj numeric,@kch char(4),@xh char(10)
SET @cj=(SELECT 成绩 FROM inserted)
SET @kch=(SELECT 课程号 FROM inserted)
SET @xh=(SELECT 学号 FROM inserted)
SET @xf=(SELECT 学分 FROM kc WHERE 课程号=@kch)
IF @cj>=60
  BEGIN
     UPDATE xs SET 总学分=总学分+@xf WHERE 学号=@xh
END
GO
```

10.5.3　DDL 触发器的创建

DDL 触发器是 SQL Server 2000 版本之后新增的一个触发器类型。像常规触发器一样，DDL 触发器将激发存储过程以响应事件。但与 DML 触发器不同的是，DDL 触发器不会被针对表或视图的 UPDATE、INSERT 或 DELETE 语句激活。相反，DDL 触发器会被多种数据定义语句激活，这些语句主要是指以 CREATE、ALTER 和 DROP 开头的语句。DDL 触发器可用于管理任务，如审核和控制数据库操作。

一般来说，以下几种情况可以使用 DDL 触发器。

(1) 防止数据库架构进行某些修改。

(2) 防止数据库或数据表被误操作而删除。

(3) 希望数据库发生某种情况以响应数据库架构中的更改。

(4) 要记录数据库架构的更改或事件。

仅在运行 DDL 触发器的 DDL 语句后，DDL 触发器才会激发。DDL 触发器无法作为 INSTEAD OF 触发器使用。

1. 使用 T-SQL 语句创建 DDL 触发器

创建 DDL 触发器的语法格式如下：

```
CREATE   TRIGGER trigger_name ON {all server|database}
[WITH <ddl_trigger_option> [,…n]]
{FOR|AFTER } {event_type|event_group} [,…n]
AS
{sql_statement [;][,…n]|external name <method specifier [;]>}
<ddl_trigger_option>::=[encryption][execute as clause]
<method_specifier>::=assembly_name.class_name.method_name
```

参数说明如下。

(1) all server|database：DDL 触发器的响应范围，分为当前服务器或当前数据库。

(2) <ddl_trigger_option>：DDL 触发器的参数选项。其中 ENCRYPTION 选项和 EXECUTE AS 选项的含义与 DML 触发器相同。

(3) event_type|event_group：DDL 触发器触发的事件或事件组的名称，当该类型的事件或事件组发生时，此触发器执行。

其他参数的含义与 DML 触发器中的同名参数含义相同，在此不再赘述。

2. DDL 触发器应用举例

【例 10.17】创建用于保护数据库 xsgl 中的数据表不被删除的触发器。

代码如下：

```
CREATE TRIGGER dis_drop_table
  ON xsgl
  FOR DROP_TABLE
AS
BEGIN
    RAISERROR('对不起，xsgl 数据库中的表不能删除',16,10)
    ROLLBACK TRANSCTION
END
GO
```

上面的触发器的作用域是当前数据库。编译后，该触发器显示在当前数据库的数据库触发器节点中。下面举一个作用域为当前服务器的例子。

【例 10.18】创建一个 DDL 触发器 ddl_login_events，当对表进行删除时，显示错误信息，并禁止删除操作。

代码如下：

```
CREATE TRIGGER ddl_login_events ON ALL server FOR drop_table
AS
 RAISERROR('对不起，相关事件被触发器禁止！',16,10)
 ROLLBACK TRANSACTION
GO
```

编译后，该触发器显示在当前服务器的服务器对象的触发器节点中，将禁止在服务器上删除表的操作。

10.6　触发器的管理

10.6.1　触发器的查看

触发器的查看，既可以通过对象资源管理实现，也可以通过系统存储过程完成。下面详细介绍利用系统存储过程查看触发器的方法。触发器的信息可以在查询分析器中利用系统存储过程 sp_helptext、sp_depends 和 sp_help 等来查看。

1. sp_helptext

利用该存储过程，可以查看触发器的定义文本信息。要求该触发器在创建时不带 WITH ENCRYPTION 子句。

语法格式如下：

```
sp_helptext [@objname=] 'trigger_name'
```

参数[@objname=] 'trigger_name'是要查看触发器的名称。要求该触发器必须在当前数据库中。

2. sp_depends

利用该存储过程，可以查看触发器的相关性信息。语法格式如下：

```
sp_depends [@objname=] 'trigger_name'
```

参数[@objname=] 'trigger_name'是要查看触发器的名称。要求该触发器必须在当前数据库中。

3. sp_help

利用该存储过程，可以查看触发器的一般性信息。语法格式如下：

```
sp_help [@objname=] 'trigger_name'
```

参数[@objname=] 'trigger_name'是要查看触发器的名称。要求该触发器必须在当前数据库中。

4. 示例

【例 10.19】利用系统存储过程查看 cj 表上的 check_trig 触发器的文本信息及相关性信息等。

```
EXEC sp_helptext 'check_trig'
EXEC sp_help 'check_trig'
EXEC sp_depends 'check_trig'
GO
```

运行结果如图 10.12 所示。

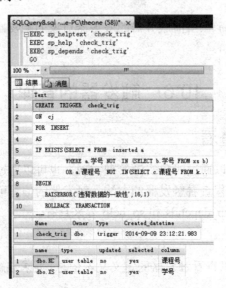

图 10.12　触发器查看结果

10.6.2　触发器的修改与删除

触发器的修改与删除，既可以通过对象资源管理器实现，也可以通过 SQL 语句实现。这里仅介绍使用 SQL 语句操作的情况。

1. 触发器的修改

用户可以使用 ALTER TRIGGER 语句修改触发器，它可以在保留现有的触发器名称的情况下，修改触发器的触发动作和执行内容。

修改触发器的语法格式如下。

```
ALTER  TRIGGER [schema_name.] trigger_name ON {TABLE|VIEW}
[WITH <dml_trigger_option> [,…n]]
{FOR|AFTER|INSTEAD OF} {[INSERT][,][UPDATE][,][DELETE]}
[NOT FOR REPLICATION]
AS
[{IF UPDATE(column_name)[{AND|OR} UPDATE(column_name)][,…n]}]
|IF (columns_update() {bitwise_operator} update_bitmask)
{comparison_operator} column_bitmask [,…n]
}]
{sql_statement [;][,…n]|external name <method specifier [;]>}
<dml_trigger_option>::=[encryption][execute as clause]
<method_specifier>::=assembly_name.class_name.method_name
```

可以看到，修改触发器的命令与创建触发器的命令只有 ALTER 不同，实际上只是在保留了触发器原名的情况下，对触发器实施的重建。其中各参数的含义与 CREATE TRIGGER 相同，在此不再重复。

> **注意：** 如果原触发器是用 WITH ENCRYPTION 选项或 RECOMPILE 选项创建的，那么只有在 ALTER TRIGGER 语句中也包含这些选项时，这些选项才会有效。

【例 10.20】修改 check_trig 触发器，对触发器进行加密。

```
ALTER  TRIGGER  check_trig
ON  cj
WITH  ENCRYPTION
FOR  INSERT
AS
IF EXISTS(SELECT * FROM  inserted a
        WHERE a.学号 NOT  IN (SELECT b.学号 FROM xs b)
        OR a.课程号  NOT  IN(SELECT c.课程号 FROM kc c))
BEGIN
    RAISERROR('违背数据的一致性',16,1)
    ROLLBACK  TRANSACTION
END
GO
```

测试是否能查看触发器的定义信息。

```
EXECUTE sp_helptext check_trig
GO
```

查看触发器的定义信息将显示"对象'check_trig'的文本已加密"。

因为该触发器已加密，所以和加密的存储过程一样，即使是 sa 用户和 dbo 用户也不能查看加密后的触发器的内容，所以对加密的触发器一定要留有备份。要想取消加密，需要用不带 WITH ENCRYPTION 子句的修改触发器命令重新修改回来。

2. 触发器的删除

当触发器不再需要时，就可以将其删除。删除触发器是将触发器对象从当前数据库中永久删除。DDL 和 DML 触发器的删除，既可以通过 SQL 语句来实现的，也可以在对象资源管理器中实现。这里只介绍使用 SQL 命令删除触发器的方法。

语法格式如下：

```
DROP TRIGGER [sctema_name.] trigger_name [,…n]  ON {database|all server}
```

上面各参数的含义与创建触发器中存在的参数相同。database|all server 用于 DDL 触发器，指示该触发器创建时的作用域，因此删除时应与创建时的作用域相同。

【例 10.21】分别删除 DML 触发器 check_trig 和 DDL 触发器 dis_drop_table。

代码如下：

```
DROP TRIGGER check_trig ON cj
GO
DROP TRIGGER dis_drop_table ON database
GO
```

10.6.3 触发器的禁用和启用

在某些场合，需要禁用触发器。触发器被禁用后仍存在于数据库中，但是当相关事件发生时，触发器将不再被激活。若想使触发器重新发挥作用，可以对被禁用的触发器进行启用操作。重新启用后，当相关事件发生时，触发器便又可以被正常激活了。禁用和启用触发器的语法格式如下。

```
ENABLE|DISABLE TRIGGER {[schema_name.] trigger_name[,…n] all}
ON {object_name|database|all server}
```

其中，ENABLE TRIGGER 为启用触发器，DISABLE TRIGGER 为禁用触发器，其他参数与前面命令格式中出现的参数意义相同，不再重复。

【例 10.22】分别禁用 cj 表上的所有触发器和 xsgl 数据库上的 DDL 触发器"dis_drop_table"。

代码如下：

```
DISABLE TRIGGER all ON cj
GO
DISABLE TRIGGER dis_drop_table ON database
GO
```

【例 10.23】分别启用 cj 表上的所有触发器和 xsgl 数据库上的 DDL 触发器"dis_drop_table"。

代码如下：

```
ENABLE TRIGGER all ON cj
GO
ENABLE TRIGGER dis_drop_table ON database
GO
```

另外，触发器的禁用和启用除了可以通过 SQL 语句实现之外，也可以通过对象资源管理器来实现。

10.7　事　务

10.7.1　基本概念

事务是作为单个逻辑工作单元执行的一系列操作。这一系列操作或者都被执行，或者都不被执行。例如，两个银行账号之间转账，将 A 账号的 1 万元转到 B 账号上，这个过程在处理时是先将 A 账号减去 1 万元，然后再将 B 账号加上 1 万元。如果当 A 账号减去 1 万元后系统发生错误，使得 B 账号加上 1 万元的操作无法执行，这样的结果会造成账务混乱。有了事务机制，就可以利用事务避免上述情况的发生，保证减去和加上两个操作同时成功，或者同时回退。

事务作为一个逻辑工作单元，有 4 个属性，称为 ACID(原子性、一致性、隔离性和持久性)属性。

(1) 原子性：事务必须是原子工作单元，对于其所做的数据修改，要么全都执行，要么全都不执行。

(2) 一致性：事务在完成时，必须使所有的数据都保持一致状态。在相关数据库中，所有规则都应用于数据的修改，以保持所有数据的完整性。事务结束时，所有的内部数据结构都必须是正确的。

(3) 隔离性：由一个并发事务所做的修改必须与任何其他并发事务所做的修改隔离，从而保证事务查看数据时数据所处的状态，只能是一个并发事务修改它之前的状态或者是另一个事务修改它之后的状态，而不能查看事务修改中间状态的数据。

(4) 持久性：事务完成之后对系统的影响是永久的。

SQL Server 有以下 3 种事务模式。

(1) 自动提交事务。这是 SQL Server 的默认模式。每个单独的 SQL 语句都是一个事务，并在其完成后提交。不必指定任何语句控制事务。

(2) 显式事务。每个事务均以 BEGIN TRANSACTION 语句显式开始，以 COMMIT 或 ROLLBACK 语句显式结束。

(3) 隐性事务。通过 API 函数或 T-SQL 的 SET IMPLICIT_TRANSACTION ON 语句，将隐性事务模式设置为打开。这样在前一个事务结束时新事务隐式启动，但每个事务仍以 COMMIT 或 ROLLBACK 语句显式结束。

10.7.2 事务处理

SQL Server 事务处理语句包括 BEGIN TRANSACTION、COMMIT TRANSACTION、ROLLBACK TRANSACTION、SAVE TRANSACTION，下面进一步说明这些语句。

1. 显示启动事务(BEGIN TRANSACTION)

BEGIN TRANSACTION 语句用来显示定义事务，其语法格式如下：

```
BEGIN TRANSACTION [SACTION]
[transaction_name|@tran_name_variable
[WITH MARK ['description']]]
```

各参数说明如下：

(1) transaction_name 是给事务分配的名称。transaction_name 必须遵循标识符规则，但是不允许标识符多于 32 个字符。仅在嵌套的 BEGIN...COMMIT 或 BEGIN...ROLLBACK 语句的最外层语句上使用事务名。

(2) @tran_name_variable 是用户定义的、含有有效事务名称的变量名称。必须用 char、varchar、nchar 或 nvarchar 数据类型声明该变量。

(3) WITH MARK ['description']用来指定在日志中标记事务。Description 是描述该标记的字符串。如果使用了 WITH MARK，则必须指定事务名。WITH MARK 允许将事务日志还原到命名标记。

2. 隐式启动事务

通过 API 函数或 T-SQL SET IMPLICIT_TRANSACTION ON 语句，将隐性事务模式设置为打开。下一个语句自动启动一个新事务。当该事务完成时，下一个 T-SQL 语句又将启动一个新事务。应用程序再使用 SET IMPLICIT_TRANSACTION OFF 语句关闭隐式事务模式。

3. 事务提交(COMMIT TRANSACTION)

COMMIT TRANSACTION 语句用于标志一个成功的隐式事务或显示事务的结束。其语法格式如下：

```
COMMIT [TRAN[SACTION] [transaction_name|@tran_name_variable]]
```

4. 事务回滚(ROLLBACK TRANSACTION)

将显示事务或隐式事务回滚到事务的起点或事务内的某个保存点。其语法格式如下：

```
ROLLBACK TRAN[SACTION] [transaction_name|@tran_name_variable|
                savepoint_name|@savepoint_variable]]
```

各参数说明如下：

(1) transaction_name 是 BEGIN TRANSACTION 上的事务指派的名称。transaction_name 必须遵循标识符规则。嵌套事务时 transaction_name 必须是来自最远的 BEGIN TRANSACTION 语句的名称。

(2) @tran_name_variable 是用户定义的、含有有效事务名称的变量名称。

(3) savepoint_name 是来自 SAVE TRANSACTION 语句的保存点名称，必须符合标识符规则。

(4) @savepoint_variable 是用户定义的、含有有效保存点名称的变量。必须用 char、varchar、nchar 或 nvarchar 数据类型声明该变量。

不带事务名称的 ROLLBACK TRANSACTION 回滚到事务的起点。嵌套事务时，该语句将所有内层事务回滚到最外层的 BEGIN TRANSACTION 语句，事务名称也只能是来自最外层的 BEGIN TRANSACTION 语句中指定的事务名称，否则出错。

在执行 COMMIT TRANSACTION 语句后不能回滚事务。

如果在事务执行过程中出现任何错误，SQL Server 实例将回滚事务。某些错误(如死锁)会自动回滚事务。

5. 设置保存点

在事务内设置保存点的语法格式如下：

```
SAVE TRAN[SACTION] { savepoint_name|@savepoint_variable }
```

6. 事务嵌套

与 BEGIN…END 语句类似，BEGIN TRANSACTION 和 COMMIT TRANSACTION 语句也可以进行嵌套，即事务可以嵌套执行。

【例 10.24】定义一个事务，向 xs 表添加一条记录，并设置保存点。然后再删除该记录，并回滚到事务的保存点，提交事务。语句如下：

```
USE xsgl
GO
BEGIN TRANSACTION
INSERT INTO xs(学号,姓名,性别,出生时间)
  VALUES('2013030115','张小明','男','1995/09/23')
SAVE TRANSACTION savepoint_1
DELETE FROM xs
  WHERE stu_id='2013030115'
ROLLBACK TRANSACTION savepoint_1
COMMIT TRANSACTION
GO
```

说明：本例使用 BEGIN TRANSACTION 定义了一个事务，向 xs 表添加一条记录，并设置保存点 savepoint_1，然后删除该记录，但由于使用 ROLLBACK TRANSACTION 回滚到了保存点 savepoint_1，使得 COMMIT TRANSACTION 提交该事务时，本条记录并没有被删除。

【例 10.25】事务的隐式启动。

语句如下：

```
USE xsgl
GO
SET IMPLICIT_TRANSACTION ON          --启动隐式事务模式
```

```
GO
--第一个事务由 INSERT 语句启动
INSERT INTO cj VALUES('2013030110','J005')
COMMIT TRANSACTION                    --提交第一个隐式事务
GO
--第二个隐式事务由 SELECT 语句启动
SELECT COUNT(*) FROM xs
DELETE FROM cj WHERE 学号='2013030115'
COMMIT TRANSACTION                    --提交第二个隐式事务
GO
SET IMPLICIT_TRANSACTION OFF          --关闭隐式事务模式
GO
```

如果在事务活动时由于任何原因(如客户端应用程序终止、客户端计算机关闭或重新启动、客户端网络连接中断等)中断了客户端和 SQL Server 实例之间的通信，则 SQL Server 实例会在收到网络或操作系统发出的中断通知时自动回滚事务。在所有这些错误情况下，将回滚任何未完成的事务以保护数据的完整性和一致性。

本章实训　存储过程和触发器的使用

1．实训目的

(1) 掌握存储过程的创建及使用方法。

(2) 掌握存储过程的调用方法。

(3) 掌握触发器的使用方法。

(4) 掌握如何使用触发器实现数据的完整性和一致性。

2．实训内容

(1) 掌握设计存储过程和触发器的方法。

(2) 掌握存储过程的调用方法。

(3) 掌握存储过程和触发器的管理维护方法。

3．实训过程

(1) 在 marketing 数据库上创建一个带输入参数的存储过程，它能根据指定的表名关键字显示相应表的信息。

```
CREATE  PROCEDURE  DispTab
    @selectkey  varchar(20)
AS
    DECLARE @tabName varchar(20)
    SELECT @tabName=
    CASE
      WHEN @selectKey LIKE '%客户%' THEN '客户信息'
      WHEN @selectKey LIKE '%销售%' THEN '销售信息'
      WHEN @selectKey LIKE '%订单%' THEN '订单信息'
```

```
END
    IF @tabName IS NULL
    PRINT '没有找到对应的表! '
    ELSE
    EXECUTE('SELECT * FROM '+@tabName)
GO
--调用存储过程:
EXECUTE DispTab '客户'
```

(2) 在 marketing 数据库上创建一个存储过程,利用该存储过程统计某销售人员的销售总和。

```
CREATE PROCEDURE sum_订货
@No int
AS
SELECT SUM(数量) FROM 订单信息
  WHERE 销售工号=@No
  GROUP BY 销售工号
GO
```

调用存储过程:

```
EXECUTE sum_订货 4
```

(3) 在 marketing 数据库上创建一个"订单信息"表上的后触发器,当用户插入新的订单行时,按照订货量应相应地减少该货品的库存量。

```
CREATE TRIGGER upda_库存量 ON 订单信息
FOR INSERT
AS
DECLARE @orderNum INT, @goodNo INT
SELECT @goodNo=货品编码, @orderNum=数量 FROM INSERTED
UPDATE 货品信息
  SET 库存量=库存量-@orderNum
  WHERE 编码=@goodNo
GO
```

请读者向订单信息表中插入记录测试触发器的作用。

(4) 在 marketing 数据库上创建一个触发器,在"订单信息"表上建立替代触发的插入触发器,当用户插入新的订单行时,如果订货量不超过库存量则可以插入订货信息,如果订货量超过库存量,则不能实现插入操作,并给出提示信息。

```
CREATE TRIGGER Check_库存量 ON 订单信息
INSTEAD OF INSERT
AS
DECLARE @orderNum INT, @stored INT, @goodNo INT
SELECT @goodNo=货品编码, @orderNum=数量 FROM INSERTED
SELECT @stored=库存量 FROM 货品信息 WHERE 编码=@goodNo
IF @orderNum>@stored
  RAISERROR('订货量超出库存量,不能订货! ',7,1)
ELSE
```

```
   INSERT 订单信息 SELECT * FROM INSERTED
GO
```

(5) 测试该触发器。

```
INSERT 订单信息(订单号,销售工号,货品编码,客户编号,数量)
 VALUES(9,4,6,1,100)
```

4. 实训总结

通过本章上机实训，应当掌握使用存储过程的目的和存储过程的创建及调用方法，触发器的作用及其使用方法，以及使用触发器实现数据的完整性和一致性的方法。

本 章 小 结

本章主要介绍了存储过程的概念、分类和优点，并通过大量实例说明了以对象资源管理器和 T-SQL 语句两种方式对存储过程进行创建、修改、查看、重命名、重编译和删除的方法。读者特别要注意掌握带参数、带默认值参数、带有返回值、带有局部变量等几种存储过程的使用。

习 题

1. 什么是存储过程？存储过程分为哪些类？
2. 简述使用存储过程有哪些优缺点？
3. 修改存储过程有哪几种方法？假设有一个存储过程需要修改，但又不希望影响现有的权限，应使用哪个语句来进行修改？
4. 说明存储过程的定义与调用方法？
5. 为 xsgl 数据库创建对各表进行插入、修改、删除操作的存储过程，然后再调用这些存储过程。
6. 为 xsgl 数据库和 xs 表创建触发器，要求学生的学号和姓名字段不能修改，当修改时启动触发器并给出提示信息。
7. 为 xsgl 数据库中的 xs 表和 cj 表创建一个实现数据参照完整性的触发器，当从学生表中删除学生时，同时将该学生的成绩信息从 cj 表中删除。

第 11 章　备份恢复与导入/导出

数据库的备份与恢复是数据库管理中一项十分重要的工作，采用适当的备份策略增强数据备份的效果，能把数据损失控制在最小。本章主要介绍数据库的备份与恢复操作，同时也讲述了数据导入/导出的内容，以及不同数据系统之间数据交换与共享的方法。

通过学习本章，读者应掌握以下内容：
- 备份与恢复数据库的方法；
- 导入与导出数据的方法。

11.1　备份与恢复的基本概念

任何系统都不可避免地会出现各种故障，而某些故障又可能会导致数据库灾难性的损坏，所以做好数据库的备份工作极其重要。

备份与恢复还有很多用途。例如，将一个服务器上的数据库备份下来，再把它恢复到其他的服务器上，可以实现数据库的快捷转移。

11.1.1　备份与恢复的需求分析

在实际生活中，造成数据损失的因素有很多，如存储介质错误、用户误操作、服务器的永久性毁坏等，而这些因素造成的数据损失都可以靠事先做好的备份来恢复。

数据库备份是数据库结构、对象和数据的副本，可以在数据库遭受破坏时用来修复数据库。数据库恢复是指将备份的数据库再加载到数据库服务器中。

备份数据库，不但要备份用户数据库，也要备份系统数据库。因为系统数据库中存储了 SQL Server 的服务器配置信息、用户登录信息、用户数据库信息、作业信息等。

通常在下列情况下需要备份系统数据库。

(1) 修改 master 数据库之后。master 数据库中包含 SQL Server 中所有数据库的相关信息，在创建用户数据库、创建和修改用户登录账户或执行任何修改 master 数据库的语句后，都应当备份 master 数据库。

(2) 修改 msdb 数据库之后。msdb 数据库中包含 SQL Server 代理程序调度的作业、警报和操作员的信息，在修改 msdb 之后应当备份它。

(3) 修改 model 数据库之后。model 数据库是系统中所有数据库的模板，如果用户通过修改 model 数据库来调整所有新用户数据库的默认配置，就必须备份 model 数据库。

通常在下列情况下需要备份用户数据库。

(1) 创建数据库之后。在创建或装载数据库之后，都应当备份数据库。

(2) 创建索引之后。创建索引的时候，需要分析以及重新排列数据，这个过程会耗费时间和系统资源。在这个过程之后备份数据库，备份文件中会包含索引的结构，一旦数据库出现故障，再恢复数据库后不必重建索引。

(3) 清理事务日志之后。使用 BACKUP LOG WITH TRUNCATE_ONLY 或 BACKUP LOG WITH NO_LOG 语句清理事务日志后，应当备份数据库，此时，事务日志将不再包含数据库的活动记录，所以不能通过日志恢复数据。

(4) 执行大容量数据操作之后。当执行完大容量数据装载语句或修改语句后，SQL Server 不会将这些大容量的数据处理活动记录到日志中，所以应当进行数据库备份。例如执行完 SELECT INTO、WRITETEXT、UPDATETEXT 语句后。

11.1.2 备份数据库的基本概念

备份是指将数据库复制到一个专门的备份服务器、活动磁盘或者其他能够长期存储数据的介质上，作为副本。一旦数据库因意外而遭到损坏，这些备份可用来恢复数据库。

SQL Server 支持在线备份，因此，通常情况下可以一边备份，一边进行其他操作，但是在备份过程中不允许执行以下操作。

(1) 创建或删除数据库文件。

(2) 创建索引。

(3) 执行非日志操作。

(4) 自动或手工缩小数据库或数据库文件大小。

1. 数据库备份方式

SQL Server 提供了 4 种数据库备份方式。用户可以根据自己的备份策略选择不同的备份方式，如图 11.1 所示。在 SQL Server Management Studio 的"对象资源管理器"中，可以通过 SQL Server 备份数据库对话框选择相应的备份方式。

(1) 数据库完整备份(Database-complete)：备份数据库的所有数据文件、日志文件和在备份过程中发生的任何活动(将这些活动记录在事务日志中，一起写入备份设备)。完整备份是数据库恢复的基础，日志备份、差异备份的恢复完全依赖于在其前面进行的完整备份。

(2) 数据库差异备份(Database-differential)：差异备份只备份自最近一次完整备份以来被修改的那些数据。当数据频繁修改的时候，用户应当执行差异备份。差异备份的优点在于占用的备份空间小，减少数据损失并且恢复的时间快。数据库恢复时，先恢复最后一次的完整数据库备份，然后再恢复最后一次的差异备份。

(3) 事务日志备份(Transaction log)：只备份最后一次日志备份后所有的事务日志记录，备份所用的时间和空间更少。利用日志备份恢复时，可以恢复到某个指定的事务(如误操作执行前的那一点)。这是差异备份和完整备份所不能做到的。但是利用日志备份进行恢复时，需要重新执行日志记录中的修改命令来恢复数据库中的数据，所以通常恢复操作占用的时间较长。通常可以采用这样的备份计划：每周进行一次完整备份，每天进行一次差异备份，每小时进行一次日志备份，这样最多只会丢失 1 小时的数据。恢复时，先恢复最后一次的完全备份，再恢复最后一次的差异备份，再顺序恢复最后一次差异备份后的所有事务日志备份。

(4) 文件或文件组备份(File and Filegroup)：备份数据库文件或数据库文件组。该备份方式必须与事务日志备份配合执行才有意义。在执行文件或文件组备份时，SQL Server 会备份某些指定的数据文件或文件组。为了使恢复文件与数据库中的其余部分保持一致，在执行文件和文件组备份后，必须执行事务日志备份。

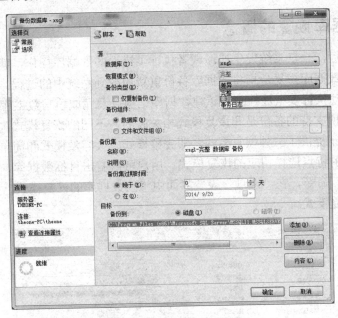

图 11.1 选择数据库备份的方式

2．备份设备

备份设备是指用于存放备份文件的设备。创建备份时，必须先选择备份设备。SQL Server 将数据库、数据库文件和日志文件备份到磁盘和磁带设备上。

1) 磁盘备份设备

磁盘备份设备是硬盘或其他磁盘存储媒体上的文件，引用磁盘备份设备与引用其他任何操作系统文件一样。可以在服务器的本地磁盘上或共享网络资源的远程磁盘上定义磁盘备份设备，磁盘备份设备根据需要可大可小，最大文件的大小相当于磁盘上可用的闲置空间。

2) 命名管道备份设备

这是微软专门为第三方软件供应商提供的一个备份和恢复方式，命名管道设备不能通过 SQL Server Management Studio 的对象资源管理器来建立和管理，若要将数据备份到一个命名管道设备，必须在 BACKUP 语句中提供管道的名字。

3) 磁带备份设备

磁带设备的用法与磁盘设备相同，但必须将磁带设备物理连接到运行 SQL Server 实例的计算机上，不支持备份到远程磁带设备上。若要将 SQL Server 数据备份到磁带，需使用 Windows NT 4.0 或 Windows 2000 支持的磁带备份设备或磁带驱动器。

4) 物理和逻辑备份设备

SQL Server 使用物理设备名称或逻辑设备名称标识备份设备。物理备份设备是操作系统用来标识备份设备的名称，逻辑备份设备是用来标识物理备份设备的别名或公用名称。逻辑设备名称永久地存储在 SQL Server 的系统表中。使用逻辑备份设备的优点是引用它比引用物理设备名称简单。例如，物理设备名称是"G:\SQL 2012 教材\xsgl.bak"，而逻辑设备名称则可以是 xsgl_Backup。

11.1.3　数据库恢复的概念

数据库备份后，一旦系统发生崩溃或者执行了错误的数据库操作，就可以从备份文件中恢复数据库。数据库恢复是指将数据库备份重新加载到系统中的过程。系统在恢复数据库的过程中，自动执行安全性检查、重建数据库结构以及完成填写数据库内容。

SQL Server 所支持的备份是和恢复模式相关联的，不同的恢复模式决定了相应的备份策略。SQL Server 提供了三种恢复模式，即完整模式、大容量模式和简单模式，用户可以根据数据库应用的特点选择相应的恢复模式。用户可以右击目标数据库，在弹出的快捷菜单中选择"属性"命令，在"选项"设置界面中修改数据库的恢复模式，如图 11.2 所示。默认使用完整恢复模式。

图 11.2　数据库恢复模式的设置

(1) 完整模式：默认采用完整模式，它使用数据库备份和日志备份，能够较为完全地防范媒体故障。采用该模式，SQL Server 事务日志会记录对数据进行的全部修改，包括大容量数据操作。因此，能够将数据库还原到特定的即时点。

(2) 大容量日志记录模式：该模式和完整模式类似，也是使用数据库备份和日志备份。不同的是，对大容量数据操作的记录，采用提供最佳性能和最少的日志空间方式。这样，事务日志只记录大容量操作的结果，而不记录操作的过程。所以，当出现故障时，虽然能够恢复全部的数据，但是不能恢复数据库到特定的时间点。

(3) 简单模式：使用简单模式可以将数据库恢复到上一次的备份。事务日志不记录数据的修改操作，采用该模式，进行数据库备份时，不能进行"事务日志备份"和"文件/文件组备份"。对于小数据库或数据修改频率不高的数据库，通常采用简单模式。

11.2 备份数据库

备份数据库的方法有多种，可以在 SQL Server Management Studio 的"对象资源管理器"中完成，也可以使用 SQL 语句来实现。由于该过程和通常的数据库操作相比频率较低，所以使用 SQL Server Management Studio 的"对象资源管理器"图形界面来操作更方便。并且 SQL Server Management Studio 的"对象资源管理器"操作环境具有更强的集成性，一个操作步骤能够实现多条 SQL 语句的功能。

11.2.1 使用 SQL Server Management Studio 备份数据库

在 SQL Server Management Studio 的"对象资源管理器"窗格中创建 xsgl 数据库备份的操作步骤如下。

(1) 在 SQL Server Management Studio 的"对象资源管理器"窗格中，依次展开节点到要备份的数据库 xsgl。

(2) 右击 xsgl 数据库，在弹出的快捷菜单中选择"任务"→"备份"命令，出现如图 11.1 所示的窗口。

(3) 在"名称"文本框中输入备份名称，默认为"xsgl-完整 数据库 备份"。如果需要，可以在"说明"文本框中输入对备份集的描述，默认没有任何描述。

(4) 在"备份类型"下拉列表框中选择备份的方式。其中，"完整"表示执行完整的数据库备份；"差异"表示仅备份自上次完全备份以后，数据库中新修改的数据；"事务日志"表示仅备份事务日志。

(5) 指定备份目标。在"目标"区域中单击"添加"按钮，并在如图 11.3 所示的"选择备份目标"对话框中，指定一个备份文件名。这个指定会出现在图 11.1 中"备份到："下面的列表框中。在一次备份操作中，可以指定多个目的文件。这样可以将一个数据库备份到多个文件中。最后单击"确定"按钮。

(6) 在图 11.1 中单击"选项"标签，切换到如图 11.4 所示的"选项"设置界面，根据需要设置以下选项。

① 是否覆盖介质：选中"追加到现有备份集"单选按钮，则不覆盖现有备份集，而是将数据库备份追加到备份集里，同一个备份集里可以有多个数据库备份信息；如果选中"覆盖所有现有备份集"单选按钮，则将覆盖现有备份集，以前在该备份集里的备份信息将无法重新读取。

② 是否检查介质集名称和备份集过期时间：如果需要可以选中"检查介质集名称和备份集过期时间"复选框，来要求备份操作验证备份集的名称和过期时间；在"介质集名称"文本框里可以输入要验证的介质集名称。

③ 是否使用新介质集：选择"备份到新介质集并清除所有现在备份集"单选按钮可以清除以前的媒体集，并使用新的介质集备份数据库。在"新建介质集名称"文本框里输入介质集的新名称，在"新建介质集说明"文本框里输入新建介质集的说明。

④ 设置数据库备份的可靠性：选择"完成后验证备份"复选框将会验证备份集是否完

整以及所有卷是否都可读；选择"写入介质前检查校验和"复选框将会在写入备份介质前验证校验和，如果选中此项，可能会增大工作负荷，并降低备份操作的备份吞吐量。

(7) 返回到"备份数据库"对话框后，单击"确定"按钮，开始执行备份操作，此时会出现相应的提示信息。单击"确定"按钮，完成数据库备份。

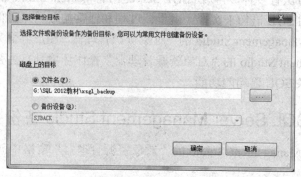

图 11.3 "选择备份目标"对话框

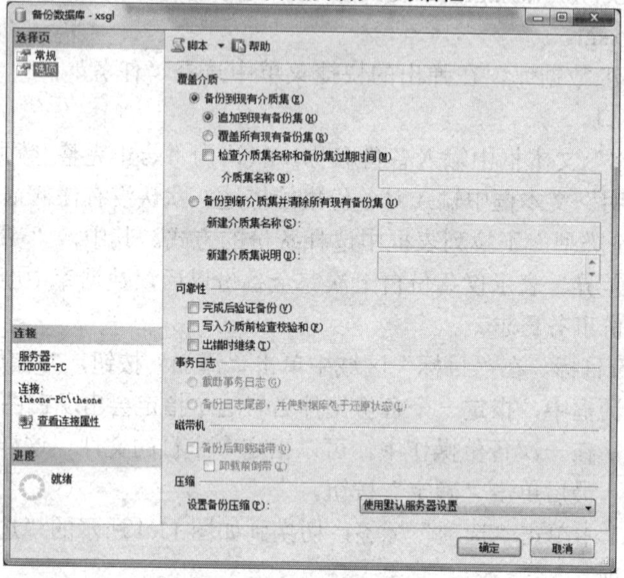

图 11.4 "选项"设置界面

11.2.2 创建备份设备

进行数据库备份时，通常要首先生成备份设备，如果不生成备份设备就会直接将数据备份到当前存储设备上。在 SQL Server Management Studio 的"对象资源管理器"窗格中生成备份设备可以与数据库备份同时进行，也可以单独进行。

(1) 启动 SQL Server Management Studio 工具，在"对象资源管理器"窗格中展开"服务器对象"树形目录，右击"备份设备"，弹出快捷菜单，如图 11.5 所示。

(2) 在弹出的快捷菜单中选择"新建备份设备"命令，打开"备份设备"对话框，如图 11.6 所示。

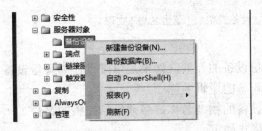

图 11.5 "备份设备"节点快捷菜单

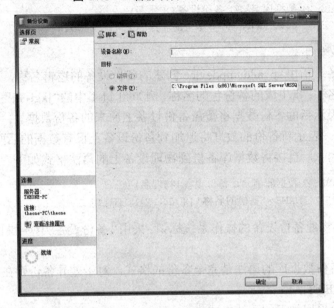

图 11.6 "备份设备"对话框

(3) 在"设备名称"文本框中输入备份设备的名称。

(4) 在"文件"文本框中输入备份设备的路径和文件名。

(5) 单击"确定"按钮,开始创建备份设备操作。

SQL Server 使用物理设备名或逻辑设备名标识备份设备。物理备份设备是指操作系统所标识的磁盘文件、磁带等各种设备,例如 D:\SQL\xsgl.bak。逻辑备份设备名是用来标识物理备份设备的别名或公用名称。逻辑设备名存储在 xsgl 数据库的 sysdevices 系统表中。使用逻辑备份设备名的优点是比引用物理设备名简短。

在使用 SQL 语句方式进行数据库备份时,同样可以直接备份到物理设备,或先创建备份设备后再以该设备的逻辑名进行备份。

11.2.3 使用 SQL 语句备份数据库

使用 SQL 语句备份数据库有两种方式:一种方式是先将一个物理设备设置成备份设备,然后再将数据库备份到该备份设备上;另一种方式是直接将数据库备份到物理设备上。

在第一种方式中,先使用 sp_addumpdevice 创建备份设备,然后再使用 BACKUP DATABASE 备份数据库。

创建备份设备的语法格式如下。

```
sp_addumpdevice '设备类型','逻辑名','物理名'
```

各参数的含义如下。

- 设备类型：备份设备的类型，如果是以硬盘作为备份设备，则为"disk"。
- 逻辑名：备份设备的逻辑名称。
- 物理名：备份设备的物理名称，必须包括完整的路径。

备份数据库的语法格式如下。

```
BACKUP DATABASE 数据库名 TO 备份设备(逻辑名)
                [WITH[NAME='备份的名称'][,INIT|NOINIT]
```

各参数的含义如下。

- 备份设备：指由 sp_addumpdevice 创建的备份设备的逻辑名称，不加引号。
- 备份的名称：指生成的备份包的名称，例如图 11.1 中的"jxgl-完整 数据库 备份"。
- INIT：表示新的备份数据将覆盖备份设备上原来的备份数据。
- NOINIT：表示新备份的数据将追加到备份设备上已有数据的后面。

在第二种方式中，直接将数据库备份到物理设备上的语法格式如下。

```
BACKUP DATABASE 数据库名 TO 备份设备(物理名)
        [WITH [NAME='备份的名称'][,INIT|NOINIT]
```

其中，备份设备是物理备份设备的操作系统标识。采用"备份设备类型=操作系统设备标识"的形式。

前面给出的备份数据库的语法是完全备份的格式，对于差异备份则在 WITH 子句中增加限定词 DIFFERENTIAL。

对于日志备份采用如下的语法格式。

```
BACKUP LOG 数据库名 TO 备份设备(逻辑名|物理名)
  [WITH[NAME='备份的名称'][,INIT|NOINIT]]
```

对于文件和文件组备份则采用如下的语法格式。

```
BACKUP DATABASE 数据库名
  FILE='数据库文件的逻辑名'|FILEGROUP='数据库文件组的逻辑名'
  TO 备份设备(逻辑名|物理名)
  [WITH[NAME='备份的名称'][,INIT|NOINIT]]
```

【例 11.1】 使用 sp_addumpdevice 创建数据库备份设备 SJBACK，使用 BACKUP DATABASE 在该备份设备上创建 xsgl 数据库的完全备份，备份名为 xsglbak。

运行如下命令。

```
--使用 sp_addumpdevice 创建数据库备份设备
EXEC sp_addumpdevice 'DISK','SJBACK','G:\SQL 2012 教材\xsgl.bak'
--EXEC sp_dropdevice 'SJBACK'  --执行删除该设备
BACKUP DATABASE xsgl TO SJBACK WITH INIT,NAME='xsglbak'
```

命令执行结果如图 11.7 所示。

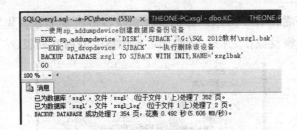

图 11.7　用逻辑名备份数据库

【例 11.2】 使用 BACKUP DATABASE 直接将数据库 xsgl 的差异数据和日志备份到物理文件 G:\SQL 2012 教材\DIFFER.BAK 上，备份名为 differbak。

```
BACKUP DATABASE xsgl TO DISK='G:\SQL 2012 教材\DIFFER.BAK'
    WITH DIFFERENTIAL,INIT,NAME='differbak'        --进行差异备份
BACKUP LOG xsgl
    TO DISK='G:\SQL 2012 教材\DIFFER.BAK'
    WITH NOINIT,NAME='differbak'                   --进行事务日志备份
```

命令执行结果如图 11.8 所示。

图 11.8　备份数据库的差异数据和日志

11.3　恢复数据库

恢复数据库就是将原来备份的数据库还原到当前的服务器中，通常是在数据库出现故障或操作失误时进行还原。还原数据库时，SQL Server 会自动将备份文件中的数据库备份全部还原到当前的数据库中，并回滚所有未完成的事务，以保证数据库中数据的一致性。

11.3.1　恢复数据库前的准备

执行恢复操作之前，应当验证备份文件的有效性，确认备份中是否含有恢复数据库所需要的数据，然后关闭该数据库上的所有用户，备份事务日志。

1. 验证备份文件的有效性

通过 SQL Server Management Studio 的"对象资源管理器"可以查看备份设备的属性。右击相应备份设备，在弹出的快捷菜单中选择"属性"命令，如图 11.9 所示，在打开的属

性对话框中单击"查看内容"按钮,即可查看相应备份设备上备份集的信息,如图 11.10 所示。也可以在执行恢复操作之前,查看选定备份集中的内容列表。

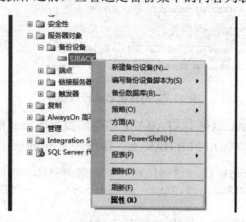

图 11.9   查看备份设备的属性

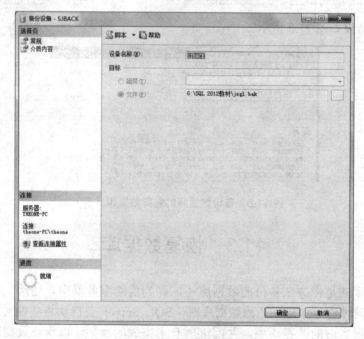

图 11.10   备份集的信息

使用 SQL 语句也可以获得备份介质上的信息。使用 RESTORE HEADERONLY 语句,可以获得指定备份文件中所有备份设备的文件首部信息。使用 RESTORE FILELISTONLY 语句,可以获得指定备份文件中的原数据库或事务日志的有关信息。使用 RESTORE VERIFYONLY 语句,可以检查备份集是否完整,以及所有卷是否可读。

【例 11.3】   使用 SQL 语句查看并验证备份文件的有效性。

```
--查看头信息
RESTORE HEADERONLY FROM
DISK='G:\SQL 2012 教材\DIFFER.BAK'
RESTORE HEADERONLY FROM SJBACK
```

```
--查看文件列表
RESTORE FILELISTONLY FROM
DISK='G:\SQL 2012 教材\DIFFER.BAK'
RESTORE FILELISTONLY FROM SJBACK
--验证有效性
RESTORE VERIFYONLY FROM
DISK='G:\SQL 2012 教材\DIFFER.BAK'
RESTORE VERIFYONLY FROM SJBACK
```

命令执行结果如图 11.11 所示。

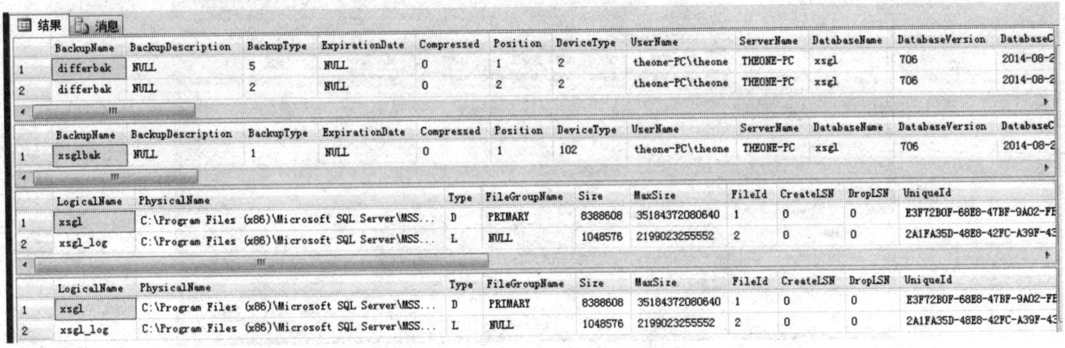

	BackupName	BackupDescription	BackupType	ExpirationDate	Compressed	Position	DeviceType	UserName	ServerName	DatabaseName	DatabaseVersion	DatabaseC
1	differbak	NULL	5	NULL	0	1	2	theone-PC\theone	THEONE-PC	xsgl	706	2014-08-2
	differbak	NULL	2	NULL	0	2	2	theone-PC\theone	THEONE-PC	xsgl	706	2014-08-2

	BackupName	BackupDescription	BackupType	ExpirationDate	Compressed	Position	DeviceType	UserName	ServerName	DatabaseName	DatabaseVersion	DatabaseC
1	xsglbak	NULL	1	NULL	0	1	102	theone-PC\theone	THEONE-PC	xsgl	706	2014-08-2

	LogicalName	PhysicalName	Type	FileGroupName	Size	MaxSize	FileId	CreateLSN	DropLSN	UniqueId
1	xsgl	C:\Program Files (x86)\Microsoft SQL Server\MSS...	D	PRIMARY	8388608	35184372080640	1	0	0	E3F72BOF-68E8-47BF-9A02-FE
2	xsgl_log	C:\Program Files (x86)\Microsoft SQL Server\MSS...	L	NULL	1048576	2199023255552	2	0	0	2A1FA35D-48E8-42FC-A39F-43

	LogicalName	PhysicalName	Type	FileGroupName	Size	MaxSize	FileId	CreateLSN	DropLSN	UniqueId
1	xsgl	C:\Program Files (x86)\Microsoft SQL Server\MSS...	D	PRIMARY	8388608	35184372080640	1	0	0	E3F72BOF-68E8-47BF-9A02-FE
2	xsgl_log	C:\Program Files (x86)\Microsoft SQL Server\MSS...	L	NULL	1048576	2199023255552	2	0	0	2A1FA35D-48E8-42FC-A39F-43

图 11.11 查看备份信息

2．断开用户与数据库的连接

恢复数据库之前，应当断开所有用户与该数据库的一切连接。所有用户都不准访问该数据库，执行恢复操作的用户也必须将连接的数据库更改为 master 数据库或其他数据库，否则不能启动还原任务。例如，使用 USE master 命令将连接数据库改为 master。

3．备份事务日志

在执行恢复操作之前，如果备份事务日志，将有助于保证数据的完整性，在数据库还原后可以使用备份的事务日志，进一步恢复数据库的最新操作。

11.3.2　用 SQL Server Management Studio 恢复数据库

将 11.2 节备份的数据库恢复到当前数据库中，操作步骤如下。

(1) 在 SQL Server Management Studio 的"对象资源管理器"窗格中，右击"数据库"，在弹出的快捷菜单中选择"还原数据库"命令，弹出如图 11.12 所示的"还原数据库"对话框。

(2) 在"源"区域选择"设备"，添加备份设备与备份文件，在"目标区域中的数据库"下拉列表框中可以选择或输入要还原的数据库名。

(3) 如果备份文件或备份设备中的备份集很多，还可以选择"目标时间点"，只要有事务日志备份支持，就可以还原到某个时刻的数据库状态。在默认情况下该项为"最近状态"。

(4) 在"还原计划"区域里，指定用于还原的备份集的源和位置。

如果选中"数据库"单选按钮，则从 msdb 数据库中的备份历史记录里查得可用的备份，并显示在"要还原的备份集"区域里。此时不需要指定备份文件的位置或指定备份设备，SQL Server 会自动根据备份记录找到这些文件。

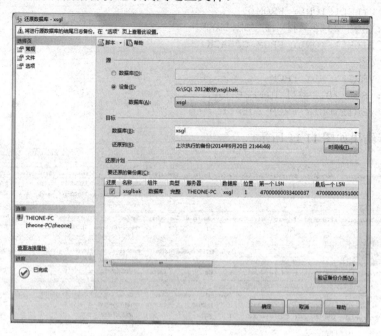

图 11.12 "还原数据库"对话框

如果选中"设备"单选按钮，则要指定还原的备份文件或备份设备。单击"浏览"按钮，弹出"指定备份"对话框。在"备份媒体"下拉列表框中可以选择是备份文件还是备份设备，选择完毕后单击"添加"按钮，将备份文件或备份设备添加进来后，返回如图 11.12 所示的窗口。

(5) 在"文件"和"选项"设置界面可以设置如下内容，如图 11.13 所示。

① 还原选项：如果选中"覆盖现有数据库"复选框，则会覆盖所有现有数据库以及相关文件，包括已存在的同名的其他数据库或文件。

如果选中"保留复制设置"复选框，则会将已发布的数据库还原到创建该数据库的服务器之外的服务器上，保留复制设置。

如果选中"还原每个备份前提示"复选框，则在还原每个备份设备前都会要求确认。

如果选中"限制访问还原的数据库"复选框，则使还原的数据库仅供 db_owner、dbcreator 或 sysadmin 的成员使用。

② 在"文件"设置界面中设置文件还原位置：在该区域里可以更改目的文件的路径和名称。

③ 恢复状态。如果选择"RESTORE WITH RECOVERY"，通过回滚未提交事务，使数据库处于可以使用状态，无法还原其他事务日志。如果选择"RESTORE WITH NORECOVERY"，不对数据库执行任何操作，不回滚未提交的事务，可以还原其他事务日志。如果选择"RESTORE WITH STANDBY"，使数据库处于只读模式，撤销未提交的事务，但将撤销操作保存在备用文件中，以便可以使恢复效果逆转。

(6) 单击"确定"按钮，开始执行还原操作。

图 11.13　"选项"设置界面

11.3.3　使用 SQL 语句恢复数据库

与在 SQL Server Management Studio 的"对象资源管理器"窗格中恢复数据库一样，使用 SQL 语句也可以完成整个数据库的还原、部分数据库的还原和日志文件的还原等操作。

1．恢复数据库

恢复完全备份数据库和差异备份数据库的语法格式如下。

```
RESTORE DATABASE 数据库名 FROM 备份设备
[WITH[FILE=n][,NORECOVERY|RECOVERY],[REPLACE]]
```

和备份数据库时一样，备份设备可以是物理设备或逻辑设备。如果是物理备份设备的操作系统标识，则采用"备份设备类型=操作系统设备标识"的形式。

各参数的含义如下。

- FILE=n：表示从设备上的第几个备份中恢复。
- RECOVERY：表示在数据库恢复完成后，SQL Server 将回滚被恢复的数据库中所有未完成的事务，以保持数据库的一致性。恢复完成后，用户就可以访问数据库了。所以 RECOVERY 选项用于最后一个备份的还原。如果使用 NORECOVERY 选项，那么 SQL Server 不会回滚被恢复的数据库中所有未完成的事务，恢复后用户不能访问数据库。所以，进行数据库还原时，前面的还原应使用 NORECOVERY 选项，最后一个还原使用 RECOVERY 选项。
- REPLACE：表示要创建一个新的数据库，并将备份还原到这个新的数据库，如果服务器上存在一个同名的数据库，则原来的数据库被删除。

【例 11.4】　例 11.1 对数据库 xsgl 进行了一次完全备份，这里再进行一次差异备份，然后使用 RESTORE DATABASE 语句进行数据库备份的还原。

运行如下命令。

```
--进行数据库差异备份
BACKUP DATABASE xsgl TO SJBACK
WITH DIFFERENTIAL, NAME='abBak'
GO
--确保不再使用xsgl
USE master
--还原数据库完全备份
RESTORE DATABASE xsgl FROM SJBACK
WITH FILE=1,NORECOVERY
--还原数据库差异备份
RESTORE DATABASE xsgl FROM SJBACK
WITH FILE=2,RECOVERY
GO
```

命令执行结果如图 11.14 所示。

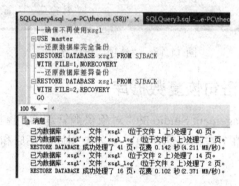

图 11.14　还原数据库

2. 恢复事务日志

恢复事务日志采用下面的语法格式。

```
RESTORE LOG 数据库名 FROM 备份设备
[WITH[FILE＝n][,NORECOVERY|RECOVERY]]
```

其中各选项的意义与恢复数据库中的相同。

【例 11.5】　在例 11.4 的基础上再进行一次日志备份，然后使用 RESTORE 语句进行数据库的还原。

```
--进行数据库日志备份
BACKUP LOG xsgl TO SJBACK
WITH NAME='abBak'
GO
--确保不再使用xsgl
USE master
--还原数据库完全备份
RESTORE DATABASE xsgl FROM SJBACK
WITH FILE=1,NORECOVERY
```

```
--还原数据库差异备份
RESTORE DATABASE xsgl FROM SJBACK
WITH FILE=2,NORECOVERY
RESTORE LOG xsgl FROM SJBACK
WITH FILE=3,RECOVERY
GO
```

注意: 前两个还原语句的选项都是使用 NORECOVERY,只有最后一个使用了 RECOVERY。

3. 恢复部分数据库

通过从整个数据库的备份中还原指定文件的方法,可以恢复部分数据库,所用的语法格式如下。

```
RESTORE DATABASE 数据库名 FILE=文件名|
FILEGROUP=文件组名 FROM 备份设备
[WITH PARTIAL[,FILE=n][,NORECOVERY][,REPLACE]]
```

4. 恢复文件或文件组

还原指定文件或文件组的语法格式如下。

```
RESTORE DATABASE 数据库名 FILE=文件名|
FILEGROUP=文件组名 FROM 备份设备
[WITH[,FILE=n][,NORECOVERY][,REPLACE]]
```

11.4　导入与导出

SQL Server 提供了数据导入/导出的工具,这是一个向导程序,用于在不同的 SQL Server 服务器之间,以及 SQL Server 与其他类型的数据库或数据文件之间进行数据交换。本节主要通过 SQL Server 数据库与 Excel 之间数据格式转换的实例,说明数据导入/导出工具的使用方法。

11.4.1　导出数据

【例 11.6】 将 xsgl 数据库中的部分数据表导出至 Excel 表中。

在导出数据之前,先用 Excel 软件建立一个空文件 xsgl.xls,不需要建立任何表或视图,这里建立的是"G:\SQL 2012 教材\xsgl.xls",然后开始导出数据,操作步骤如下。

(1) 启动 SQL Server Management Studio 工具,在"对象资源管理器"窗格中展开"数据库"树形目录,右击 xsgl 数据库,在弹出的快捷菜单中选择"任务"→"导出数据"命令,弹出"SQL Server 导入和导出向导"对话框,单击"下一步"按钮。

(2) 在"数据源"下拉列表框中选择 Microsoft OLE DB Provider for SQL Server。在"服务器名称"文本框中选择或输入服务器的名称。"服务器的登录方式"可以选择使用 Windows 身份验证模式,也可以选择使用 SQL Server 身份验证模式。如果选择后一种方式,还需要在"用户名"文本框中输入登录时使用的用户账户名称,在"密码"文本框中输入登录密码，这里的默认数据库就是要导出的 xsgl 数据库，如图 11.15 所示。

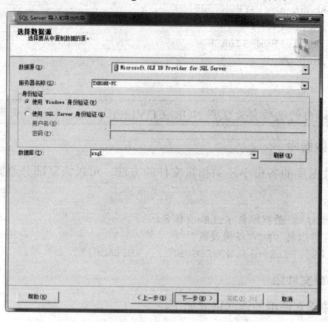

图 11.15 "选择数据源"设置界面(Excel 导出)

(3) 单击图 11.15 中的"下一步"按钮，弹出如图 11.16 所示的"选择目标"界面。在"目标"下拉列表框中选择目的数据库的格式为"Microsoft Excel"。在"Excel 文件路径"文本框中输入目的数据库的路径和文件名，这里为"G:\SQL 2012 教材\xsgl.xls"。

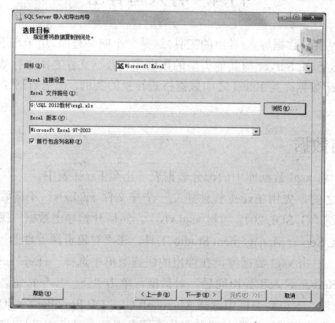

图 11.16 "选择目标"界面(Excel 导出)

(4) 单击图 11.16 中的"下一步"按钮，弹出如图 11.17 所示的"指定表复制或查询"界面。

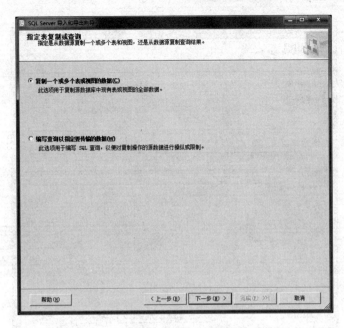

图 11.17 "指定表复制或查询"界面(Excel 导出)

若要把整个源表全部复制到目标数据库中，选择"复制一个或多个表或视图的数据"单选按钮；若只想使用一个查询将指定数据复制到目标数据库中，选择"编写查询以指定要传输的数据"单选按钮。

(5) 单击图 11.17 中的"下一步"按钮，弹出如图 11.18 所示的"选择源表和源视图"界面。

图 11.18 "选择源表和源视图"界面(Excel 导出)

(6) 单击图 11.18 中的"下一步"按钮，弹出如图 11.19 所示的"保存并运行包"界面，选中"立即运行"复选框。

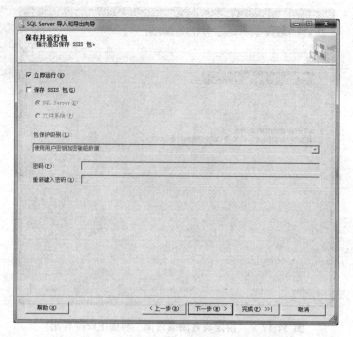

图 11.19 "保存并运行行包"界面(Excel 导出)

(7) 单击图 11.19 中的"下一步"按钮，弹出如图 11.20 所示的"完成该向导"界面。

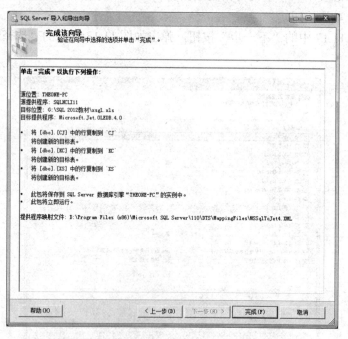

图 11.20 "完成该向导"界面(Excel 导出)

(8) 单击图 11.20 中的"完成"按钮，开始执行数据导出操作，如图 11.21 所示。

通过以上操作，SQL Server 数据库中的源表即被导入 Excel 目标数据库中。在 Excel 中打开目标数据库，便可以查看这些表了，如图 11.22 所示。

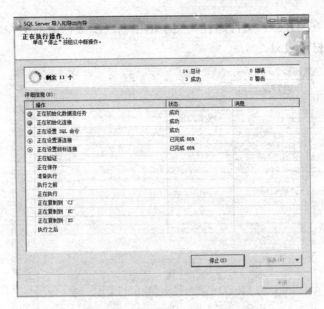

图 11.21　"正在执行操作"界面(Excel 导出)

学号	姓名	性别	出生时间	专业	总学分	照片
2013010101	秦建兴	男	1995/5/5	电子商务	20	NULL
2013010102	张吉哲	男	1995/12/12	电子商务	20	NULL
2013010103	刘鑫	男	1994/12/27	电子商务	20	NULL
2013010104	王光伟	男	1995/11/21	电子商务	20	NULL
2013010105	耿娇	女	1995/6/13	电子商务	18	NULL
2013010106	朱凡	女	1995/7/1	电子商务	20	NULL
2013010107	尹相桔	女	1994/9/21	电子商务	20	NULL
2013010108	王东东	男	1995/1/12	电子商务	16	NULL
2013010109	李楠楠	女	1995/1/12	电子商务	16	NULL
2013010110	刘小丽	女	1996/2/23	电子商务	20	NULL
2013030101	牛学文	男	1994/12/14	网络工程	19	NULL
2013030102	张小明	男	1995/9/23	网络工程	19	NULL
2013030103	王小男	男	1995/9/23	网络工程	12	NULL
2013030104	沈柯辛	女	1995/2/1	网络工程	17	NULL
2013030105	贾志强	男	1994/10/22	网络工程	19	NULL
2013030106	徐小红	女	1994/11/11	网络工程	19	NULL
2013030107	耿明	男	1994/9/9	网络工程	19	NULL
2013030108	郭波	男	1994/12/23	网络工程	15	NULL
2013030109	李小龙	男	1995/12/1	网络工程	19	NULL
2013030110	刘德华	男	1992/12/31	网络工程	19	NULL

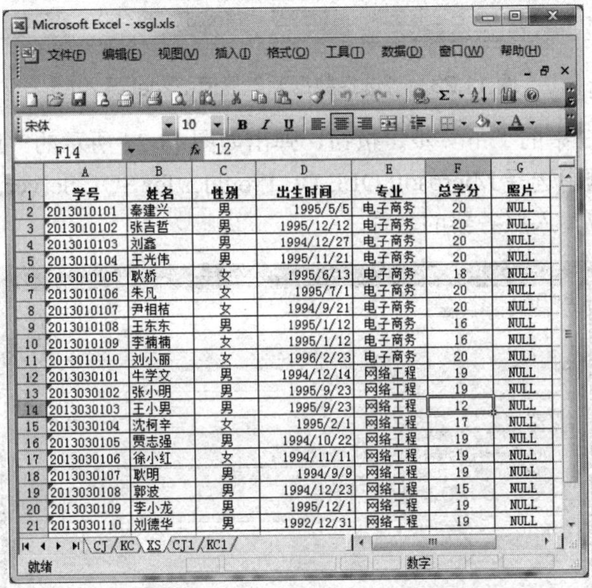

图 11.22　在 Excel 中查看导出目标数据库中的表

11.4.2　导入数据

【例 11.7】 将例 11.6 建立的 xsgl.xls 文件中的工作表，导入 xsgl 数据库中。

操作步骤如下。

(1) 启动 SQL Server Management Studio 工具，在"对象资源管理器"窗格中展开"数据库"树形目录，右击 xsgl 数据库，在弹出的快捷菜单中选择"任务"→"导入数据"命令，弹出 "SQL Server 导入和导出向导"对话框，单击"下一步"按钮。

(2) 弹出如图 11.23 所示的"选择数据源"界面。在"数据源"下拉列表框中选择

Microsoft Excel。在"Excel 文件路径"文本框中输入源数据库的文件名和路径,这里是
"G:\SQL 2012 教材\xsgl.xls"。

图 11.23 "选择数据源"界面(Excel 导入)

(3) 单击图 11.23 中的"下一步"按钮,弹出如图 11.24 所示的"选择目标"界面。在
"目标"下拉列表框中选择 Microsoft OLE DB Provider for SQL Server。在"服务器名称"
下拉列表框中选择或输入服务器的名称。

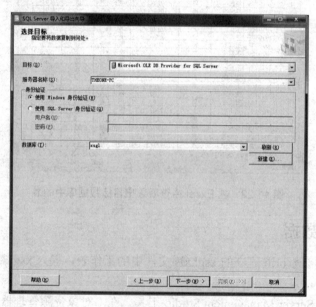

图 11.24 "选择目标"界面(Excel 导入)

(4) 单击图 11.24 中的"下一步"按钮,弹出如图 11.25 所示的"指定表复制或查询"
界面。

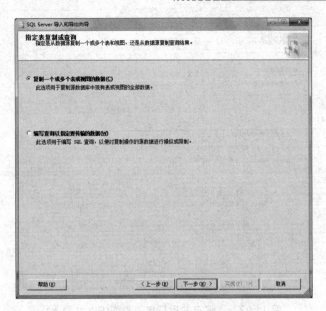

图 11.25　"指定表复制或查询"界面(Excel 导入)

(5) 单击图 11.25 中的"下一步"按钮，弹出如图 11.26 所示的"选择源表和源视图"界面。在图 11.26 中列出了源数据库中所包含的表，可以从中选择一个或多个表作为源表。

图 11.26　"选择源表和视图"界面(Excel 导入)

(6) 单击图 11.26 中的"下一步"按钮，弹出如图 11.27 所示的"保存并运行包"界面，选中"立即运行"复选框。

(7) 单击图 11.27 中的"下一步"按钮，弹出如图 11.28 所示的"完成该向导"界面。

(8) 单击图 11.28 中的"完成"按钮，开始执行数据导入操作。

通过以上操作，Excel 数据库中的源表就被导入 SQL Server 目标数据库中了。

图 11.27 "保存并运行包"界面(Excel 导入)

图 11.28 "完成该向导"界面(Excel 导入)

本章实训 备份恢复与导入/导出

1. 实训目的

(1) 掌握数据库备份与恢复的方法。

(2) 掌握数据导入/导出的方法。

2. 实训内容

(1) 使用 BACKUP DATABASE 命令备份数据库。

(2) 使用 SQL Server Management Studio 的"对象资源管理器"恢复数据库。

(3) 练习用 SQL Server Management Studio 的"对象资源管理器"导出数据。

3．实训过程

(1) 使用 BACKUP DATABASE 命令完全备份 marketing 数据库。

```
BACKUP DATABASE marketing TO
    DISK='E:\SQL\MARKET.BAK' WITH INIT,NAME='marketingbak'
```

(2) 在 SQL Server Management Studio 的"对象资源管理器"中恢复 marketing 数据库。

① 在 SQL Server Management Studio 的"对象资源管理器"中，右击"数据库"并在弹出的快捷菜单中选择"还原数据库"命令，弹出如图 11.12 所示的"还原数据库"对话框。

② 在"目标"选项组中的"数据库"下拉列表框中输入 marketing。

③ 如果备份文件或备份设备里的备份集很多，还可以选择"目标时间点"，只要有事务日志备份支持，就可以还原到某个时刻的数据库状态。在默认情况下该项为"最近状态"。

④ 单击"确定"按钮开始还原数据库。

(3) 用导入/导出工具将 marketing 数据库中的主要数据表或视图转换成 Excel 表。

① 启动 SQL Server Management Studio 工具，在"对象资源管理器"中展开"数据库"树形目录，右击 marketing 数据库并在弹出的快捷菜单中选择"任务"→"导出数据"命令，弹出"SQL Server 导入和导出向导"对话框，单击"下一步"按钮。

② 在"选择数据源"界面的"数据源"下拉列表框中选择 Microsoft OLE DB Provider for SQL Server，在"服务器"下拉列表框中选择或输入服务器的名称。

③ 单击"下一步"按钮，在"目标"下拉列表框中选择目的数据库的格式为 Microsoft Excel，在"文件名"文本框中输入目的数据库的文件名和路径。

④ 依次进入"指定表复制或查询"界面、"选择源表和源视图"界面、"保存并运行包"界面、"完成该向导"界面进行设置，最后单击"完成"按钮，开始执行数据导出操作。

4．实训总结

通过本章上机实训，应当掌握使用 SQL Server Management Studio 的"对象资源管理器"和命令方式备份与恢复数据库的方法，还应该能够灵活运用各种数据导入与导出的方式。

本 章 小 结

本章主要介绍了数据库的备份与恢复以及数据库中数据的导入与导出。通过本章的学习，应该熟练掌握使用 SQL Server Management Studio 的"对象资源管理器"进行数据库备份和恢复的方法，使用 BACKUP、RESTORE 命令进行数据库备份恢复的方法，以及使用

SQL Server Management Studio 的"对象资源管理器"进行数据导入/导出的方法。

习 题

1. 什么是备份设备？物理设备标识和逻辑名之间有什么关系？
2. 4 种数据库备份和恢复的方式分别是什么？
3. 存储过程 sp_addumpdevice 的作用是什么？
4. 数据库中选项 NORECOVERY 和 RECOVERY 的含义是什么？分别在什么情况下使用？

第 12 章 SQL Server 的安全管理

数据库中存放着大量的数据,保护数据库不受内部和外部的侵害是一项重要的任务。SQL Server 在安全管理上以 Windows 的安全机制为强大支持,同时融入自身的一些安全措施。本章主要介绍 SQL Server 中数据库的安全管理。

通过学习本章,读者应掌握以下内容:

- SQL Server 的安全特性以及安全模型;
- 使用 SQL Server 的安全管理工具构造灵活、安全的管理机制。

12.1 SQL Server 的安全模型

SQL Server 的安全性管理是建立在认证和访问许可两种机制上的。认证是指确定登录 SQL Server 的用户的登录账号和密码是否正确,以此来验证其是否具有连接 SQL Server 的权限。但是,通过认证并不代表能够访问 SQL Server 中的数据。用户只有在获取访问数据的权限后,才能对服务器上的数据库进行权限许可下的各种操作。用户访问数据库权限的设置是通过数据库用户账号和授权来实现的。因此 SQL Server 的安全模型分为 3 层结构,分别为服务器安全管理、数据库安全管理和数据库对象的访问权限管理。

服务器安全管理是指对 SQL Server 服务器实例的登录账户、服务器配置、设备、进程等方面的管理,这部分工作通过固定的服务器角色来分工和控制。数据库安全管理是指对服务器实例上的数据库用户账号、数据库备份、恢复等功能的管理,这部分工作通过数据库角色来分工和控制。数据库对象的访问权限的管理,决定对数据库中最终数据的安全性管理。数据对象的访问权限决定了数据库用户账号,对数据库中数据库对象的引用以及使用数据操作语句的许可权限。

12.1.1 SQL Server 访问控制

与 SQL Server 安全模型的 3 层结构相对应,SQL Server 的数据访问也要经过 3 关的访问控制。

第 1 关,用户必须登录 SQL Server 的服务器实例。要登录服务器实例,首先要有一个登录账户,即登录名,对该登录名进行身份验证,确认合法才能登录 SQL Server 服务器实例。固定的服务器角色可以指定给登录名。

第 2 关,在要访问的数据库中,用户的登录名要有对应的用户账号。在一个服务器实例上,有多个数据库,一个登录名要想访问哪个数据库,就要将登录名映射到相应的数据库中,这个映射称为数据库用户账号或用户名。一个登录名可以在多个数据库中建立映射的用户名,但是在每个数据库中只能建立一个用户名。用户名的有效范围是在其数据库内。数据库角色可以指定给数据库用户。

第 3 关,数据库用户账号要具有访问相应数据库对象的权限。通过数据库用户名的验证,用户可以使用 SQL Server 语句访问数据库,但是用户可以使用哪些 SQL 语句,以及通过这些 SQL 语句能够访问哪些数据库对象，则还要通过语句执行权限和数据库对象访问权限的控制。

通过上述 3 关的访问控制，用户才能访问数据库中的数据。

12.1.2 SQL Server 身份验证模式

在第 2 章已经对身份验证模式进行了说明。SQL Server 有两种安全验证机制：Windows 验证机制和 SQL Server 验证机制。由这两种验证机制产生了两种 SQL Server 身份验证模式：Windows 身份验证模式和混合验证模式。顾名思义，Windows 验证模式就是只使用 Windows 验证机制的身份验证模式；而混合模式是指用户既可以使用 Windows 验证机制也可以使用 SQL Server 验证机制。

用户可以在系统安装过程中或安装后配置 SQL Server 的身份验证模式。安装完成后修改身份验证模式的方法为：右击需要修改的服务器实例，在弹出的快捷菜单中选择"属性"命令，在弹出的属性窗口的左侧列表中选择"安全性"选项，如图 12.1 所示，在右侧的身份验证栏中，选中"Windows 身份验证模式"或者"SQL Server 和 Windows 身份验证模式"单选按钮。

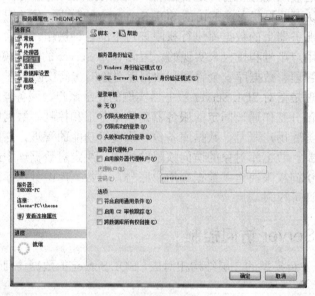

图 12.1 "安全性"设置界面

> **注意**：使用"Windows 身份验证模式"的时候，SQL Server 仅接受 Windows 系统中的账户的登录请求，这时如果用户使用 SQL Server 身份验证的登录账户请求，则会收到登录失败的信息。

12.2 服务器的安全性

服务器的安全性是通过建立和管理 SQL Server 登录账户来保证的。安装完成后，SQL Server 会存在一些内置的登录账户，例如数据库管理员账户 sa，通过该登录账户，可以建立其他的登录账户。

12.2.1　创建和修改登录账户

使用图形界面方式或 SQL 命令都能创建或修改登录账户。通常情况下，创建的登录账户都是一次性的，所以在图形界面下操作更方便，它集成了使用 SQL 语句的多个环节。创建登录账户时，需要指出该账户的登录是使用 Windows 身份验证还是使用 SQL Server 身份验证。如果使用 Windows 身份验证登录 SQL Server，则该登录账户必须是 Windows 的系统账户。

1. 使用 SQL Server Management Studio 创建使用 Windows 身份验证的登录账户

使用 Windows 身份验证的登录账户是 Windows 系统账户到 SQL Server 登录账户的映射，这种映射有两种形式，一种是将一个系统账户映射到一个登录账户，另一种是将一个登录账户组映射到一个登录账户。这一点是采用 Windows 身份验证的特色。所以在创建新的登录账户时，系统账户有账户或账户组两种选择。

在 SQL Server 中创建使用 Windows 身份验证的登录账户"THEONE-PC\Guest"的步骤如下。

(1) 在 SQL Server Management Studio 的"对象资源管理器"窗格中，展开服务器，再展开"安全性"，右击"登录"或右击窗口右侧摘要窗格中的任意处，在弹出的快捷菜单中选择"新建登录"命令，弹出"登录名-新建"对话框，如图 12.2 所示。

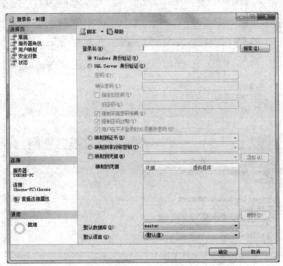

图 12.2　新建 Windows 登录账户界面

(2) 选择"常规"选项，在身份验证栏中选中 Windows 身份验证，单击"登录名"文本框右侧的"搜索"按钮，打开如图 12.3 所示的"选择用户或组"对话框。

(3) 单击"对象类型"按钮，弹出"对象类型"对话框，如图 12.4 所示，选中其中的"组"和"用户"后，单击"确定"按钮返回"选择用户或组"对话框。

(4) 在"选择用户或组"对话框中，单击"高级"按钮，再单击"立即查找"按钮，这时界面中会显示 Windows 系统中的所有账户和组，如图 12.5 所示。

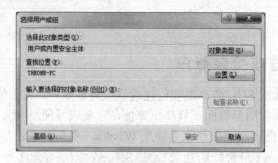

图 12.3　"选择用户或组"对话框

图 12.4　"对象类型"对话框

图 12.5　Windows 系统中的所有账户和组

　　(5) 如果希望将 Guest 系统账户组映射为一个登录账户，可以在名称列表中找到名为 "Guest"的账户组并选中。

　　(6) 单击"确定"按钮，回到"登录名-新建"对话框，可以看到"登录名称"文本框中显示为"THEONE-PC\Guest"，如图 12.6 所示。其中，"THEONE-PC"代表使用的机器名称(根据不同环境会显示不同的内容)，"\"后是 Windows 下创建的系统账户组名 "Guest"。当然也可以采用直接输入的方式。

图 12.6 "登录名-新建"对话框

> **注意**：在"登录名"文本框中，如果填写的名称在系统账户组或账户中找不到，则显示出
> 错信息。

(7) 依次选择"服务器角色"、"用户映射"等选项，选择要指定给 THE ONE-PC\Guest
登录的服务器角色和所使用的数据库等，各项设置完成后，单击"确定"按钮。

在"登录属性"对话框中，选择"服务器角色"选项，可以将固定的服务器角色指定
给新建的登录，如图 12.7 所示；选择"用户映射"选项，进入数据库访问的设置，在该设
置中可以指定登录名到数据库用户名的映射，指定该用户以哪个数据库角色来访问相应的
数据库，如图 12.8 所示。

图 12.7 "服务器角色"界面　　　　图 12.8 "用户映射"界面

通过"登录属性"对话框同样可以修改登录账户的属性。具体方法和创建登录时相同。

2. 使用 SQL Server Management Studio 创建使用 SQL Server 身份验证的登录账户

SQL Server 身份验证的登录账户，是由 SQL Server 自身负责身份验证的，不要求有对
应的系统账户，这也是许多大型数据库采用的方式，程序员通常更喜欢采用这种方式。创
建 SQL Server 身份验证的登录账户 student 的步骤如下。

(1) 在 SQL Server Management Studio 的"对象资源管理器"窗格中，展开服务器，再
展开"安全性"，右击"登录"或右击窗口右侧摘要窗格中的任意处，在弹出的快捷菜单
中选择"新建登录"命令。

(2) 在打开的"登录名-新建"对话框中，选择"常规"选项。确认身份验证栏中选中
的是 SQL Server 身份验证，在"登录名"文本框中输入新建登录的名称"student"，在"密

码"文本框中输入登录密码,如图 12.9 所示。

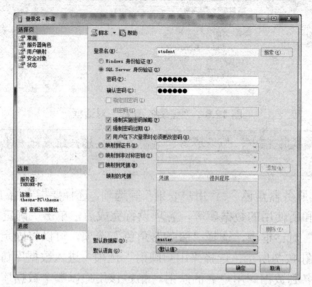

图 12.9 新建 SQL Server 身份验证登录的界面

(3) 分别选择"服务器角色"和"用户映射"选项,指定服务器角色和访问的数据库及数据库角色,并单击"确定"按钮。这样就创建了一个使用 SQL Server 身份验证的登录账户。

同样地,修改以 SQL Server 身份验证登录的方法也是使用"登录属性"界面,与 Windows 不同的是,SQL Server 身份验证的登录名和密码的指定与修改都是在这里完成的。

3. 使用 SQL 语句创建两种登录账户

除了可以使用图形界面的方式创建登录账户外,也可以用 SQL 命令方式建立 SQL Server 登录账户。使用系统存储过程 sp_addlogin 创建用 SQL Server 身份验证的登录账户的基本语法格式如下。

```
EXECUTE sp_addlogin '登录名', '登录密码', '默认数据库', '默认语言'
```

其中,登录名中不能有反斜线"\",不能是保留的登录名(如 sa 或 public)或者已经存在的登录名,也不能是空字符串或 NULL 值。

在 sp_addlogin 中,除登录名以外,其余参数均为可选项。如果不指定登录密码,则登录密码为 NULL;如果不指定默认数据库,则使用系统数据库 master;如果不指定默认语言,则使用服务器当前的默认语言。

执行系统存储过程 sp_addlogin 时,必须具有相应的权限,只有 sysadmin 和 securityadmin 固定服务器角色的成员才可以执行该存储过程。

【例 12.1】 创建一个名为 stu04、使用 SQL Server 身份验证的登录账户,其密码为 stu04,默认数据库为 xsgl,使用系统默认语言。

运行如下命令。

```
EXECUTE sp_addlogin 'stu04','stu04','xsgl'
```

可以使用系统存储过程 sp_grantlogin 将一个 Windows 系统账户映射为一个使用 Windows 身份验证的 SQL Server 登录账户，语法格式如下。

```
EXECUTE sp_grantlogin '登录账户'
```

这里的登录名是要映射的 Windows 系统账户名或账户组名，必须使用"域名\用户"的格式。执行该系统存储过程同样需要具有相应的权限，只有 sysadmin 和 securityadmin 固定服务器角色的成员才可以执行该存储过程。

12.2.2　禁止或删除登录账户

禁止用户是暂时停止用户的使用权利，需要时可以恢复；而删除用户则是彻底地将用户从服务器中移除，是不能恢复的。禁止或删除用户均可以采用图形界面方式或命令方式来完成。

1. 使用 SQL Server Management Studio 禁止登录账户

(1) 在 SQL Server Management Studio 的"对象资源管理器"窗格中，展开服务器节点，在目标服务器下，展开"安全性"节点，展开"登录名"节点。

(2) 在"登录名"的详细列表中，右击要禁止的登录账户，在弹出的快捷菜单中选择"属性"命令。

(3) 当出现"登录属性"对话框时，选择"状态"选项，如图 12.10 所示，然后根据要求在"是否允许连接到数据库引擎"下选中"拒绝"单选按钮，在"登录"选项下选中"禁用"单选按钮，单击"确定"按钮，使所做的设置生效。

图 12.10　使用 SQL Server Management Studio 禁止登录账户

2. 使用 SQL Server Management Studio 删除登录账户

(1) 在 SQL Server Management Studio 的"对象资源管理器"窗格中，展开服务器节点，在目标服务器下，展开"安全性"节点，展开"登录名"节点。

(2) 在"登录名"的详细列表中，右击要删除的登录账户，在弹出的快捷菜单中选择

"删除"命令或直接按 Delete 键。

(3) 在弹出的"删除对象"对话框中单击"确定"按钮确认删除。

3. 使用 SQL 语句禁止 Windows 身份验证的登录账户

用系统存储过程 sp_denylogin 可以暂时禁止 Windows 身份验证的登录账户,语法格式如下。

```
EXECUTE sp_denylogin '登录账户'
```

其中,登录账户是一个 Windows 用户或用户组的名称。

注意:该存储过程只能用于禁止 Windows 身份验证的登录账户,而不能用于禁止 SQL Server 身份验证的登录账户。

【例 12.2】 使用 SQL 语句,禁止 Windows 身份验证的登录账户 THEONE-PC\Guest。运行如下命令。

```
EXECUTE sp_denylogin 'THEONE-PC\Guest'
```

执行该语句后,将显示消息"命令已成功完成。"同时在"THEONE-PC\Guest"的属性中会看到已经拒绝该用户连接到数据库引擎。

使用 sp_grantlogin 可以恢复 Windows 用户的访问权。

4. 使用 SQL 语句删除登录账户

用系统存储过程 sp_droplogin 可以删除 SQL Server 身份验证的登录账户,其语法格式如下。

```
EXECUTE sp_droplogin '登录名'
```

其中,登录名只能是 SQL Server 身份验证的登录账户。

系统存储过程 sp_revokelogin 用于删除 Windows 身份验证的登录账户,其语法格式如下。

```
EXECUTE sp_revokelogin '登录名'
```

其中,登录名只能是 Windows 身份验证的登录账户。

【例 12.3】 使用 SQL 语句删除 Windows 身份验证的登录账户"THEONE-PC\Guest"和 SQL Server 身份验证的登录账户"stu04"。

```
EXECUTE sp_droplogin 'stu04'
EXECUTE sp_revokelogin 'THEONE-PC\Guest'
```

12.2.3　服务器角色

固定的服务器角色是在服务器安全模式中定义的管理员组,它们的管理工作与数据库无关。SQL Server 在安装后给定了几个固定的服务器角色,具有固定的权限。可以在这些角色中添加登录账户以获得相应的管理权限。固定服务器角色的内容及描述如图 12.11 和图 12.12 所示。

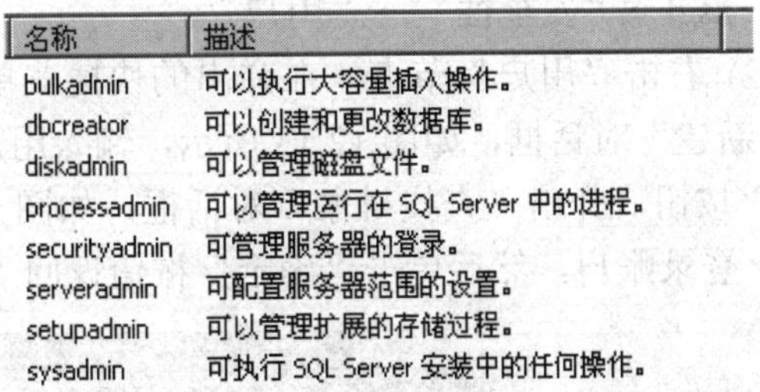

名称	描述
bulkadmin	可以执行大容量插入操作。
dbcreator	可以创建和更改数据库。
diskadmin	可以管理磁盘文件。
processadmin	可以管理运行在 SQL Server 中的进程。
securityadmin	可管理服务器的登录。
serveradmin	可配置服务器范围的设置。
setupadmin	可以管理扩展的存储过程。
sysadmin	可执行 SQL Server 安装中的任何操作。

图 12.11　固定服务器角色　　　　　　　　图 12.12　服务器角色说明

设置登录指定服务器角色的操作前面已经介绍过，即通过“登录属性”对话框中的“服务器角色”选择页来指定的，也可以通过指定的服务器角色属性的“添加”命令按钮来实现。这里我们将说明使用系统存储过程 sp_addsrvrolemember 指定服务器角色，使用系统存储过程 sp_dropsrvrolemember 取消服务器角色的操作。

每个服务器角色代表在服务器上操作的一定的权限，具有这样角色的登录账户则成为与该角色相关联的一个登录账户组。为登录账户指定服务器角色，在实现上就是将该登录名添加到相应的角色组中。相对地，取消登录账户的一个角色，就是从该角色的组中删除该登录账户。

【例 12.4】使用 SQL 语句，为 Windows 身份验证的登录账户“THEONE-PC\Guest”和 SQL Server 身份验证的登录账户“stu04”指定磁盘管理员的服务器角色 diskadmin。完成后再取消该角色。其中“THEONE-PC”为计算机名，针对不同机器会有所不同。

运行如下命令。

```
EXECUTE sp_addsrvrolemember 'THEONE-PC\Guest','diskadmin'
EXECUTE sp_addsrvrolemember 'stu04','diskadmin'
EXECUTE sp_dropsrvrolemember 'THEONE-PC\Guest','diskadmin'
EXECUTE sp_dropsrvrolemember 'stu04','diskadmin'
```

12.3　数据库的安全性

一般情况下，用户登录 SQL Server 后，还不具备访问数据库的条件，用户要访问数据库，管理员还必须在要访问的数据库中为其映射一个数据库用户。数据库的安全性主要是通过管理数据库用户账号来控制的。

12.3.1　添加数据库用户

添加数据库用户有多种方式。在创建和修改登录账户时，可以在“登录属性”对话框的“用户映射”选项下建立登录名到指定数据库的映射，即在要访问的数据库中建立用户名，同时给该用户指定相应的数据库角色，如图 12.2 所示。

在数据库的管理界面中也可以添加数据库用户。

1. 使用 SQL Server Management Studio 添加数据库用户

(1) 在 SQL Server Management Studio 的"对象资源管理器"窗格中，依次展开"数据库"→xsgl→"安全性"→"用户"。

(2) 右击"用户"节点，在弹出的快捷菜单中选择"新建用户"命令，打开"数据库用户-新建"对话框，如图 12.13 所示，输入用户名，输入登录名或单击"登录名"右侧的"..."按钮，弹出"查找对象"对话框，如图 12.14 所示，选择要授权访问数据库的 SQL Server 登录账户，然后单击"确定"按钮返回"数据库用户-新建"对话框。

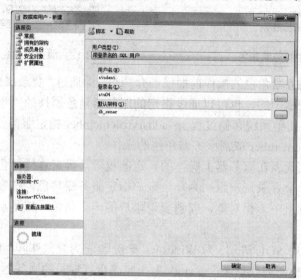

图 12.13 "数据库用户-新建"对话框

图 12.14 "查找对象"对话框

(3) 选择"拥有的框架"，指定用户所使用的框架，在"数据库角色成员身份"下为用户指定相应的数据库角色，单击"确定"按钮，关闭对话框，完成数据库用户的添加和角色的指定。

2. 使用 sp_grantdbaccess 添加数据库用户

用系统存储过程 sp_grantdbaccess 可以为登录账户在当前数据库中映射一个或多个数据库用户，使它具有默认的数据库角色 public。执行这个存储过程的语法格式如下。

```
EXECUTE sp_grantdbaccess '登录名', '用户名'
```

其中,登录名可以是 Windows 身份验证的登录名,也可以是 SQL Server 身份验证的登录名;用户名是在该数据库中使用的,如果没有指定,则直接使用登录名。使用该存储过程,只能向当前数据库中添加用户登录账户的用户名,而不能添加 sa 的用户名。

【例 12.5】　使用 SQL 语句,在数据库 xsgl 中分别为 Windows 身份验证的登录账户"THEONE-PC\Guest"和 SQL Server 身份验证的登录账户"stu04"建立用户名"teacher"和"stu04"。

登录账户"stu04"的登录名和用户名相同,可以不用指定,运行如下命令。

```
USE xsgl
GO
EXECUTE sp_grantdbaccess 'THEONE-PC\Guest ','teacher'
EXECUTE sp_grantdbaccess 'stu04'
GO
```

12.3.2　修改数据库用户

修改数据库用户主要是修改它的访问权限,通过数据库角色可以有效地管理数据库用户的访问权限。

同样可以通过 SQL 语句修改用户的角色。使用系统存储过程 sp_addrolemembe 可以指定数据库角色,使用系统存储过程 sp_droprolemember 则可以取消数据库角色。固定的数据库角色如表 12.1 所示。

表 12.1　固定的数据库角色

固定的数据库角色	说　明
db_owner	在数据库中有全部权限
db_accessadmin	可以添加或删除用户
db_securityadmin	可以管理全部权限、对象所有权、角色和角色成员
db_ddladmin	可以发出 ALL DDL,但不能发出 GRANT、REVOKE 或 DENY 语句
db_backupoperator	可以发出 DBCC、CHECKPOINT 和 BACKUP 语句
db_datareader	可以选择数据库内任何用户表中的所有数据
db_datawriter	可以更改数据库内任何用户表中的所有数据
db_denydatareader	不能选择数据库内任意用户表中的所有数据
db_denydatawriter	不能更改数据库内任意用户表中的所有数据
public(非固定角色)	数据库中的每个用户都属于 public 数据库角色。如果没有给用户专门授予对某个对象的权限,它们就使用指派给 public 角色的权限

【例 12.6】　使用 SQL 语句,为数据库用户"THEONE-PC\Guest"指定固定的数据库角色 db_ accessadmin。完成后再取消该角色。

运行如下命令:

```
USE xsgl
GO
EXECUTE sp_addrolemember 'db_accessadmin', 'THEONE-PC\Guest'
GO
EXECUTE sp_droprolemember 'db_accessadmin', 'THEONE-PC\Guest'
GO
```

12.3.3 删除数据库用户

从当前数据库中删除一个数据库用户，就是删除了一个登录账户到当前数据库中的映射。

1. 使用 SQL Server Management Studio 删除数据库用户

(1) 在 SQL Server Management Studio 的"对象资源管理器"窗格中，依次展开"数据库"→"安全性"→"用户"，右击要删除的用户名称节点，在弹出的快捷菜单中选择"删除"命令或直接按 Delete 键。

(2) 在弹出的对话框中单击"确定"按钮确认删除。

2. 使用 sp_revokedbaccess 删除数据库用户

【例 12.7】 用 SQL 语句删除用户"stu04"。

运行如下命令：

```
USE xsgl
GO
EXECUTE sp_revokedbaccess 'stu04'
GO
```

12.4 数据库用户角色

数据库用户角色在 SQL Server 中联系着两个集合：一个是权限的集合；另一个是数据库用户的集合。由于角色代表一组权限，因此具有相应角色的用户，就具有该角色的权限。一个角色也代表了一组具有同样权限的用户，所以在 SQL Server 中为用户指定角色，就是将该用户添加到相应角色组中。指定角色简化了直接向数据库用户分配权限的烦琐操作，对于用户数目多、安全策略复杂的数据库系统，能够简化安全管理工作。

数据库角色分为固定的数据库角色和用户自定义的数据库角色，固定的数据库角色预定义了数据库的安全管理权限和对数据库对象的访问权限，用户定义的数据库角色由管理员创建并且定义对数据库对象的访问权限。

12.4.1 固定数据库角色

每个数据库都有一系列固定的数据库角色。用户不能添加、删除或修改固定的数据库角色。数据库中角色的作用范围只是其对应的数据库。表 12.1 给出了数据库中固定数据库角色的信息。

12.4.2　自定义数据库角色

当固定的数据库角色不能满足用户的需要时，可以通过执行 SQL 语句来添加数据库角色。用户自定义数据库角色有两种：标准角色和应用程序角色。标准角色是指可以通过操作界面或应用程序访问的角色，而应用程序访问角色则只能通过应用程序访问使用。这里只讨论标准角色。

1. 使用 SQL Server Management Studio 创建数据库角色

(1) 在 SQL Server Management Studio 的"对象资源管理器"窗格中，展开"数据库"节点，选中要使用的数据库。

(2) 在目标数据库的安全性选项中，右击"角色"，在弹出的快捷菜单中选择"新建"→"新建数据库角色"命令，弹出"数据库角色-新建"对话框，如图 12.15 所示。

图 12.15　"数据库角色-新建"对话框

(3) 在"角色名称"文本框中输入新角色的名称，这里输入"role1"。

(4) 在此角色拥有的架构中，指定角色所拥有的架构，还可以单击"添加"按钮为角色添加用户或其他角色成员，如图 12.16 所示。

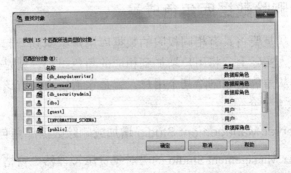

图 12.16　"查找对象"对话框

(5) 完成设置后，单击"确定"按钮完成创建。

创建角色时只是建立了一个角色名，此时，不能指定角色的权限，但可以添加具有该角色的数据库用户。下一步就要给该角色指定权限，具体过程见 12.4.3 小节。

2. 使用 SQL Server Management Studio 删除数据库角色

(1) 在 SQL Server Management Studio 的"对象资源管理器"窗格中，依次展开到目标数据库。

(2) 在目标数据库下，单击"角色"节点，在角色详细列表中，右击要删除的数据库角色，在弹出的快捷菜单中选择"删除"命令。

(3) 在弹出的对话框中单击"确定"按钮确认删除。

3. 使用 sp_addrole 创建数据库角色

【例 12.8】 使用系统存储过程 sp_addrole，在 xsgl 数据库中添加名为"role2"的数据库角色。

运行如下命令：

```
USE xsgl
GO
EXECUTE sp_addrole 'role2'
GO
```

4. 使用 sp_droprole 删除数据库角色

【例 12.9】 使用系统存储过程 sp_droprole，在 xsgl 数据库中删除名为"role2"的数据库角色。

运行如下命令：

```
USE xsgl
GO
EXECUTE sp_droprole 'role2'
GO
```

注意：在删除角色时，如果角色中有成员，则会产生删除失败的错误，为保证操作的成功运行，首先要删除角色中的所有成员。

12.4.3 增加和删除数据库角色成员

建立角色的目的就是要将具有相同权限的数据库用户组织到一起，同时也是将一组权限用一个角色来表示。实际上，将用户增加到相应的角色组中，就是给该用户指定了该角色的权限。相应地，从角色组中删除某个用户，就是取消用户拥有该角色的权限。关于角色权限的指定将在 12.5 节介绍。

1. 使用 SQL Server Management Studio 增加或删除数据库角色成员

(1) 在 SQL Server Management Studio 的"对象资源管理器"窗格中，依次展开到要管理的数据库。

(2) 在目标数据库中，单击"角色"节点，然后在详细列表窗口双击要增加或删除成员的数据库角色，或右击角色名称并在弹出的快捷菜单中选择"属性"命令。

(3) 在弹出的"数据库角色属性"对话框中，如果要添加新的数据库用户成为该角色的成员，可单击"添加"按钮，然后在"选择数据库用户或角色"对话框中单击"浏览"按钮，弹出"查找对象"对话框，选择一个或多个数据库用户，将其添加到数据库角色中，如图 12.17 所示。如果要删除一个成员，可以在"数据库角色属性"对话框成员列表中选中该成员，然后单击"删除"按钮。

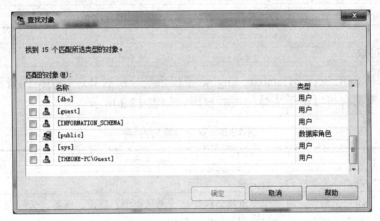

图 12.17 为角色添加用户

(4) 依次单击"确定"按钮，关闭"数据库角色属性"对话框。

2. 用 SQL 语句增加或删除数据库角色成员

使用系统存储过程 sp_addrolemember 可以将数据库用户添加为角色成员，使用系统存储过程 sp_droprolemember 可以将数据库用户从角色成员中删除。这两个系统存储过程在前面已使用过，参见例 12.6。两个存储过程的语法格式如下。

```
EXECUTE sp_addrolemember '数据库角色名', '用户名'
EXECUTE sp_droprolemember '数据库角色名', '用户名'
```

12.5 权　　限

权限管理是 SQL Server 安全管理的最后一关，访问权限指明了用户可以获得哪些数据库对象的使用权，以及用户能够对这些对象执行何种操作。将一个登录名映射为一个用户名，并将用户名添加到某种数据库角色中，其实都是为了对数据库的访问权限进行设置，以便让用户能够进行适合其工作职能的操作。

12.5.1 概述

权限管理是指将安全对象的权限授予主体、取消或禁止主体对安全对象的权限。SQL Server 通过验证主体是否已获得适当的权限来控制主体对安全对象执行的操作。

1. 主体

"主体"是指可以请求 SQL Server 资源的个体、组和过程。主体分类如表 12.2 所示。

表 12.2　主体分类

主　体	内　容
Windows 级别的主体	Windows 域名登录名、Windows 本地登录名
SQL Server 级别的主体	SQL Server 登录名
数据库级别的主体	数据库用户、数据库角色、应用程序角色

2. 安全对象

安全对象是 SQL Server Database Engine 授权系统控制对其进行访问的资源。每个 SQL Server 安全对象都有可以授予主体的关联权限，如表 12.3 所示。

表 12.3　安全对象的内容

安全对象	内　容
服务器	端点、登录账户、数据库
数据库	用户、角色、应用程序角色、程序集、消息类型、路由、服务、远程服务绑定、全文索引、证书、非对称密钥、约定、架构
架构	类型、XML 架构集合、对象
对象	聚合、约束、函数、过程、队列、统计信息、同义词、表、视图

3. 架构

架构(schema)是指形成单个命名空间的数据库实体的集合。命名空间是一个集合，其中每个元素的名称都是唯一的。在 SQL Server 2012 中，架构独立于创建它们的数据库用户而存在。可以在不更改架构名称的情况下转让架构的所有权。

完全限定的对象包括 4 部分：server .database .schema .object。

SQL Server 还引入了默认架构的概念，用于解析未使用其完全限定名称引用的对象的名称。在 SQL Server 中，每个用户都有一个默认架构，用于指定服务器在解析对象的名称时将要搜索的第一个架构。如果未定义默认架构，则数据库用户将把 dbo 作为其默认架构。

4. 权限

在 SQL Server 中，能够授予的安全对象和权限的组合有 181 种。GRANT、DENY、REVOKE 语句的格式和具体的安全对象有关，使用时请参阅联机丛书。主要安全对象权限如表 12.4 所示。

表 12.4　主要安全对象权限

安全对象	权　限
数据库	BACKUP DATABASE、BACKUP LOG、CREATE DATABASE、CREATE FUNCTION、CREATE PROCEDURE、CREATE RULE、CREATE TABLE、CREATE VIEW

续表

安全对象	权　限
标量函数	EXECUTE、EFERENCES
表值函数、表、视图	DELETE、INSERT、UPDATE、SELECT、REFERENCES
存储过程	DELETE、EXECUTE、INSERT、SELECT、UPDATE

12.5.2　权限的管理

因为隐含权限是由系统预定义的，这种权限是不需要设置，也不能够进行设置的，所以权限的管理实际上是指对访问对象权限和执行语句权限的设置。权限可以通过数据库用户或数据库角色进行管理。权限管理的内容包括以下 3 个方面。

(1) 授予权限：即允许某个用户或角色，对一个对象执行某种操作或语句。使用 SQL 语句 GRANT 可以实现该功能，在图形界面下如果复选框中出现对号"☑"则表示允许访问。

(2) 拒绝访问：即拒绝某个用户或角色对一个对象执行某种操作，即使该用户或角色曾经被授予了这种操作的权限，或者由于继承而获得了这种权限，仍然不允许执行相应的操作。使用 SQL 语句 DENY 可以实现该功能，在图形界面下如果复选框中出现叉号"☒"则表示拒绝访问。

(3) 取消权限：即不允许用户或角色，对一个对象执行某种操作或语句。不允许与拒绝是不同的，不允许执行某个操作，可以通过间接授予权限来获得相应的权限。而拒绝执行某种操作时，间接授权不起作用，只有通过直接授权才能改变。取消授权可以使用 SQL 语句 REVOKE 来实现，而在图形界面下复选框为"□"状态。

3 种权限出现冲突时，拒绝访问起作用。

1. 使用 SQL Server Management Studio 管理用户权限

(1) 在 SQL Server Management Studio 的"对象资源管理器"窗格中，依次展开到要管理的数据库，如 xsgl。

(2) 在目标数据库中选择指定的表，例如表"xs"。在表上右击，在弹出的快捷菜单中选择"属性"命令。在"表属性"对话框中，如图 12.18 所示，选择"权限"选项，单击"搜索"按钮，弹出"选择用户或角色"对话框，如图 12.19 所示，再单击"浏览"按钮，弹出"查找对象"对话框，选择要添加的用户或角色，如图 12.20 所示。

(3) 单击"确定"按钮返回"表属性"对话框，这时在对话框的下方会出现对于表的各种操作的权限，如图 12.21 所示。

(4) 选择需要设置权限的用户或角色。例如授予用户"THEONE-PC/Guest"对表 xs 的插入(Insert)和查询(Select)权限，而拒绝其对表的删除权限。

(5) 各项设置完成后，单击"确定"按钮关闭属性面。

2. 使用 T-SQL 管理权限

在 SQL Server 中使用 GRANT、REVOKE、DENY 这 3 个命令来管理权限，语句的语法格式如下。

授予：GRANT {ALL|语句名称 [,...n]} TO 用户/角色 [,...n]

拒绝：DENY {ALL|语句名称 [,...n]} TO 用户/角色 [,...n]

取消：REVOKE {ALL|语句名称 [,...n]} FROM 用户/角色 [,...n]

其中，ALL 指所有权限。

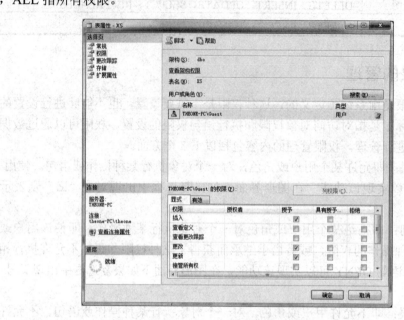

图 12.18　"表属性"对话框

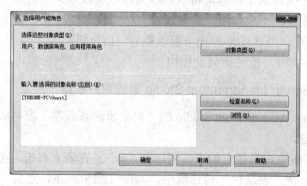

图 12.19　"选择用户或角色"对话框

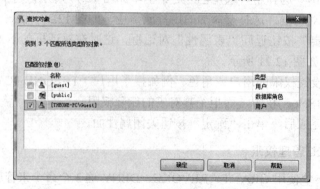

图 12.20　"查找对象"对话框

图 12.21 权限管理

注意: 非数据库内部操作的语句, 一定要在 master 数据库中先建好用户或角色后才能执行, 并且一定要在 master 数据库中执行。例如, 创建数据库语句的执行权限, 而数据库内部操作的语句则无此限制, 另外, 授权者本身也要具有能够授权的权限。

【例 12.10】 使用 GRANT 语句给用户 "stu04" 授予 CREATE DATABASE 和 BACKUP DATABASE 权限。

运行如下命令:

```
USE master          --在 master 数据库中建立数据库用户
EXECUTE sp_grantdbaccess 'stu04'
GRANT CREATE DATABASE,BACKUP DATABASE TO stu04
GO                  --为该用户授予数据库建立等权限
USE xsgl            --回到工作数据库
GRANT CREATE TABLE,CREATE VIEW  TO stu04
GO
```

【例 12.11】 使用 REVOKE 取消用户 stu04 的 CREATE VIEW 权限。

运行如下命令:

```
REVOKE CREATE VIEW FROM stu04
```

同一权限的授予方式并不是唯一的。例如, 建立数据库的权限既可以通过在 master 中为登录账户建立用户来实现, 如例 12.10, 也可以直接通过给登录账户指定一个建立数据库的固定服务器角色 dbcreator 实现。对于数据库内部对象操作的管理, 使用权限管理灵活性更大。

本章实训　数据库安全管理操作

1．实训目的

(1) 理解登录账户、数据库用户和数据库权限的作用。

(2) 掌握服务器安全管理的主要方法。

(3) 掌握数据库角色的管理和应用。

2．实训内容

(1) 练习使用 SQL Server Management Studio 和命令创建和管理登录账户的方法。

(2) 练习使用 SQL Server Management Studio 和命令创建和管理数据库用户的方法。

(3) 练习使用 SQL Server Management Studio 和命令创建和管理角色的方法。

(4) 练习使用 SQL Server Management Studio 和命令管理数据库权限的方法。

3．实训过程

(1) 使用 SQL 语句为 Windows 身份验证的登录账户 JSJ\test 和 SQL Server 身份验证的登录账户"stu05"，指定服务器管理的服务器角色 serveradmin。完成指定操作后再取消该角色。

运行如下命令：

```
EXECUTE sp_addsrvrolemember 'JSJ\test','serveradmin'
EXECUTE sp_addsrvrolemember 'stu05','serveradmin'
GO
EXECUTE sp_dropsrvrolemember 'JSJ\test','serveradmin'
EXECUTE sp_dropsrvrolemember 'stu05', 'serveradmin'
GO
```

(2) 在数据库 marketing 中，使用 SQL 语句为 Windows 身份验证的登录账户 JSJ\test 和 SQL Server 身份验证的登录账户"stu05"，分别建立用户"WinUser"和"SQLUser"。

```
USE marketing
GO
EXECUTE sp_grantdbaccess 'JSJ\test','WinUser'
EXECUTE sp_grantdbaccess 'stu05','SQLUser'
GO
```

(3) 使用系统存储过程 sp_addrole，在数据库 marketing 中添加名为"role2"的数据库角色。使用系统存储过程 sp_addrolemember 将一些数据库用户添加为角色成员。

```
USE xsgl
GO
EXECUTE sp_addrole 'role2'
GO
EXECUTE sp_addrolemember 'role2','SQLUser'
GO
```

(4) 使用 GRANT 给用户"stu05"授予 CREATE DATABASE 权限。

```
USE master
GO
EXECUTE sp_grantdbaccess 'stu05'
GRANT CREATE DATABASE TO stu05
GO
```

(5) 取消用户"stu05"的 CREATE DATABASE 权限,并从数据库中将该用户删除。

```
USE master
REVOKE CREATE DATABASE FROM stu05
GO
EXECUTE sp_revokedbaccess 'stu05'
GO
```

(6) 使用 SQL Server Management Studio 的"对象资源管理器",创建一个使用 SQL Server 身份验证的登录账户 mySQL,并在数据库 marketing 中建立同名用户,并授予该用户服务器角色 dbcreator 及数据库角色 db_datareader 和 db_datawriter。再利用 SQL Server Management Studio 的对象资源管理器创建一个数据库角色 myROLE,授予该角色对数据库中所有表的查询和修改权限,并将用户 mySQL 添加为该角色的成员。

4. 实训总结

通过本次上机实训,要求掌握服务器登录、数据库用户及角色的创建与使用方法,掌握管理数据库权限的方法,从而更加明确数据库的安全管理要求及实现方法。

本 章 小 结

本章主要介绍了 SQL Server 提供的安全管理措施,即 SQL Server 通过服务器登录身份验证、数据库用户账号及数据库对象操作权限三方面实现数据库的安全管理。读者应重点掌握以下内容:

(1) SQL Server 身份验证的两种方法。

(2) 各种固定服务器角色的权限及其成员的添加与删除。

(3) 数据库用户、数据库角色的组织与权限的管理。

习 题

1. SQL Server 的安全模型分为哪三层结构?

2. 说明固定服务器角色、数据库角色与登录账户、数据库用户的对应关系及其特点?

3. 如果一个 SQL Server 服务器仅采用 Windows 方式进行身份验证,在 Windows 操作系统中没有 sa 用户,是否可以使用 sa 来登录该 SQL Server 服务器?

4. 完全限定的对象名称包含哪几部分?

第 13 章　SQL Server 开发与编程

多层结构的应用开发，已经在多个领域的项目中得到了广泛的应用，作为结构底层的数据库系统，SQL Server 2012 以其与 Windows 操作系统无缝连接的独特优势，被大量应用于各种中小型信息系统项目中。SQL Server 本身并不提供进行客户端开发的工具，可以和当前的所有通用开发工具结合进行系统开发。本章主要介绍用 Visual C#与 SQL Server 进行联合开发的基本方法。

通过学习本章，读者应掌握以下内容：
- ADO .NET 的使用；
- ADO .NET 与 SQL Server 的连接；
- 一个简单应用系统的开发。

13.1　ADO.NET 简介

ADO(ActiveX Data Object)是继 ODBC(Open Database Connectivity，开放数据库互连)之后 Microsoft 主推的数据存取技术，ADO 是程序开发平台用来和 OLEDB 沟通的媒介。

ADO.NET 是一组包含在.NET 框架中的类库，用于.NET 应用程序各种数据存储之间的通信。它是 Microsoft 为大型分布式环境设计的，采用 XML 作为数据交换格式，任何遵循此标准的程序都可以用它进行数据处理和通信，而与操作系统和实现语言无关。

13.1.1　ADO.NET 对象模型

ADO.NET 的类由两部分组成：.NET 数据提供程序(Data Provider)和数据集(DataSet)。数据提供程序负责与数据源的物理连接，而数据集则表示实际的数据，这两部分都可以与数据的使用程序(如 Windows 应用程序和 Web 应用程序)进行通信。ADO.NET 对象模型如图 13.1 所示。

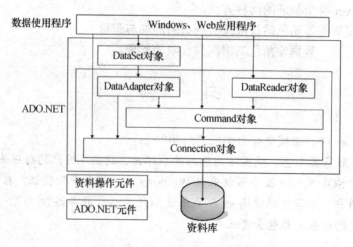

图 13.1　ADO.NET 对象模型

由图 13.1 可知，ADO.NET 对象模型中有五个主要的组件，分别是 Connection 对象、Command 对象、DataReader 对象、DataAdapter 对象和 DataSet 对象。这些组件中负责建立连接和数据操作的部分称为数据操作组件，由 Connection 对象、Command 对象、DataAdapter 对象以及 DataReader 对象组成。数据操作组件主要作为 DataSet 对象和数据源之间的桥梁，负责将数据源中的数据取出后放入 DataSet 对象中，以及将数据返回数据源的工作。

13.1.2　.NET 数据提供程序

ADO.NET 的.NET 数据提供程序是 ADO.NET 的核心组成部分，本小节首先介绍.NET 数据提供程序的核心对象，然后详细介绍 ADO.NET 为不同的数据库设计的两套类库，以及如何选择合适的.NET 数据提供程序。

1.　.NET 数据提供程序概述

数据提供程序是 ADO.NET 的一个组件，它在应用程序和数据源之间起着桥梁的作用，用于从数据源中检索数据并且使对该数据的更改与数据源保持一致。数据提供程序包含一些类，这些类用于连接到数据源，在数据源处执行命令，返回数据源的查询结果；数据提供程序还包含一些其他的类，可用于将数据源的结果填充到数据集并将数据集的更改返回数据源等。

.NET 数据提供程序用于连接数据库、执行命令和检索结果。可以直接处理检索到的结果，或将其放入 ADO.NET 的 DataSet 对象，以便与来自多个数据源的数据组合在一起，以特殊方式向用户公开。.NET 数据提供程序在设计上是轻量的，它在数据源和代码之间创建了一个最小层，以便在不以功能为代价的前提下提高应用程序的性能。表 13.1 列出了组成.NET 数据提供程序的四个核心对象。

表 13.1　组成.NET 数据提供程序的四个核心对象

对　象	说　明
Connection	建立与特定数据库的连接
Command	对数据源执行命令
DataReader	从数据源中读取只读的数据流
DataAdapter	用数据源填充 DataSet 并解析更新

1) Connection 对象

Connection 对象的作用主要是建立应用程序和数据库之间的连接。不利用 Connection 对象将数据库打开，是无法从数据库中获取数据的。该对象位于 ADO.NET 的底层，用户可以自己创建这个对象，也可以由其他对象自动产生。

2) Command 对象

Command 对象主要用来对数据库发出一些指令，例如可以对数据库下达查询、新增、修改、删除数据等指令，以及呼叫存在于数据库中的预存程序等。该对象架构在 Connection 对象上，也就是 Command 对象是通过连接到数据源的 Connection 对象来下命令的；所以 Connection 连接到哪个数据库，Command 对象的命令就下到哪里。

3) DataAdapter 对象

DataAdapter 对象主要是在数据源和 DataSet 之间执行数据传输的工作，它可以通过 Command 对象下达命令后，将取得的数据放入 DataSet 对象中。该对象架构在 Command 对象上，提供了许多配合 DataSet 使用的功能。

4) DataReader 对象

当只需要顺序读取数据而不需要其他操作时，可以使用 DataReader 对象。DataReader 对象一次一笔向下顺序地读取数据源中的数据，而且这些数据是只读的，不允许进行其他操作。因为 DataReader 在读取数据时限制了每次只读取一笔，而且只读，所以使用起来不但节省资源而且效率高，同时还可以降低网络的负载。

.NET 框架主要包括 SQL Server .NET 数据提供程序(用于 Microsoft SQL Server 7.0 或更高版本)和 OLE DB .NET 数据提供程序。

针对不同的数据库，ADO.NET 提供了两套类库：

(1) 第一套类库专门用来存取 SQL Server 数据库。

(2) 第二套类库可以存取所有基于 OLE DB 提供的数据库，如 SQL Server、Access、Oracle 等。

两种数据提供程序体具体的对象名称如表 13.2 所示。

表 13.2 两种数据提供程序的对象

对　　象	SQL 对象	OLE DB 对象
Connection	SqlConnection	OleDbConnection
Command	SqlCommand	OleDbCommand
DataReader	SqlDataReader	OleDbDataReader
DataAdapter	SqlDataAdapter	OleDbDataAdapter

2. SQL Server .NET 数据提供程序

SQL Server .NET 数据提供程序使用自己的协议与 SQL Server 进行通信。由于它经过了优化，可以直接访问 SQL Server 而不用添加 OLE DB 或开放式数据库连接(ODBC)层，因此它是轻量的，并且具有良好的性能。图 13.2 将 SQL Server.NET 数据提供程序和 OLE DB.NET 数据提供程序进行了对比。OLE DB.NET 数据提供程序通过 OLE DB 服务组件和数据源的 OLE DB 进行通信。

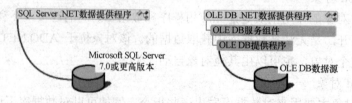

图 13.2 SQL Server .NET 和 OLE DB .NET 提供程序的比较

要使用 SQL Server .NET 数据提供程序，必须具有对 Microsoft SQL Server 的访问权。SQL Server .NET 数据提供程序类位于 System.Data.SqlClient 命名空间。

3. OLE DB .NET 数据提供程序

OLE DB .NET 数据提供程序通过 COM Interop(COM 与.NET 之间的纽带)来使用本机 OLE DB 启用数据访问。OLE DB .NET 数据提供程序支持手动和自动事务。对于自动事务，OLE DB .NET 数据提供程序会自动在事务中登记，并从 Windows 组件服务中获取事务详细信息。

若要使用 OLE DB.NET 数据提供程序，则必须支持 OLE DB.NET 数据提供程序所列出的 OLE DB 接口。

13.1.3 数据集

数据集(DataSet)可以视为一个暂存区(Cache)，可以把从数据库中查询到的数据保留起来，甚至可以将整个数据库显示出来。DataSet 不只可以储存多个表，它还可以通过 DataAdapter 对象取得一些例如主键等的数据表结构，并可以记录数据表间的关联。DataSet 对象可以说是 ADO.NET 中重量级的对象，这个对象架构在 DataAdapter 对象上，本身不具备和数据源通信的能力，正如前面所说的 DataAdapter 对象是 DataSet 对象和数据源之间的桥梁，即与数据源沟通是由 DataAdapter 对象来完成的。

DataSet 记录内存中的数据，类似于一个简化的关系数据库，可以包括表、数据行、数据列以及表与表之间的关系。创建一个 DataSet 后，它就可以单独存在，而不一定要连接到一个具体的数据库，因为 DataSet 本身是脱机数据，所有的数据都可以脱机使用，只有需要将经过编辑的数据返回到数据库时才需要连接到数据库。

DataSet 是 ADO.NET 结构的主要组件，它具有以下特点。

(1) 独立于数据源。

(2) 使用 XML 格式。

(3) 类型化与非类型化数据集。

DataSet 由 DataTableCollection 和 DataRelationCollection 对象组成，而 DataTableCollection 和 DataRelationCollection 又包含其他对象。DataSet 对象的组成结构如图 13.3 所示。

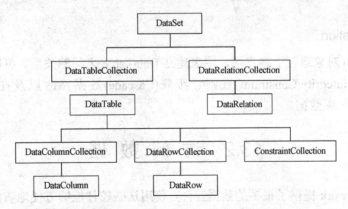

图 13.3 DataSet 对象的组成结构

由图 13.3 可以看出，DataTableCollection(表的集合)对象包含若干个 DataTable(数据表)对象，而 DataTable 对象又由三个集合构成：DataColumnCollection(数据表的列的集合)、

DataRowCollection(数据表的行的集合)和 ConstraintCollection(数据约束集合)。

DataRelationCollection(数据关系集合)对象包含若干个 DataRelation(数据关系)对象，通过它可以浏览数据表的层次结构。

13.1.4　数据集的核心对象

前面我们介绍了数据集，它是 System.Data 命名空间的一部分，包含很多子类，下面简单介绍一下这些类，具体的使用方法在后面的项目实例中介绍。

1. DataSet

DataSet 对象可以看作是一个暂时存放在内存中的数据库，它可以包含一些 DataTable 和 DataView 等对象。它可以和其他的数据控件一起使用，存储 Command 和 DataAdapter 等对象。DataSet 实际上是返回数据的层次式视图，利用 DataSet 对象的属性与集合可以取得总体关系及各个表、行和列。

2. DataTable

DataTable 对象表示 DataSet 对象中的各个表，而各表之间的关联是通过 DataRelation 对象来建立的。DataTable 中的每一行数据就是一个 DataRow 对象，每一个字段就是一个 DataColumn 对象，数据限制由 Constraint 对象来表示。

3. DataRow

DataRow 对象用来操作各个数据行，可以将其看成是一个数据的缓冲区，可以添加、删除和修改记录，并将更改保存到 Recordset 中，然后用 SQL 语句将更新后的数据返回给服务器(数据库)。

4. DataColumn

DataColumn 对象类似于 DataRow 对象，可以用它获取列的信息，也可以用它取得模式信息和数据。

5. DataRelation

DataRelation 对象运行于客户端，用来建立 DataTable 之间的关系。可以用它来保证执行完整性约束(Integrity/Constraint)规则、级联(Cascade)数据修改以及在相关的数据表(DataTable)之间操纵数据。

13.2　访 问 数 据

.NET Framework 提供了很多的数据控件，使用这些控件能够方便地访问数据库。本章首先介绍 SqlConnection 类和 SqlDataAdapter 类，然后介绍两个常用的数据控件：DataGrid 控件和 DataGridView 控件。

13.2.1 SqlConnection 类

SqlConnection 类位于 System.Data.SqlClient 命名空间，是一个不可继承的类，用于建立应用程序与数据库的连接。SqlConnection 类最重要的属性为 ConnectionString 属性，它是可读写 string 类型的，包含数据提供者或服务提供者打开数据源的连接所需要的特定信息，下面是一个数据库连接字符串示例。

```
"server=theone-PC;database=SelectCourse;integrated security=SSPI"
```

其中，server 表示运行 SQL Server 系统的计算机名，在使用过程中要用实际的计算机名来取代，如果连接的是本地服务器，也可以直接用 localhost 代替服务器名；database 表示所使用的数据库名，这里用选课系统数据库 SelectCourse；设置 integrated security 为 SSPI，表明希望采用集成的 Windows 验证方式。

Connection 用于与数据库"对话"，并由特定提供程序的类(如 SqlConnection)表示。尽管 SqlConnection 类是针对 SQL Server 的，但是这个类的许多属性、方法与事件和 OleDbConnection 及 OdbcConnection 等类相似。

说明：使用不同的 Connection 对象需要导入不同的命名空间。OleDbConnection 的命名空间为 System.Data.OleDb；SqlConnection 的命名空间为 System.Data.SqlClient；OdbcConnection 的命名空间为 System.Data.Odbc。

1. 使用 SqlConnection 对象

使用 SqlConnection 对象可以连接到 SQL Server 数据库。可以用 SqlConnection()构造函数生成一个新的 SqlConnection 对象来实现。这个函数是重载的，即可以调用构造函数的不同版本。SqlConnection 的构造函数如表 13.3 所示。

表 13.3 SqlConnection 的构造函数

构造函数	说 明
SqlConnection()	初始化 SqlConnection 类的新实例
SqlConnection(String)	如果给定包含连接字符串的字符串，则初始化 SqlConnection 类的新实例

接下来介绍使用集成的 Windows 身份验证和使用 SQL Server 身份验证两种方式来连接数据库的方法。

1) Windows 身份验证

使用集成的 Windows 身份验证方式的实例如下：

```
String connectionString=
"server=theone-PC;database=SelectCourse;integrated security=SSPI";
```

说明：在上述代码中，设置了一个针对 SQL Server 数据库的连接字符串，其具体的含义在前面已经介绍过。

2) SQL Server 身份验证

使用集成的 SQL Server 身份验证方式的实例如下：

```
String connectionString=
"server=theone-PC;database=SelectCourse;uid=sa; pwd=sa";
```

说明：在上述程序代码中，采用了用已知的用户名和密码验证登录数据库。uid 为指定的数据库用户名，pwd 为指定的用户口令。为了安全起见，一般不要在代码中包含用户名和口令，而采用前面集成的 Windows 验证方式或者对 Web.Config 文件中的连接字符串加密的方式提高程序的安全性。

下面介绍使用程序代码将数据库连接字符串传入 SqlConnection()构造函数的方法，例如：

```
String connectionString=
"server=theone-PC;database=SelectCourse;integrated security=SSPI";
SqlConnection mySqlConnection=new SqlConnection(connectionString);
```

或者写成

```
SqlConnection mySqlConnection=new SqlConnection
("server=theone-PC;database=SelectCourse;integrated security=SSPI");
```

在上面的范例中，用 new 关键字生成了一个新的 SqlConnection 对象，并且将其命名为 mySqlConnection。因此也可以设置该对象的 ConnectionString 属性，为其指定一个特定的数据库连接字符串。这和将数据库连接字符串传入 SqlConnection()构造函数的功能是一样的。

例如：

```
SqlConnection mySqlConnection=new SqlConnection();
mySqlConnection. connectionString=
  "server=theone-PC;database=SelectCourse;integrated security=SSPI"
```

2．打开和关闭数据库连接

生成 SqlConnection 对象并将其 ConnectionString 属性设置为数据库连接的相应细节之后，就可以打开数据库连接了。为此可以调用 SqlConnection 对象的 Open()方法，语法如下：

```
mySqlConnection.open();
```

完成数据库的连接后，可以调用 SqlConnection 对象的 Close()方法关闭数据库连接。

```
mySqlConnection.Close();
```

13.2.2　SqlDataAdapter 类

SqlDataAdapter 类位于 System.Data.SqlClient 命名空间中，也是一个不可继承的类，用于填充 DataSet 和更新 SQL Server 数据库的一组数据命令和一个数据库连接。

SqlDataAdapter 是 DataSet 和 SQL Server 之间的桥接器，用于检索和保存数据。SqlDataAdapter 通过对数据源使用适当的 Transact-SQL 语句，映射 Fill(它可更改 DataSet 中的数据以匹配数据源中的数据)和 Update(它可更改数据源中的数据以匹配 DateSet 中的数据)来提供这一桥接。

当 SqlDataAdapter 填充 DataSet 时，它为返回的数据创建必需的表和列(如果这些表和列尚不存在)。但是，除非 MissingSchemaAction 属性设置为 AddWithKey，否则这个隐式创建的架构中不包括主键信息。也可以使用 FillSchema，让 SqlDataAdapter 创建 DataSet 的架构，并在用数据填充它之前就将主键信息包括进去。

SqlDataAdapter 与 SqlConnection 和 SqlCommand 一起使用，以便在连接到 SQL Server 数据库时提高性能。

SqlDataAdapter 还包括 SelectCommand、InsertCommand、DeleteCommand 和 UpdateCommand 等属性，以便于数据的加载和更新。

各属性说明如下:

(1) SelectCommand 用于获取或设置一个 Transact-SQL 语句或存储过程，以在数据源中选择记录。

(2) InsertCommand 用于获取或设置一个 Transact-SQL 语句或存储过程，以在数据源中插入新记录。

(3) DeleteCommand 用于获取或设置一个 Transact-SQL 语句或存储过程，以从数据集中删除记录。

(4) UpdateCommand 用于获取或设置一个 Transact-SQL 语句或存储过程，以更新数据源中的记录。

13.2.3　DataGrid 控件

Windows 窗体中的 DataGrid 控件用于在一系列行和列中显示数据。最简单的情况就是将网格绑定到只有一个表的数据源。在这种情况下，数据在简单行和列中的显示方式与在电子表格中相同。

1. 将数据绑定到控件

为了使 DataGrid 控件能正常工作,应该在设计时使用 DataSource 和 DataMember 属性，或在运行时使用 SetDataBinding 方法，将该控件绑定到数据源。此绑定可以使 DataGrid 指向实例化的数据源对象，如 DataSet 或 DataTable。DataGrid 控件显示对数据执行操作的结果。大部分数据特定的操作都是通过数据源而不是 DataGrid 来执行的。

无论通过任何机制更新绑定数据集内的数据，DataGrid 控件都会反映所做的更改。如果数据网格及其表样式和列样式的 ReadOnly 属性设置为 false，则该数据集内的数据可以通过 DataGrid 控件进行更新。

在 DataGrid 中，一次只能显示一个表。如果在表之间定义了父子关系，则用户可以在相关表之间移动，以选择要在 DataGrid 控件中显示的表。

对于 DataGrid，有效的数据源包括 DataTable 类、DataView 类、DataSet 类和 DataViewManager 类，如果源是数据集，则该数据集可能是窗体中的一个对象或者是由 XML Web services 传递给窗体的对象。DataGrid 可以绑定到类型化或非类型化数据集。

2. 表样式和列样式

建立 DataGrid 控件的默认格式后,即可自定义在数据网格内显示某些表时使用的颜色。这一点是通过创建 DataGridTableStyle 类的实例来实现的。表样式指定了特定表的格式设置，该设置与 DataGrid 控件本身的默认格式设置不同。每个表一次只能定义一个表样式。有时，若需要让特定数据表中的某一特定列的外观不同于其余列，则可以使用 GridColumnStyle 属性创建一组自定义列样式。

列样式与数据集中的列相关，如同表样式与数据表相关一样。就像一次只能为每个表定义一种表样式一样，在特定的表样式中只能为一个列定义一种列样式。这种关系是在列的 MappingName 属性中定义的。

DataGrid 控件的格式设置包括边框样式、网格线样式、字体、标题属性、数据对齐和行间的交替背景色等。

13.2.4 DataGridView 控件

1. DataGridView 控件的用法

使用 DataGridView 控件，可以显示和编辑来自多种不同类型的数据源的表格数据。将数据绑定到 DataGridView 控件非常简单和直观，在大多数情况下，只需设置 DataSource 属性即可。在绑定包含多个列表或表的数据源时，也只需将 DataMember 属性设置为指定要绑定的列表或表的字符串即可。

DataGridView 控件具有极高的可配置性和可扩展性，它提供了大量的属性、方法和事件，可用来对该控件的外观和行为进行自定义。当需要在 Windows 窗体应用程序中显示表格数据时，应当首先考虑使用 DataGridView 控件，然后再考虑使用其他控件(如 DataGrid)。若要以小型网格显示只读值，或者想要使用户能够编辑具有数百万条记录的表，DataGridView 控件是最佳的选择，它为用户提供了可以方便进行编程以及有效利用内存的解决方案。

2. DataGrid 与 DataGridView 的区别

DataGridView 控件是用来替换 DataGrid 控件的新控件。DataGridView 控件提供了 DataGrid 控件中没有的许多基本功能和高级功能。引外，DataGridView 控件的结构使得它比 DataGrid 控件更容易扩展和自定义。

表 13.4 列出了在 DataGrid 控件中没有提供，而 DataGridView 控件提供了的几个主要功能。

表 13.4　DataGridView 控件的主要新功能

DataGridView 控件的功能	说　明
多种列类型	与 DataGrid 控件相比，DataGridView 控件提供了更多的内置类型。这些列类型能满足大多数常见方案的需要，而且比 DataGrid 控件中的列类型更容易扩展或替换
多种数据显示方式	DataGrid 控件仅限于显示外部数据源的数据。而 DataGridView 控件可显示存储在控件中的未绑定数据、来自绑定数据源的数据或者同时显示绑定数据和未绑定数据。也可以在 DataGridView 控件中实现虚拟模式以提供自定义数据管理

DataGridView 控件的功能	说　明
用于自定义数据显示的多种方式	DataGridView 控件提供了许多属性和事件，可以使用它们指定数据的格式设置方式和显示方式。例如，可以根据单元格、行和列中包含的数据更改其外观，或者将一种数据类型的数据替换为另一种类型的等效数据
用于更改单元格、行、列标头外观和行为的多个选项	DataGridView 控件能够以多种方式使用各个网格组件。例如，冻结行和列以阻止其滚动；隐藏行、列和标头；更改调整行、列和标头大小的方式等

13.3　学生选课系统

下面介绍如何在 Visual C#环境下使用 ADO.NET 和 SQL Server 2012 设计一个学生选课系统，其中详细介绍了如何建立数据库的连接、编写数据读取方法和数据更新方法，使用这些方法建立应用程序与 SQL Server 2012 数据库的连接，并通过应用程序完成对数据的添加、删除、修改和查询等操作。

13.3.1　学生选课系统简介

学生选课系统是学校教务系统中不可缺少的一个子系统，主要包括以下四个模块。

1. 登录模块

登录模块提供用户登录界面，用户输入正确的用户名和密码后，就可进入系统主窗口(即导航页面)，从而可以选择进入相应的子系统。

2. 学生信息模块

学生信息模块主要用于管理学生的基本信息，包括学号、姓名、性别、年龄和所在系，能对学生信息进行添加、删除和修改等操作。

3. 课程信息模块

课程信息模块主要用于管理课程信息，包括课程号、课程名、学分和学时，能对课程信息进行添加、删除和修改等操作。

4. 选课信息模块

选课信息模块主要用于管理学生选课信息，包括选课学生的学号、所选课程的课程号和该课程的考试成绩，并提供了学生选课和选课信息查询等功能。

13.3.2　数据库设计

根据前面的分析，学生选课系统数据库(SelectCourse)中包含系统用户信息 tbl_User、学生信息 tbl_Student、课程信息 tbl_Course 和选课信息 tbl_SC 四个数据表。表的结构、表中字段的数据类型及相关说明如下。

1. 系统用户表

系统用户表 tbl_User 用于存放系统用户的相关数据，其结构如表 13.5 所示。

表 13.5　系统用户表

列　名	说　明	数据类型	约　束
userName	用户名	字符串，长度为 16	主键
userPassword	用户密码	字符串，长度为 16	非空
userPurview	权限	字符串，长度为 8	取值"超级用户"、"管理员"、"一般用户"

2. 学生信息表

学生信息表 tbl_Student 的结构如表 13.6 所示。

表 13.6　学生信息表

列　名	说　明	数据类型	约　束
Sno	学号	字符串，长度为 10	主码
Sname	姓名	字符串，长度为 8	非空
Ssex	性别	字符串，长度为 2	取值"男"、"女"
Sage	年龄	整数	—
Sdept	所在系	字符串，长度为 20	—

3. 课程信息表

课程信息表 tbl_Course 的结构如表 13.7 所示。

表 13.7　课程信息表

列　名	说　明	数据类型	约　束
Cno	课程号	字符串，长度为 10	主码
Cname	课程名	字符串，长度为 20	非空
Ccredit	学分	整数	—
Csemester	学期	整数	—
Cperiod	学时	整数	—

4. 选课信息表

选课信息表 tbl_SC 的结构如表 13.8 所示。

表 13.8　选课信息表

列　名	说　明	数据类型	约　束
Sno	学号	字符串，长度为 10	主码，引用 tbl_Student 的外码
Cno	课程号	字符串，长度为 10	主码，引用 tbl_Course 的外码
grade	成绩	整数	取值 0～100

13.3.3　创建数据库和表

1. 创建数据库表

首先利用前面所学的知识建立数据库及表，数据库及表的建立方法这里不再详细介绍，创建完成后，再将各表中的主键及外键关系设置好，结果如图 13.4 所示。

图 13.4　SelectCourse 数据库及表

2. 建立数据库表间关系

选课信息表 tbl_SC 中的学生学号 Sno 必须存在于学生信息表 tbl_Student 中，同样课程编号 Cno 也必须存在于课程信息表 tbl_Course 中，所以需要为这几个数据表建立关系，在 SQL Sever 2012 中，可以使用关系图来创建表与表之间的关系，表间关系如图 13.5 所示。

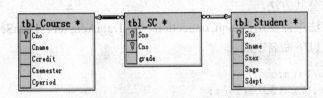

图 13.5　SelectCourse 数据库表间关系

13.3.4　公共类

考虑到系统的各个模块(登录、学生信息管理、课程信息管理、选课信息管理)都需要访问数据库，因此最好的方法是编写一些访问数据库的方法，如返回数据集的公共查询方法，执行数据操作的公共方法，并把它们放在一个公共的类 DataBase 中，然后在各模块中调用这些方法来实现对数据库的访问。

同样，在用户登录时，可能需要记录一些关于用户的信息，例如用户名、用户权限等，因此也需要用到一些公共的静态变量，把这些变量放置在一个名为 ClassShared 的类中。

1. 添加 DataBase 公共类

首先为系统添加一个名为 DataBase 的公共类，用于存放访问数据库的公共方法。添加公共类的方法和步骤如下。

(1) 选择"项目"→"添加类"命令，将弹出"添加新项"对话框，保留默认的选择，在"名称"文本框中输入"DataBase"，如图 13.6 所示。

(2) 单击"添加"按钮，则类 DataBase 就被添加到项目中，并自动切换到该类的代码窗口，如图 13.6 所示。

(3) 从图 13.6 可以看到，DataBase 类默认的访问修饰符为空，而该类应该是公共的，因此需要给其添加访问修饰符"public"，如图 13.6 所示。

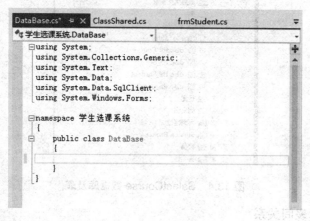

图 13.6　DataBase 类的代码窗口

2. 编写公共方法

前面为项目添加了一个 DataBase 公共类，该类用于存放访问数据库的公共方法，这里介绍如何编写这些公共方法。

因为在这些方法中需要用到 SqlConnection、SqlDataAdapter、DataSet 和 MessageBox，所以首先应当引入以下命名空间：

```
Using System.Data;
Using System.Data.SqlClient;
Using System.Windows.Froms;
```

然后为 DataBase 类声明几个公共变量：

```
Public SqlConnection dataConnection=new SqlConnection();
Public SqlDataAdapter dataAdapter;
Public DataSet dataset=new DataSet();
//定义数据库连接字符串，随具体环境而定，应根据内容自行调整
String connStr=
"server=theone-PC;database=SelectCourse;integrated security=SSPI";
```

1) 公共查询方法 GetDataFromDB

GetDataFromDB 是一个返回数据集的公共查询方法，如果正常访问则返回查询结果，否则返回 null。代码如下：

```
public DataSet GetDataFromDB(string sqlStr)
    {
```

```
try
{
    dataConnection.ConnectionString = connStr;   // 设置连接字符串
    dataAdapter = new SqlDataAdapter(sqlStr, dataConnection);
    dataSet.Clear();
    dataAdapter.Fill(dataSet);              // 填充数据集
    dataConnection.Close();                 // 关闭连接
}
catch(Exception ex)
{
    MessageBox.Show(ex.Message);
    dataConnection.Close();
}
if (dataSet.Tables[0].Rows.Count != 0)
{
    return dataSet;                    // 若找到相应的数据，则返回数据集
}
else
{
    return null;                       // 若没有找到相应的数据，返回空值
}
}
```

2) 公共数据操作方法 UpdateDB

公共数据操作方法 **UpdateDB** 用于对数据进行添加、修改和删除操作，若操作成功则返回 true，否则返回 false。代码如下：

```
public bool UpdateDB(string sqlStr)
{
    SqlConnection sqlConn = new SqlConnection(connStr);
    try
    {
        SqlCommand cmdTable = new SqlCommand(sqlStr, sqlConn);
        // 设置 Command 对象的 CommandType 属性
        cmdTable.CommandType = CommandType.Text;
        sqlConn.Open();
        cmdTable.ExecuteNonQuery();           // 执行 SQL 语句
        return true;
    }
    catch (Exception ex)
    {
        MessageBox.Show(ex.Message);
        return false;
    }
    finally
    {
        sqlConn.Close();
    }
```

3. 添加 ClassShared 公共类

类似于添加 DataBase 公共类那样，为项目添加一个名为 ClassShared 的公共类，用来存放一些公共的静态变量，以在窗体之间传递数据。添加 ClassShared 公共类的代码窗口如图 13.7 所示。

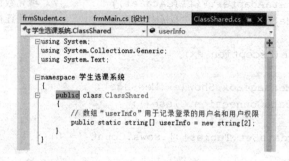

图 13.7　ClassShared 类的代码窗口

13.3.5　系统登录与主窗体

登录是每一个成功项目中不可缺少的模块，好的登录模块可以保证系统的可靠性和安全性。下面为"学生选课系统"制作一个简单的登录模块，登录成功后，应当进入系统的主窗体。

1. 登录界面设计

新建一个 Windows 应用程序，命名为"学生选课系统"，用 GroupBox、Label、TextBox、Button 控件设计出现的默认窗体 Form1，效果如图 13.8 所示。

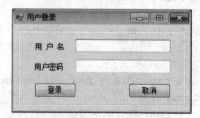

图 13.8　登录界面

窗体及窗体上的 GroupBox、Label、TextBox、Button 控件的属性设置如表 13.9 所示。

表 13.9　窗体及窗体上各控件的属性设置

控件类型	控件名称	属　　性	设置结果
Form	Form1	Name	frmLogin
		Text	用户登录
		StartPosition	CenterScreen
		MaximizeBox	False
		FormBorderStyle	FixedSingle
GroupBox	GroupBox1	Text	清空

续表

控件类型	控件名称	属 性	设置结果
Label	Label1	Text	用户名
	Label2	Text	用户密码
TextBox	TextBox1	Name	txtUserName
	TextBox2	Name	txtUserPassword
		PasswordChar	*
Button	Button1	Name	btnOk
		Text	登录
	Button2	Name	btnClose
		Text	取消

2. 主窗体设计

在系统登录界面，单击"登录"按钮验证用户名和用户密码，若正确则进入系统主界面；否则弹出错误提示，并等待用户重新输入。单击"取消"按钮则关闭登录界面，退出系统。

因为登录代码中包含了显示系统主界面的代码，所以在编写代码之前需要为应用程序添加一个名为 frmMain 的窗体。添加窗体的方法：

(1) 选择"项目"→"添加 Windows 窗体"命令，打开"添加新项"对话框，保留默认的选择，并在"名称"文本框中输入"frmMain"，如图 13.9 所示。

图 13.9 添加 Windows 窗体

(2) 单击"添加"按钮，则新的窗体 frmMain 就被添加到项目中了。接下来用 GroupBox、Label、Button 控件设计窗体界面，效果如图 13.10 所示。

(3) 设置各对象的属性，窗体及窗体上的 GroupBox、Label、Button 控件的属性设置如表 13.10 所示。

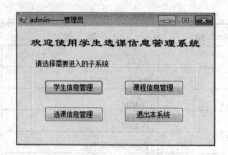

图 13.10　主窗体界面

表 13.10　窗体及窗体上各控件的属性设置

控件类型	控件名称	属　性	设置结果
Form	Form1	Name	frmMain
		Text	学生选课信息管理系统
		StartPosition	CenterScreen
		MaximizeBox	False
		FormBorderStyle	FixedSingle
Label	Label1	Text	欢迎使用学生选课信息管理系统
GroupBox	GroupBox1	Text	请选择需要进入的子系统
Button	Button1	Name	btnStudent
		Text	学生信息管理
	Button2	Name	btnCourse
		Text	课程信息管理
	Button3	Name	btnSC
		Text	选课信息管理
	Button4	Name	btnClose
		Text	退出本系统

3．登录代码

接下来编写登录模块代码。"登录"按钮用于验证输入的用户名和用户密码，若正确则进入系统主界面；否则弹出错误提示，并等待用户重新输入。登录时，需要记录登录的用户名和用户权限，因此在 ClassShared 公共类中声明公共静态成员，声明后 ClassShared 公共类的代码如下。

```
using System;
using System.Collections.Generic;
using System.Text;

namespace 学生选课系统
{
    public class ClassShared
```

```
    {
        // 数组 userInfo 用于记录登录的用户名和用户权限
        public static string[] userInfo = new string[2];
    }
}
```

切换到 frmLogin 窗体设计器，双击"登录"按钮，编写其单击事件代码如下。

```
private void btnOk_Click(object sender, EventArgs e)
    {
        try
        {
            DataSet ds = new DataSet();
            DataBase db = new DataBase();
            string sqlStr =
              "select userPassword,userPurview from tbl_User where UserName= '"
                    + txtUserName.Text.Trim() + "'";
            ds = db.GetDataFromDB(sqlStr);
            if (ds.Tables[0].Rows[0].ItemArray[0].ToString() ==
                    txtUserPassword.Text.Trim())
            {
                frmMain ob_FrmMain = new frmMain();
                ClassShared.userInfo[0] = txtUserName.Text.Trim();
                ClassShared.userInfo[1]=
ds.Tables[0].Rows[0].ItemArray[1].ToString();
                ob_FrmMain.Show();
                this.Hide();
            }
            else
            {
                MessageBox.Show("用户名或密码错误,请重新输入!");
                txtUserName.Text = "";
                txtUserPassword.Text = "";
                txtUserName.Focus();
            }
        }
        catch
        {
            MessageBox.Show("用户名或者密码错误", "错误");
        }
    }
```

系统运行时，单击登录界面中的"取消"按钮，需要关闭登录界面，退出系统，因此应当编写其单击事件代码如下。

```
private void btnClose_Click(object sender, EventArgs e)
{
    Application.Exit();
}
```

4．主窗体代码

下面介绍主窗体的功能实现与编码。主窗体即导航界面，是用户进入各子系统(学生信息管理、课程信息管理和选课信息管理与查询)的入口。

1) 添加窗体

用户登录成功后，进入系统的主界面，通过单击主界面上的按钮进入相应的子系统，因此需要为系统添加 3 个新的窗体，分别用于学生信息管理、课程信息管理和选课信息管理，其名称分别为 frmStudent、frmCourse、frmSC，添加的方法和步骤类似于前面介绍的主窗体的添加过程，这里不再重复介绍。

2) 编写代码

当主窗体载入时，将前面用公共静态数组 userInfo[]保存的用户登录信息作为其标题显示在标题栏中；进入主窗体后，用户单击上面的按钮可以进入相应的子系统；并且，当用户单击主窗体的关闭按钮时，应当终止应用程序的运行。因此应当编写主窗体 frmMain 的代码如下。

```csharp
public partial class frmMain : Form
    {
        public frmMain()
        {
            InitializeComponent();
        }
        private void frmMain_Load(object sender, EventArgs e)
        {
         this.Text = ClassShared.userInfo[0] + "—" + ClassShared.userInfo[1];
        }
        private void btnStudent_Click(object sender, EventArgs e)
        {
            frmStudent ob_FrmStudent = new frmStudent();
            ob_FrmStudent.Show();
        }
        private void btnCourse_Click(object sender, EventArgs e)
        {
            frmCourse ob_FrmCourse = new frmCourse();
            ob_FrmCourse.Show();
        }
        private void btnSC_Click(object sender, EventArgs e)
        {
            frmSC ob_FrmSC = new frmSC();
            ob_FrmSC.Show();
        }
        private void btnClose_Click(object sender, EventArgs e)
        {
            Application.Exit();
        }
        private void frmMain_FormClosed(object sender, FormClosedEventArgs e)
        {
```

```
                Application.Exit();
        }
    }
```

5. 学生信息管理

学生信息管理模块主要用于管理学生的一些基本信息，包括学号、姓名、出生时间等，要求能对这些信息进行添加、删除和修改操作。下面介绍学生信息管理模块实现的方法和步骤。

1）用户界面设计

打开前面添加的 frmStudent 窗体，用 Panel、GroupBox、Label、TextBox、ComboBox、Button 和 DataGridView 控件设计学生信息管理界面，效果如图 13.11 所示。

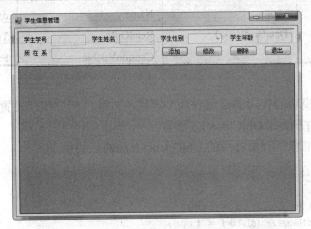

图 13.11　学生信息管理界面

窗体及窗体上各控件的属性设置如表 13.11 所示。

表 13.11　窗体及窗体上各控件的属性设置

控件类型	控件名称	属　性	设置结果
Form	Form1	Name	frmStudent
		Text	学生信息管理
		StartPosition	CenterScreen
		MaximizeBox	False
		FormBorderStyle	FixedSingle
TextBox	TextBox1	Name	txtNo
	TextBox2	Name	txtName
	TextBox3	Name	txtAge
	TextBox4	Name	txtDept
ComboBox	ComboBox1	Name	cmbSex
		Items	男、女
		DropDownStyle	DropDownList

控件类型	控件名称	属 性	设置结果
Button	Button1	Name	btnAdd
		Text	添加
	Button2	Name	btnUpdata
		Text	修改
	Button3	Name	btnDelete
		Text	删除
	Button4	Name	btnClose
		Text	退出
DataGridView	DataGridView1	Name	dgrdvStudent
		ReadOnly	True
		CaptionVisible	False

2) 编写代码

学生信息管理模块的代码需要用到几个通用的方法，例如用于设置文本框和组合框是否可用的 ObjOpen()方法和 ObjClose()方法等。

用于设置文本框和组合框可用的 ObjOpen()方法的代码如下。

```
void ObjOpen()
    {
        txtNo.Enabled = true;
        txtName.Enabled = true;
        txtAge.Enabled = true;
        cmbSex.Enabled = true;
        txtDept.Enabled = true;
        txtNo.Focus();
    }
```

用于设置文本框和组合框可用的 ObjClose ()方法的代码如下。

```
void ObjClose()
    {
        txtNo.Enabled = false;
        txtName.Enabled = false;
        txtAge.Enabled = false;
        cmbSex.Enabled = false;
        txtDept.Enabled = false;
    }
```

用于清空文本框和组合框可用的 Clear ()方法的代码如下。

```
void Clear()
    {
        txtNo.Text = "";
        txtName.Text = "";
```

```
txtAge.Text = "";
cmbSex.SelectedIndex = -1;
txtDept.Text = "";
}
```

在添加、删除或修改学生记录后，需要将更新后的数据重新从数据库中读取出来，因此，应编写用于刷新数据的 RefreshData()方法，代码如下。

```
void RefreshData()
{
    string comStr;
    DataBase db = new DataBase();
    DataSet ds =new DataSet ();
    comStr = "select * from tbl_Student";
    ds = db.GetDataFromDB(comStr);
    if (ds == null)
        MessageBox.Show("没有任何学生记录!");
    else
        dgrdvStudent.DataSource = ds.Tables[0];
}
```

当窗体载入时，应当将 SelectCourse 数据库的 tbl_student 中的学生记录读取到相应的 DataGridView 控件(dgrdvStudent)中，完成数据的初始化，代码如下。

```
private void frmStudent_Load(object sender, EventArgs e)
{
    try
    {
    ObjClose();
    string sqlStr;
    DataBase db = new DataBase();
    DataSet ds = new DataSet();
    sqlStr = "select * from tbl_Student";
    ds = db.GetDataFromDB(sqlStr);
    if (ds == null)
    {
        MessageBox.Show("没有任何学生记录!");
    }
    else
    {
        dgrdvStudent.DataSource = ds.Tables[0];
        dgrdvStudent.Columns[0].HeaderText = "学号";
        dgrdvStudent.Columns[1].HeaderText = "姓名";
        dgrdvStudent.Columns[2].HeaderText = "性别";
        dgrdvStudent.Columns[3].HeaderText = "年龄";
        dgrdvStudent.Columns[4].HeaderText = "所在系";
        //dgrdvStudent_CurrentCellChanged(sender, e);
        //dgrdvStudent_RowHeaderMouseClick(null, null);
    }
    }
```

```
catch(Exception ex)
{
    MessageBox.Show(ex.Message);
}
}
```

当用户在DataGridView控件的行标题的边界单击鼠标左键,以选择不同的学生记录时,应当将选中的学生的信息显示在相应的文本框中,该功能由 DataGridView 控件(dgrdvStudent)的 RowHeaderMouseClick 事件来完成,具体代码如下。

```
Private void dgrdvStudent_RowHeaderMouseClick(objectsender,
    DataGridViewCellMouseEventArgs e)
    {
        int n = this.dgrdvStudent.CurrentCell.RowIndex;
        txtNo.Text = this.dgrdvStudent[0, n].Value.ToString();
        txtName.Text = this.dgrdvStudent[1, n].Value.ToString();
        cmbSex.SelectedItem = this.dgrdvStudent[2, n].Value.ToString();
        txtAge.Text = this.dgrdvStudent[3, n].Value.ToString();
        txtDept.Text = this.dgrdvStudent[4, n].Value.ToString();
    }
```

单击"添加"按钮,则窗体上方的文本框和组合框都返回至可用状态,同时该按钮上的文本变成"确定",填写完成要添加的学生信息后,单击"确定"按钮可将该学生信息添加到数据库中,最后该按钮的文本变回"添加",代码如下。

```
private void btnAdd_Click(object sender, EventArgs e)
    {
        try
        {
            if (btnAdd.Text.Trim() == "添加")
            {
                btnAdd.Text = "确定";
                ObjOpen();
                Clear();
                btnUpdate.Enabled = false;
                btnDelete.Enabled = false;
                btnClose.Enabled = false;
                dgrdvStudent.Enabled = false;
            }
            else
            {
                btnAdd.Text = "添加";
                //if (txtNo.Text.Trim() != null && txtName.Text.Trim() != null)
                if (txtNo.Text.Trim() != "" && txtName.Text.Trim() != "")
                {
                    string sqlStr;
                    sqlStr = "insert into tbl_Student values('" +
                        txtNo.Text.Trim() + "','" + txtName.Text.Trim() +
                        "','" + cmbSex.Text.Trim() +
```

```
                             "','" + txtAge.Text.Trim() + "','" +
                         txtDept.Text.Trim() + "')";
                DataBase db = new DataBase();
                bool b;
                b = db.UpdateDB(sqlStr);
                if (b == true)
                {
                    if (MessageBox.Show("添加成功!继续添加吗?", "添加学生",
                    MessageBoxButtons.YesNo, MessageBoxIcon.Question,
                    MessageBoxDefaultButton.Button1) == DialogResult.Yes)
                    {
                        Clear();
                        ObjOpen();
                        btnAdd.Text = "确定";
                    }
                    else
                    {
                        ObjClose();
                        btnUpdate.Enabled = true;
                        btnDelete.Enabled = true;
                        btnClose.Enabled = true;
                        dgrdvStudent.Enabled = true;
                    }
                }
                else
                {
                    goto exit;
                }
            }
            else
            {
                MessageBox.Show("学号与姓名不能为空!");
                txtNo.Focus();
                btnAdd.Text = "确定";
            }
            RefreshData();
            txtNo.SelectAll();
        }
    }
    catch (Exception ex)
    {
        MessageBox.Show(ex.Message);
        Clear();
        ObjClose();
        dgrdvStudent.Enabled = false;
    }
exit: ;
    }
```

选中一条学生记录后，该学生的信息就会显示在窗体上方对应的文本框中，单击"修改"按钮，则显示这些信息(学号除外)的控件变成可用状态，同时该按钮上的文本变成"确定"，用户可以修改这些信息，然后单击"确定"按钮将修改后的信息保存到数据库中，完成学生记录的修改功能，最后该按钮上的文本变回"修改"，代码如下。

```csharp
private void btnUpdate_Click(object sender, EventArgs e)
{
    try
    {
        if (btnUpdate.Text.Trim() == "修改")
        {
            btnUpdate.Text = "确定";
            btnAdd.Enabled = false;
            btnDelete.Enabled = false;
            btnClose.Enabled = false;
            txtName.Enabled = true;
            txtAge.Enabled = true;
            cmbSex.Enabled = true;
            txtDept.Enabled = true;
            txtName.Focus();
        }
        else
        {
            btnUpdate.Text = "修改";
            btnAdd.Enabled = true;
            btnDelete.Enabled = true;
            btnClose.Enabled = true;
            ObjClose();
            string sqlStr;
            sqlStr = "update tbl_Student set Sname='" + txtName.Text.Trim()
                    +"',Ssex='" + cmbSex.Text.Trim() + "',Sage='" +
                    txtAge.Text.Trim() + "',Sdept='" + txtDept.Text.Trim()
                +"' where Sno='" + txtNo.Text.Trim() + "'";
            DataBase db = new DataBase();
            db.UpdateDB(sqlStr);
            RefreshData();
        }
    }
    catch(Exception ex)
    {
        MessageBox.Show(ex.Message);
    }
}
```

删除学生记录的功能由"删除"按钮的单击事件完成，用户选中一条学生记录后，可以单击"删除"按钮删除该学生记录，代码如下。

```
private void btnDelete_Click(object sender, EventArgs e)
    {
        try
        {
            if (txtNo.Text.Trim() != "")
            {
                if (MessageBox.Show("确定要删除该学生吗?", "删除学生",
                    MessageBoxButtons.YesNo, MessageBoxIcon.Question,
                    MessageBoxDefaultButton.Button2) == DialogResult.Yes)
                {
                    string sqlStr;
                    sqlStr = "delete from tbl_Student where Sno='" +
                            txtNo.Text.Trim() + "'";
                    DataBase db = new DataBase();
                    db.UpdateDB(sqlStr);
                    RefreshData();
                }
            }
            else
            {
                MessageBox.Show("没有可删除的记录!", "提示");
            }
        }
        catch (Exception ex)
        {
            MessageBox.Show(ex.Message);
        }
    }
```

单击"退出"按钮,则退出学生信息管理子系统,最后编写"退出"按钮的单击事件,代码如下。

```
private void btnClose_Click(object sender, EventArgs e)
    {
        this.Hide();
    }
```

6. 课程信息管理

课程信息管理模块主要用于管理课程的一些基本信息,包括课程号、课程名、课程学分、开课学期和该课程的总学时,要求能对这些信息进行添加、删除和修改操作。下面介绍课程信息管理模块实现的方法和步骤。

1) 用户界面设计

打开前面添加的 frmCourse 窗体,用 Panel、Label、TextBox、ComboBox、Button 和 DataGridView 控件设计课程信息管理界面,效果如图 13.12 所示。

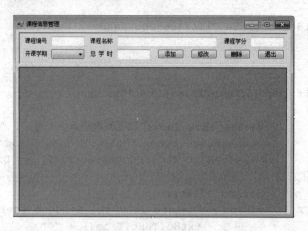

图 13.12　主窗体界面

窗体及窗体上各控件的属性设置如表 13.12 所示。

表 13.12　　窗体及窗体上各控件的属性设置

控件类型	控件名称	属　　性	设置结果
Form	Form1	Name	frmCourse
		Text	课程信息管理
		StartPosition	CenterScreen
		MaximizeBox	False
		FormBorderStyle	FixedSingle
TextBox	TextBox1	Name	txtNo
	TextBox2	Name	txtName
	TextBox3	Name	txtCredit
	TextBox4	Name	txtPeriod
ComboBox	ComboBox1	Name	cmbSemester
		Items	1、2、……8
		DropDownStyle	DropDownList
Button	Button1	Name	btnAdd
		Text	添加
	Button2	Name	btnUpdata
		Text	修改
	Button3	Name	btnDelete
		Text	删除
	Button4	Name	btnClose
		Text	退出
DataGridView	DataGridView1	Name	dgrdvCourse
		ReadOnly	True
		CaptionVisible	False

2) 编写代码

编写课程信息管理模块的代码需要用到几个通用的方法，例如用于设置文本框和组合框是否可用的 ObjOpen() 方法和 ObjClose() 方法、用于刷新数据的 RefreshData() 方法等。

用于打开文本框和组合框可用的 ObjOpen() 方法的代码如下。

```
void ObjOpen()
    {
        txtNo.Enabled = true;
        txtName.Enabled = true;
        txtCredit.Enabled = true;
        cmbSemester.Enabled = true;
        txtPeriod.Enabled = true;
        txtNo.Focus();
    }
```

用于关闭文本框和组合框不可用的 ObjClose () 方法的代码如下。

```
void ObjClose()
    {
        txtNo.Enabled = false;
        txtName.Enabled = false;
        txtCredit.Enabled = false;
        cmbSemester.Enabled = false;
        txtPeriod.Enabled = false;
    }
```

用于清空文本框和组合框可用的 Clear () 方法的代码如下。

```
void Clear()
    {
        txtNo.Text = "";
        txtName.Text = "";
        txtCredit.Text = "";
        cmbSemester.SelectedIndex = -1;
        txtPeriod.Text = "";
    }
```

在添加、删除和修改课程记录后，需要将更新后的数据重新从数据库中读取出来，因此应编写用于刷新数据的 RefreshData() 方法，代码如下。

```
void RefreshData()
    {
        string comStr;
        DataBase db = new DataBase();
        DataSet ds = new DataSet();
        comStr = "select * from tbl_Course";
        ds = db.GetDataFromDB(comStr);
        if (ds == null)
            MessageBox.Show("没有任何课程记录!");
        else
```

```
                    dgrdvCourse.DataSource = ds.Tables[0];
        }
```

当窗体载入时，应当将 SelectCourse 数据库中的 tbl_Course 中的课程记录读取到相应的 DataGridView 控件(dgrdvCourse)中，完成数据的初始化，代码如下。

```
private void frmCourse_Load(object sender, EventArgs e)
    {
        try
        {
            ObjClose();
            string sqlStr;
            DataBase db = new DataBase();
            DataSet ds = new DataSet();
            sqlStr = "select * from tbl_Course";
            ds = db.GetDataFromDB(sqlStr);
            if (ds == null)
            {
                MessageBox.Show("没有任何课程记录!");
            }
            else
            {
                dgrdvCourse.DataSource = ds.Tables[0];
                dgrdvCourse.Columns[0].HeaderText = "课程号";
                dgrdvCourse.Columns[1].HeaderText = "课程名";
                dgrdvCourse.Columns[2].HeaderText = "课程学分";
                dgrdvCourse.Columns[3].HeaderText = "开课学期";
                dgrdvCourse.Columns[4].HeaderText = "总学时";
                //dgrdvCourse_CurrentCellChanged(sender, e);
            }
        }
        catch(Exception ex)
        {
            MessageBox.Show(ex.Message);
        }
    }
```

当用户在 DataGridView 控件的行标题的边界处单击鼠标左键，以选择不同的课程记录时，应当将选中的课程信息显示在相应的文本框中，该功能由 DataGridView 控件(dgrdvCourse)的 RowHeaderMouseClick 事件代码完成，具体代码如下。

```
private void dgrdvCourse_RowHeaderMouseClick(object sender,
    DataGridViewCellMouseEventArgs e)
    {
        int n = this.dgrdvCourse.CurrentCell.RowIndex;
        txtNo.Text = this.dgrdvCourse[0, n].Value.ToString();
        txtName.Text = this.dgrdvCourse[1, n].Value.ToString();
        txtCredit.Text = this.dgrdvCourse[2, n].Value.ToString();
        cmbSemester.SelectedItem = this.dgrdvCourse[3,
            n].Value.ToString();
```

```
            txtPeriod.Text = this.dgrdvCourse[4, n].Value.ToString();
        }
```

用户单击"添加"按钮，则窗体上方的文本框和组合框都返回至可用状态，同时该按钮上的文本变成"确定"，填写完要添加的课程信息后，单击"确定"按钮可将该课程信息添加到数据库中，最后该按钮上的文本变回"添加"，代码如下。

```
private void btnAdd_Click(object sender, EventArgs e)
    {
        try
        {
            if (btnAdd.Text.Trim() == "添加")
            {
                btnAdd.Text = "确定";
                ObjOpen();
                Clear();
                btnUpdate.Enabled = false;
                btnDelete.Enabled = false;
                btnClose.Enabled = false;
                dgrdvCourse.Enabled = false;
            }
            else
            {
                btnAdd.Text = "添加";
                {
                    string sqlStr;
                    sqlStr = "insert into tbl_Course values('" +
            txtNo.Text.Trim() +"','" + txtName.Text.Trim() + "','" +
            txtCredit.Text.Trim() +
        "','" + cmbSemester.Text.Trim() + "','" + txtPeriod.Text.Trim() + "')";
                    DataBase db = new DataBase();
                    bool b;
                    b = db.UpdateDB(sqlStr);
                    if (b == true)
                    {
                        if (MessageBox.Show("添加成功!继续添加吗?", "添加课程",
                        MessageBoxButtons.YesNo, MessageBoxIcon.Question,
                        MessageBoxDefaultButton.Button1) == DialogResult.Yes)
                        {
                            Clear();
                            ObjOpen();
                            btnAdd.Text = "确定";
                        }
                        else
                        {
                            ObjClose();
                            btnUpdate.Enabled = true;
                            btnDelete.Enabled = true;
                            btnClose.Enabled = true;
```

```
                dgrdvCourse.Enabled = true;
            }
        }
        else
        {
            goto exit;
        }
    }
    else
    {
        MessageBox.Show("课程号与课程名不能为空!");
        txtNo.Focus();
        btnAdd.Text = "确定";
    }
    RefreshData();
    txtNo.SelectAll();
    }
}
catch (Exception ex)
{
    MessageBox.Show(ex.Message);
    Clear();
    ObjClose();
    dgrdvCourse.Enabled = false;
}
exit: ;
}
```

选中一条课程记录后，该课程的信息就会显示在窗体上方对应的文本框中；单击"修改"按钮，则显示这些信息(课程号除外)的控件变成可用状态，同时该按钮上的文本变成"确定"；用户可以修改这些信息，然后单击"确定"按钮将修改后的信息保存到数据库中，完成课程记录的修改功能，最后该按钮上的文本变回"修改"，代码如下。

```
private void btnUpdate_Click(object sender, EventArgs e)
{
    try
    {
        if (btnUpdate.Text.Trim() == "修改")
        {
            btnUpdate.Text = "确定";
            btnAdd.Enabled = false;
            btnDelete.Enabled = false;
            btnClose.Enabled = false;
            txtName.Enabled = true;
            txtCredit.Enabled = true;
            cmbSemester.Enabled = true;
            txtPeriod.Enabled = true;
            txtName.Focus();
        }
```

```
        else
        {
            btnUpdate.Text = "修改";
            btnAdd.Enabled = true;
            btnDelete.Enabled = true;
            btnClose.Enabled = true;
            ObjClose();
            string sqlStr;
            sqlStr = "update tbl_Course set Cname='" + txtName.Text.Trim()
            +"',Ccredit='" + txtCredit.Text.Trim() + "',Csemester='" +
            cmbSemester.Text.Trim() + "',Cperiod='" +
            txtPeriod.Text.Trim()+"'where Cno='"+ txtNo.Text.Trim() + "'";
            DataBase db = new DataBase();
            db.UpdateDB(sqlStr);
            RefreshData();
        }
    }
    catch (Exception ex)
    {
        MessageBox.Show(ex.Message);
    }
}
```

删除课程记录的功能由"删除"按钮的单击事件完成,用户选中一条课程记录后,可以单击"删除"按钮删除该课程,代码如下。

```
private void btnDelete_Click(object sender, EventArgs e)
{
    try
    {
        if (txtNo.Text.Trim() != "")
        {
            if (MessageBox.Show("确定要删除该课程吗?", "删除课程",
            MessageBoxButtons.YesNo, MessageBoxIcon.Question,
            MessageBoxDefaultButton.Button2) == DialogResult.Yes)
            {
                string sqlStr;
                sqlStr = "delete from tbl_Course where Cno='" +
                        txtNo.Text.Trim() + "'";
                DataBase db = new DataBase();
                db.UpdateDB(sqlStr);
                RefreshData();
            }
        }
        else
        {
            MessageBox.Show("没有可删除的记录!", "提示");
        }
    }
```

```
        catch (Exception ex)
        {
            MessageBox.Show(ex.Message);
        }
    }
```

单击"退出"按钮，则退出课程信息管理子系统，最后编写"退出"按钮的单击事件
代码如下。

```
private void btnClose_Click(object sender, EventArgs e)
        {
            this.Hide();
        }
```

7. 选课信息管理与查询

学生选课与选课信息查询模块主要提供选课和选课信息查询功能。选课的操作方法是：
从"选择学生"和"选择课程"下拉列表框中选择相应的学生和课程，单击"选课"按钮。
选课信息查询的操作方法是：设置查询内容为"学号"或"课程号"，并输入相应的查询
值，单击"查询"按钮。下面介绍学生选课与选课信息查询模块的实现方法。

1) 用户界面设计

打开前面添加的"frmSC"窗体，用 Panel、Label、TextBox、ComboBox、Button 和
DataGridView 控件设计学生选课与选课信息查询界面，效果如图 13.13 所示。

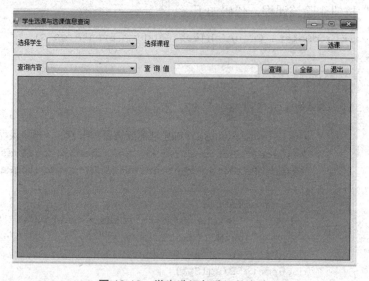

图 13.13　学生选课与选课信息查询界面

窗体及窗体上各控件的属性设置如表 13.13 所示。

2) 编写代码

这个模块的代码编写中，不采用前面 DataBase 模块中的数据库连接和读写函数，而是
重新编写代码，但其方法在本质上是一样的，这样做的目的是为了让读者进一步掌握
ADO.NET 数据库连接技术。

表 13.13　　窗体及窗体上各控件的属性设置

控件类型	控件名称	属　　性	设置结果
Form	Form1	Name	frmSC
		Text	学生选课与选课信息查询
		StartPosition	CenterScreen
		MaximizeBox	False
		FormBorderStyle	FixedSingle
TextBox	TextBox1	Name	txtValue
ComboBox	ComboBox1	Name	cmbStudent
		DropDownStyle	DropDownList
	ComboBox2	Name	cmbCourse
		DropDownStyle	DropDownList
	ComboBox3	Name	cmbCondition
		Items	学号、课程号
		DropDownStyle	DropDownList
Button	Button1	Name	btnSelect
		Text	选课
	Button2	Name	btnFind
		Text	查询
	Button3	Name	btnAll
		Text	全部
	Button4	Name	btnClose
		Text	退出
DataGridView	DataGridView1	Name	dgrdvResult
		ReadOnly	True
		CaptionVisible	False

因为选课信息管理与查询模块需要用到 SqlConnection、SqlDataAdapter、DataSet 等数据组件，所以首先应当引入以下命名空间：

```
Using System.Data.SqlClient;
```

由于选课信息管理与查询模块代码的多个方法中都需要用到一些同样的公共变量，因此在代码的通用段声明以下几个公共变量：

```
SqlConnection connection=new SqlConnection();
SqlDataAdapter adapter=new SqlDataAdapter();
String sqlStr,selectCondition;
String connStr=
"server=theone-PC;database=SelectCourse;integrated security=SSPI";
```

当用户单击"查询"或者"全部"按钮时，将在 DataGridView 数据控件(dgrdvResult)

中显示选课信息，为了达到更好的显示效果，应将各列的标题改成相应的中文。因此编写SetHeaderText()方法，然后在修改 dgrdvResult 控件的 DataSource 属性后立即调用此方法，以达到修改列标题的效果，代码如下。

```
void SetHeaderText()
    {
        dgrdvResult.Columns[0].HeaderText = "学号";
        dgrdvResult.Columns[1].HeaderText = "姓名";
        dgrdvResult.Columns[2].HeaderText = "课程号";
        dgrdvResult.Columns[3].HeaderText = "课程名";
        dgrdvResult.Columns[4].HeaderText = "成绩";
    }
```

窗体载入时，从 SelectCourse 数据库中的 tbl_Student 和 tbl_Course 数据表中读取出所有的学生记录和课程记录，并追加到窗体相应的组合框中，这样用户可以在列表中选择学生和课程，以完成学生选课的功能。代码如下。

```
private void frmSC_Load(object sender, EventArgs e)
    {
        try
        {
        DataBase db = new DataBase();
        DataSet dataSetStudent = new DataSet();
        sqlStr = "select Sno,Sname from tbl_Student";
        dataSetStudent = db.GetDataFromDB(sqlStr);
        if (dataSetStudent.Tables[0].Rows.Count > 0)
        {
            cmbStudent.Items.Clear();
            for (i = 0; i < dataSetStudent.Tables[0].Rows.Count; i++)
            {
                cmbStudent.Items.Add
(dataSetStudent.Tables[0].Rows[i].ItemArray[0].ToString()+
                    " -- " +
                dataSetStudent.Tables[0].Rows[i].ItemArray[1].ToString());
            }
        }
        DataBase db1 = new DataBase();
        sqlStr = "select Cno,Cname from tbl_Course";
        DataSet dataSetCourse = new DataSet();
        dataSetCourse = db1.GetDataFromDB(sqlStr);
        if (dataSetCourse.Tables[0].Rows.Count > 0)
        {
            cmbCourse.Items.Clear();
            for (i = 0; i < dataSetCourse.Tables[0].Rows.Count; i++)
            {
                cmbCourse.Items.Add
                (dataSetCourse.Tables[0].Rows[i].ItemArray[0].ToString() +
                    " -- " +
                dataSetCourse.Tables[0].Rows[i].ItemArray[1].ToString());
```

```
        }
      }
    }
    catch (Exception ex)
    {
        MessageBox.Show(ex.Message);
    }
  }
```

选择好学生和课程后，可以单击"选课"按钮，将相应的选课信息添加到 tbl_SC 中，"选课"按钮的单击事件代码如下。

```
private void btnSelect_Click(object sender, EventArgs e)
  {
    try
    {
        if (cmbStudent.SelectedIndex >= 0 && cmbCourse.SelectedIndex >= 0)
        {
            sqlStr = "insert into tbl_SC values('" +
            cmbStudent.Text.Trim().Substring(0, 8) +
            "','" + cmbCourse.Text.Trim().Substring(0, 6) + "',0)";
            DataBase db = new DataBase();
            bool dr = db.UpdateDB(sqlStr);
            if (dr == true)
              MessageBox.Show("选课成功!", "学生选课");
        }
        else
          {
            MessageBox.Show("请先选择学生和课程!");
          }
    }
    catch (Exception ex)
    {
        MessageBox.Show(ex.Message);
        cmbStudent.SelectedIndex = -1;
        cmbCourse.SelectedIndex = -1;
    }
  }
```

本模块提供了简单的选课信息查询功能，可以按照学号和课程号进行查询。用户选择查询条件，并输入查询值后，可以单击"查询"按钮查询到符合条件的选课信息，"查询"按钮的单击事件代码如下。

```
private void btnFind_Click(object sender, EventArgs e)
  {
    try
    {
        if (cmbCondition.SelectedIndex == -1 || txtValue.Text == "")
        {
```

```
                MessageBox.Show("请选择查询条件并输入查询值!");
            }
            else
            {
                sqlStr = "SELECT
                tbl_SC.Sno,tbl_Student.Sname,tbl_SC.Cno,tbl_Course.Cname,"
                + "tbl_SC.grade FROM tbl_Student inner JOIN"
        +"(tbl_Course INNER JOIN tbl_SC ON tbl_Course.Cno = tbl_SC.Cno) ON"
            +"tbl_Student.Sno = tbl_SC.Sno where "+selectCondition+"='"+
                txtValue.Text.Trim() + "'";
                DataBase db = new DataBase();
                DataSet dataSetSelect = new DataSet();
                dataSetSelect = db.GetDataFromDB(sqlStr);
                if (dataSetSelect == null)
                {
                    MessageBox.Show("没有符合条件的选课记录!");
                    dgrdvResult.DataSource = null;
                }
                else
                {
                    dgrdvResult.DataSource = dataSetSelect.Tables[0];
                    SetHeaderText();
                }
            }
        }
        catch (Exception ex)
        {
            MessageBox.Show(ex.Message);
        }
    }
```

在本模块中，也可以查询到所有的选课信息。单击"全部"按钮，则显示全部的选课信息，"全部"按钮的单击事件代码如下。

```
private void btnAll_Click(object sender, EventArgs e)
    {
        try
        {
        sqlStr = "SELECT
        tbl_SC.Sno,tbl_Student.Sname,tbl_SC.Cno,tbl_Course.Cname,"
        + "tbl_SC.grade FROM tbl_Student inner JOIN"
        + "(tbl_Course INNER JOIN tbl_SC ON tbl_Course.Cno=tbl_SC.Cno) ON "
        + "tbl_Student.Sno = tbl_SC.Sno";
        DataBase db = new DataBase();
        DataSet dataSetAll = new DataSet();
        dataSetAll = db.GetDataFromDB(sqlStr);
        if (dataSetAll.Tables[0].Rows.Count == 0)
        {
            MessageBox.Show("没有任何选课记录!");
        }
```

高职高专立体化教材 计算机系列

```
        else
        {
            dgrdvResult.DataSource = dataSetAll.Tables[0];
            SetHeaderText();
        }
    }
    catch (Exception ex)
    {
        MessageBox.Show(ex.Message);
    }
}
```

选择不同的查询条件时，需要修改相应的查询语句，在本模块中，利用前面声明的公共变量 selectCondition 来完成。因此应当编写组合框 cmbCondition 的 SelectedIndexChanged 事件，代码如下。

```
private void cmbCondition_SelectedIndexChanged(object sender, EventArgs e)
{
    switch (cmbCondition.SelectedIndex)
    {
    case 0:
        selectCondition = "tbl_SC.Sno";
        break;
    case 1:
        selectCondition = "tbl_SC.Cno";
        break;
    }
}
```

单击"退出"按钮，则退出选课信息管理与查询子系统，最后编写"退出"按钮的单击事件，代码如下。

```
private void btnClose_Click(object sender, EventArgs e)
{
    this.Hide();
}
```

8. 运行结果

完成前面各项设计后，我们来详细地了解一下系统的运行界面。

1) 登录

运行系统，首先出现的是系统登录界面，如图 13.14 所示。输入正确的用户名和密码后，单击"登录"按钮可以进入系统。

2) 系统主界面

若输入的用户名和密码正确，则可以单击"登录"按钮进入系统主窗体，如图 13.15 所示。

可以看到，登录系统的用户名和用户权限已作为系统主窗体的标题显示在标题栏中。在主窗体上，用户可以选择其中的按钮进入相应的子系统或者退出系统。

图 13.14 用户登录窗口

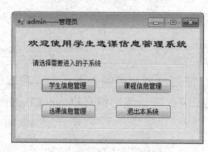

图 13.15 系统主界面

3) 学生信息管理

在系统主窗体上单击"学生信息管理"按钮，进入学生信息管理子系统，单击"添加"按钮，依次添加记录，如表 13.14 所示。

表 13.14 学生信息记录

学 号	姓 名	性 别	年 龄	所 在 系
2013010101	秦建兴	男	19	计算机系
2013010102	张吉哲	男	20	计算机系
2013030101	朱凡	女	19	金融系
2013060102	沈柯辛	女	18	会计系

添加完毕后的"学生信息管理"窗口如图 13.16 所示。

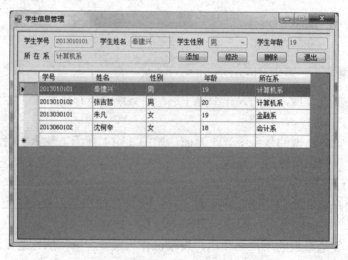

图 13.16 "学生信息管理"窗口

选中一条学生记录后，单击"修改"按钮可以在上面的文本框和组合框中修改学生的相关信息(学号除外)，修改完毕后，单击"确定"按钮即可将修改的数据保存到数据库表 tbl_Student 中。

单击"删除"按钮可以从 DataGridView 控件和数据表中删除选中的学生记录。

单击"退出"按钮返回，关闭"学生信息管理"窗口。

4) 课程信息管理

在系统主窗体上单击"课程信息管理"按钮，进入课程信息管理子系统，单击"添加"按钮，仿效添加一些课程记录。添加完毕后的"课程信息管理"窗口如图 13.17 所示。

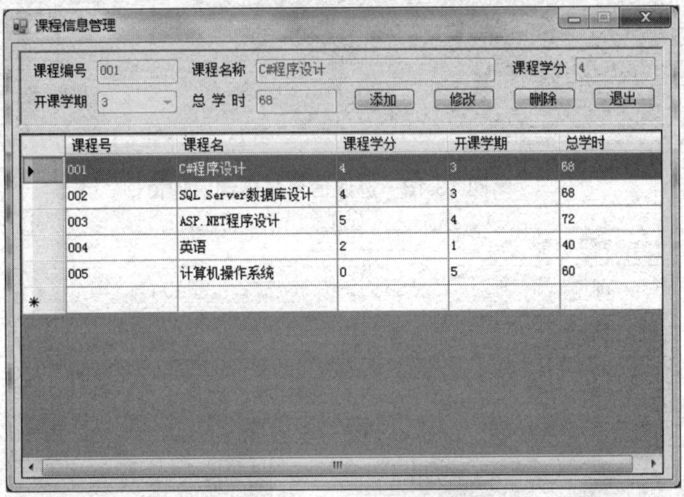

图 13.17 "课程信息管理"窗口

选中一条课程记录后，单击"修改"按钮可以在上面的文本框和组合框中修改该课程的相关信息(课程号除外)。修改完毕后，单击"确定"按钮即可将修改后的数据保存到数据库表 tbl_Course 中。

单击"删除"按钮可以从 DataGridView 控件和数据表中删除选中的课程记录。

单击"退出"按钮返回，关闭"课程信息管理"窗口。

5) 选课信息管理与查询

在系统主窗体上单击"选课信息管理"按钮，则进入选课信息管理与查询子系统，如图 13.18 所示。

单击"选择学生"和"选择课程"组合框，可以看到前面添加的学生信息和课程信息都出现在相应的列表中。

在"选择学生"和"选择课程"组合框的下拉列表中分别选择"张吉哲"和"SQL Server 数据库设计"，单击"选课"按钮，则弹出消息框提示选课成功，如图 13.19 所示。按照同样的方法可以为学生选择其他的课程。

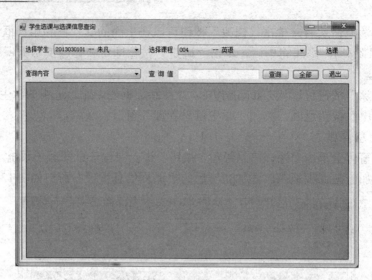

图 13.18　选课信息与查询管理窗口

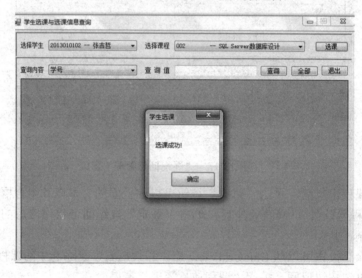

图 13.19　选课信息与查询窗口选课成功

本 章 小 结

　　本章首先简单介绍了 ADO.NET 的基本知识,重点讲解了 ADO.NET 访问数据的方法。并且采用 ADO.NET 数据对象模型,开发了一个模拟数据库应用程序"学生选课系统"。在编写实例的过程中分别介绍了使用不同方法实现.NET 对数据库的操作,以及调用 SQL Server 2012 存储过程的方法,重点介绍了代码实现的方法。

　　通过实例的介绍,读者可以初步掌握 VC#与 SQL Server 2012 的系统开发的基本过程和简单方法,有兴趣的读者可以以此为基础进一步学习有关系统开发的实现方法和实现过程。

参 考 文 献

[1] 王珊, 萨师煊. 数据库系统概论[M]. 4 版. 北京：高等教育出版社，2006.

[2] David M .Kroemke David J.Auer. 数据库原理[M]. 5 版. 赵艳铎，葛萌萌译.北京:清华大学出版社,2011.

[3] 胡艳菊, 申野. 数据库原理及应用——SQL Server 2012[M]. 北京：清华大学出版社，2014.

[4] 刘智勇, 刘径舟. SQL Server 2008 宝典(电子书)[M]. 北京：电子工业出版社，2011

[5] 吴京慧, 杜宾, 杨波. Oracle 数据库管理及应用开发教程[M]. 北京：清华大学出版社.2007.

[6] 黄维通, 刘艳民. SQL Server 数据库应用基础教程[M]. 北京：高等教育出版社，2008.

[7] 郑阿奇, 刘启芬, 顾韵华. SQL Server 实用教程[M]. 3 版. 北京：电子工业出版社，2008.

参考文献

[1] ...
[2] David M. Kroenke, David J.Auer. ...
[3] ...
[4] ...
[5] ...
[6] ...
[7] ...